普通高等教育经济管理科学系列教材

线性代数

第2版

江海峰　吴小华　编著

中国科学技术大学出版社

内 容 简 介

本书是普通高等教育经济学学科门类和管理学学科门类本科教学数学基础教程之一，是依据经济和管理类专业人才培养目标的要求，为提升本科教学水平而编写的教材.本书分7章，其中第1章、第2章分别介绍了行列式与矩阵两个工具；第3章主要介绍应用行列式与矩阵这两个工具来解齐次线性方程组；第4章是把前3章的知识应用到方阵，特别是实对称矩阵的对角化问题中；第5章继续分析实对称矩阵及其对应的二次型的相关问题；第6章主要介绍线性代数在其他学科中的应用.以上每章后面都配有适当数目和难度的习题，部分习题来源于考研真题，并配有答案，以满足不同层次读者的学习要求.第7章介绍MATLAB在线性代数中的应用，主要讲述如何使用MATLAB软件完成前面各个章节中的计算问题.

本书可供经济管理类各专业本科教育教学使用，也可以作为其他相关人员的学习与参考资料.

图书在版编目(CIP)数据

线性代数/江海峰，吴小华编著.—2版.—合肥：中国科学技术大学出版社，2020.2(2026.1重印)

ISBN 978-7-312-04902-6

Ⅰ.线… Ⅱ.①江… ②吴… Ⅲ.线性代数—高等学校—教材 Ⅳ.O151.2

中国版本图书馆CIP数据核字(2020)第022460号

出版 中国科学技术大学出版社
安徽省合肥市金寨路96号，230026
http://press.ustc.edu.cn
https://zgkxjsdxcbs.tmall.com

印刷 安徽省瑞隆印务有限公司

发行 中国科学技术大学出版社

经销 全国新华书店

开本 710 mm×1000 mm 1/16

印张 16.25

字数 328千

版次 2012年4月第1版 2020年2月第2版

印次 2026年1月第4次印刷

定价 38.00元

前　　言

“线性代数”是一门非常实用的工具性学科，虽然对学习者的数学基础要求较低，但它在经济管理类专业的后续课程，如“概率论与数理统计”、“运筹学”、“计量经济学”、“应用多元统计”等课程的学习中将发挥重要作用. 为适应新时期教学要求，特别是在我校经济管理类各个专业实现“一本”招生以后，我们认识到应该将多年的教学经验加以总结，编写一本适合教育教学改革发展需要、特色鲜明的“线性代数”教材非常必要，为此，我们多方努力，终成本书. 我们在编写本书的过程中，坚持了以下原则：

(1) 实践导向性原则. 教材的编写紧密结合“新时期高等教育教学改革工程”中的本科教育教学改革项目研究的成果，坚持把教材建设纳入本科教育教学改革的研究中. 实际上，本书的很多内容是在经管试点班“线性代数”课程多年教学实践工作中总结而成的.

(2) 多层次使用原则. 教材的编写尽可能满足学生多层次学习水平的需要，除了介绍基本教学内容以外，对于较难的定理我们在附录中尽可能给出严格的证明，对于一些常用的重要结论，我们也尽可能列出，为以后考研学习需要提供素材.

(3) 软件导向性原则. 教材的编写尽可能与现代先进的计算技术相结合. 线性代数涉及大量的计算，我们认为教学目的是让学习者掌握课程的思想与精髓，复杂的计算不是教学的最终要求. 为此，我们单独编写了一章介绍如何使用 MATLAB 软件来解决本书各个章节中的计算问题，我们觉得这是一种有益的尝试.

根据以上指导思想，本书力求体现以下特色：

(1) 新颖性. 在介绍“线性代数”课程基本内容的基础上，我们力求选择一些代表性的例题和习题，特别是一些考研真题的引入，增强了教学和学习的实战性. 在某些定理的证明过程中另辟蹊径，采用简洁的证明方式代替传统繁琐的表达方式，如第 3 章中向量组之间线性关系的证明就体现了这点. 我们特意在每章的开头部分简要介绍相关内容的发展过程，并以一个问题引出本章的学习内容.

(2) 现代性. 在介绍“线性代数”课程基本内容的基础上，我们单独用一章介绍 MATLAB 软件在“线性代数”中的应用，这体现了强化使用现代计算工具的特点.

(3) 实用性. 本书在内容的选取上注重多层次学习能力的要求，且例题来源代表性强，习题部分更是选择了近几年的考研真题，因此既满足实际教学需要，又可以作为了解考研动向的参考资料，既能够满足经济管理类各个相关专业教学的需要，又考虑了部分学有余力者进一步深造的需求.

本书共分为 7 章，其中第 1 章为行列式，主要围绕行列式的计算而展开，为此着重介绍了行列式的定义、性质以及展开定理及其在求解一类特殊齐次线性方程组中的应用，本章由江海峰编写. 第 2 章为矩阵，主要围绕矩阵的各种运算而展开，为此介绍了矩阵的概念、分类、加减法运算、乘法运算、逆运算、转置运算、幂运算和求秩运算，同时还介绍了矩阵初等变换定理及其在求逆和求秩中的应用，本章由崔立志编写. 第 3 章为线性方程组，主要围绕齐次线性方程组求解而展开，着重介绍了齐次线性方程组解存在的条件、向量的定义、向量的线性相关与线性无关的定义与判定定理、向量组之间的关系、解的结构与通解的表示，本章由江海峰编写. 第 4 章为相似矩阵与矩阵对角化，主要围绕方阵的对角化条件与对角化方法而展开，主要内容有矩阵特征值、特征向量、相似形与对角化定理，讨论了实对称矩阵对角化的特点与正交变换，本章由张莉编写. 第 5 章为二次型，主要围绕二次型的标准型与规范型以及矩阵有定性而展开，主要内容有二次型的定义、二次型标准型和规范型的实现、矩阵有定性的判断和二次型的应用，本章由吴小华编写. 第 6 章为线性代数在其他学科中的应用，主要围绕矩阵在求解实际问题中的应用而展开，主要内容包括矩阵求导与最小二乘估计方法、线性规划模型求解、投入产出分析、主成分分析等，本章由江海峰编写. 第 7 章介绍了 MATLAB 软件在前面 6 章中的应用，包括 MATLAB 的基本常识与主要函数，本章由吴小华编写. 全书由江海峰负责统稿总纂.

本书在编写过程中得到安徽工业大学商学院有关领导的关注与支持，庄健博士对本书的编写提出了许多宝贵意见，中国科学技术大学有关专家对本书的出版给予了大力支持，在此一并表示衷心的感谢!

限于编者的水平，书中疏漏和不当之处在所难免，恳请同行专家、学者和广大读者不吝赐教，使之在日后的再版中更臻至善.

编　者

2019 年 10 月

目　　录

第1章 行 列 式

行列式是数学中一种非常有用的工具，它源于线性方程组的求解，最早由17世纪日本数学家关孝和在其著作《解伏题之法》中提出，该书对行列式的概念与展开已经有了清楚的阐述.1693年4月，莱布尼茨在写给洛必达的一封信中也使用了行列式，并给出齐次线性方程组的系数行列式为零的条件.1750年，瑞士数学家克莱姆在其著作《线性代数分析导引》中，对行列式的定义和展开法则给出了比较完整、明确的阐述，并提出解线性方程组的克莱姆法则.在此之后，数学家贝祖系统地研究行列式展开后每一项符号的确定方法，并利用系数行列式概念判断一个齐次线性方程组是否有非零解的条件.总之，在很长一段时间内，行列式只是作为求解线性方程组的一种工具而被使用.

在行列式发展史上，法国数学家范德蒙是第一个把行列式理论与线性方程组求解相分离而进行独立研究的学者.他给出用二阶子式和它们的余子式来展开行列式的法则，因而可以被认为是行列式理论的奠基人.随后，拉普拉斯在1772年证明了范德蒙提出的一些规则，推广了他的行列式展开方法，提出了行列式的拉普拉斯展开定理.继范德蒙之后，法国大数学家柯西和德国数学家雅可比也对行列式理论的发展做出了重要贡献.1815年，柯西在一篇论文中给出了行列式的乘法定理，改进了拉普拉斯的行列式展开定理，并给出了一个证明.雅可比引进了函数行列式，即"雅可比行列式"，指出函数行列式在多重积分变量替换中的作用，给出了函数行列式的导数公式.雅可比的著名论文《论行列式的形成和性质》标志着行列式系统理论的建成.

行列式被广泛应用于数学分析、几何学、线性方程组和二次型等领域.本书主要介绍如何将行列式理论应用于克莱姆法则、矩阵求逆和矩阵对角化、二次型有定性的判断等.作为在经济管理领域中的应用，下面给出一个例子.

【例1.1】 某工厂用一种原材料可以生产出A、B、C、D四种产品，现有四批次关于这四种产品的产出与对应总成本记录如表1.1所示，试根据该资料，确定每种产品的单位成本.

表 1.1 四种产品的产出与总成本 单位:元

产品	A	B	C	D	总成本
第一批	200	100	100	50	2900
第二批	500	250	200	100	7050
第三批	100	40	40	20	1360
第四批	400	180	160	60	5500

解 设 $x=(x_1,x_2,x_3,x_4)^{\mathrm{T}}$ 分别表示产品 A、B、C、D 的单位成本,根据表 1.1,得到第一个批次四种产品与总成本的关系为

$$200x_1+100x_2+100x_3+50x_4=2900$$

类似可以得到第二批次、第三批次和第四批次四种产品与总成本的关系.把四个批次成品与总成本的关系整合成一个非齐次线性方程组:

$$\begin{cases}200x_1+100x_2+100x_3+50x_4=2900\\500x_1+250x_2+200x_3+100x_4=7050\\100x_1+40x_2+40x_3+20x_4=1360\\400x_1+180x_2+160x_3+60x_4=5500\end{cases}$$

对于该非齐次线性方程组,可以采用消元方法来求解,我们将在第 3 章中介绍,本章利用基于行列式方法的克莱姆法则来求四种产品的单位成本.

为使用行列式来求解四种产品的单位成本,本章 1.1 节首先给出行列式的定义与相关概念,并利用行列式的概念计算几种特殊行列式的值;其次,为计算更为一般的行列式,在 1.2 节和 1.3 节中分别介绍行列式的性质与展开定理;最后利用行列式和克莱姆法则来求解一类特殊结构的线性方程组,并完成上述四种产品单位成本确定问题.

1.1 行列式的定义与相关概念

1.1.1 行列式的引出

首先给出一阶、二阶行列式及其计算结果如下:

$$|a_{11}|=a_{11} \tag{1.1}$$

$$\begin{vmatrix}a_{11}&a_{12}\\a_{21}&a_{22}\end{vmatrix}=a_{11}a_{22}-a_{12}a_{21} \tag{1.2}$$

三阶行列式展开的结果比较复杂,展开后有

$$\begin{vmatrix} a_{11} & a_{12} & a_{13} \\ a_{21} & a_{22} & a_{23} \\ a_{31} & a_{32} & a_{33} \end{vmatrix} = a_{11}a_{22}a_{33} + a_{12}a_{23}a_{31} + a_{13}a_{21}a_{32} - a_{11}a_{23}a_{32} - a_{12}a_{21}a_{33} - a_{13}a_{22}a_{31} \tag{1.3}$$

对于三阶行列式还可以根据沙路法进行计算，该方法也称为对角线法则，其计算方法如图 1.1 所示.

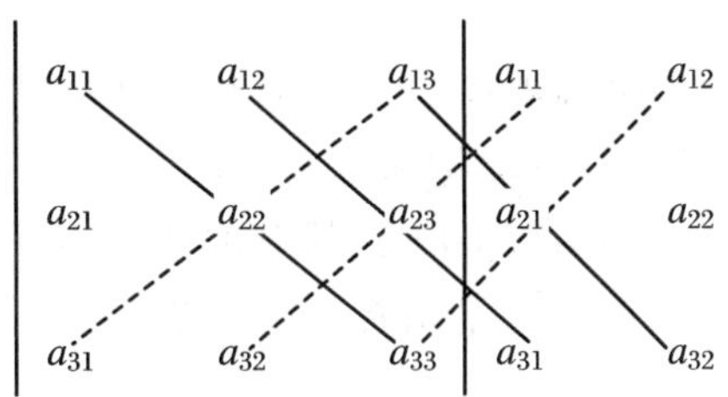

图 1.1

在图 1.1 中，我们将三阶行列式的第一列和第二列重新排在第三列的右边，这样，这些元素正好构成一个矩形，同时依次构成三个正方形，其中三条实线我们称之为三个正方形的主对角线，而三条虚线我们称之为三个正方形的副对角线. 显然，三条主对角线上的九个元素构成三项，而副对角线上的九个元素也构成三项.

通过上述三个行列式，我们可以总结归纳出以下共同的特点：

(1) 从左边的外在形式看，行列式由一些量 a_{ij} 和运算符号“||”构成，且行数等于列数；

(2) 从右边的实际内容看，行列式定义了一种特殊的运算规则；

(3) 从最终结果看，行列式的运算结果表现为一个数；

(4) 从右边含有运算的项数看，这些项的总数为 $n!$；

(5) 从右边每项所带的符号看，当行列式阶数等于或超过 2 时，显然正负项都有，而且各占一半，为 $n!/2$ 项；

(6) 从右边每项的构成来看，每项都由来自不同行和列的元素构成，也就是说，相同行或列的元素不能同时出现在同一项中；

(7) 从右边每项下标的排列来看，构成每项的各个元素的第一个下标正好按照自然数顺序排列，而第二个下标对应 n(为 2 或 3)个自然数的各种排列情形，这也解释了为什么行列式的展开项数有 $n!$ 项.

通过以上分析，我们可以很自然地把行列式从一阶、二阶、三阶推广到 n 阶的情形，n 阶行列式也自然满足上述结论. 下面我们正式给出 n 阶行列式的定义.

定义 1.1　由 n^2 个数 a_{ij} 和运算符号“||”构成的 n 行 n 列的运算记号

$$\begin{vmatrix} a_{11} & a_{12} & \cdots & a_{1n} \\ a_{21} & a_{22} & \cdots & a_{2n} \\ \vdots & \vdots & \ddots & \vdots \\ a_{n1} & a_{n2} & \cdots & a_{nn} \end{vmatrix}$$

称为 n 阶行列式,常记为 $D(n)=|a_{ij}|$,其中数 i 为行标,数 j 为列标,其取值均为 $1,2,\cdots,n$.

显然,把上述第(7)条的特点推广到 n 阶行列式的情形,如果不考虑其带有的符号,那么 n 阶行列式的一般项构成为 $a_{1i_1}a_{2i_2}\cdots a_{ki_k}\cdots a_{ni_n}$,其中 $i_1,i_2,\cdots,i_k,\cdots,i_n$ 为 $1,2,\cdots,k,\cdots,n$ 组成的 n 阶排列的各种情况;而整个行列式的值是考虑符号后所有这些项的代数和.下面着重来解决各项符号确定的规则.

1.1.2 逆序与互换定理

逆序及与逆序有关的定义如下:

定义 1.2 对于一个 n 阶排列 $i_1,i_2,\cdots,i_n$,如果有 $i_k>i_j$,且 i_k 排在 i_j 之前,则称 i_k 与 i_j 构成一个逆序.

定义 1.3 对于一个 n 阶排列 $i_1,i_2,\cdots,i_n$,把所有可能的逆序个数进行加总得到的结果称为逆序总数,通常记作 $N(i_1,i_2,\cdots,i_n)$.

定义 1.4 一个 n 阶排列 $i_1,i_2,\cdots,i_n$,其逆序总数 $N(i_1,i_2,\cdots,i_n)$ 若为奇数,称为奇排列,其逆序总数 $N(i_1,i_2,\cdots,i_n)$ 若为偶数,称为偶排列.

注意 任何一个 n 阶排列 $i_1,i_2,\cdots,i_n$,要么是奇排列,要么是偶排列.

【例 1.2】 求排列 1,3,4,7,8,2,6,9,5 的逆序总数.

解 首先从第一个数 1 开始,它最小且排在第一位,因此逆序数为 0;对于 3 和 4 来说,它们与数 2 都构成一个逆序,与其他剩下的数不构成逆序,因此逆序数各为 1;7 分别和 2,5,6 构成逆序;8 分别和 2,5,6 也构成逆序;2 不构成逆序;6,9 与 5 各构成一个逆序,因此逆序总数为 10.

【例 1.3】 求排列 $n,n-1,n-2,\cdots,2,1$ 的逆序总数,并判断排列的奇偶性.

解 显然第一个数 n 与后面的任何一个数都构成一个逆序,共有 $n-1$ 个逆序,第二个数 $n-1$ 与其后面的每个数构成 $n-2$ 个逆序,以此类推,得到逆序总数为 $\sum\limits_{i=1}^{n-1} i = n(n-1)/2$.其奇偶性的判断结果具体为

$$N=n(n-1)/2=\begin{cases} 2k(4k-1) & (n=4k) \\ (2k-1)(4k-1) & (n=4k-1) \\ (2k-1)(4k-3) & (n=4k-2) \\ 2(k-1)(4k-3) & (n=4k-3) \end{cases}$$

其中 $N=N(n,n-1,n-2,\cdots,2,1)$表示逆序总数符号.可见第一种和第四种对应的逆序总数为偶数,表示偶排列,第二种和第三种对应的逆序总数为奇数,表示奇排列.

在总结行列式展开的特点中,我们提到了行列式每项的行标是按照自然数顺序排列的,实际上这不是绝对的,行标也可以是一个任意排列!但我们总可以进行一种操作,把行标最终转换为按照自然顺序排列的结果,这就是互换操作.为此,首先给出互换的定义.

定义 1.5 对于任意一个 n 阶排列 $i_1,i_2,\cdots,i_n$,将其中任意两个元素 i_k,i_j 调换位置,而保持其他元素不动,那么称这个操作为对 n 阶排列 $i_1,i_2,\cdots,i_n$ 的一次互换.

根据这个定义,互换会改变元素的相对位置,因此必然会影响到逆序的构成情况,这里,我们只关心逆序总数的奇偶性变动,下面的定理给出了互换对排列奇偶性的影响.

定理 1.1 对一个 n 阶排列 $i_1,i_2,\cdots,i_n$ 进行一次互换,则排列的奇偶性在互换前后会发生改变.

证明 (1) 首先考虑一种比较简单的情形,设互换的对象 i_k,i_j 本身相邻,即排列的形式为 A,i_k,i_j,B,其中 A,B 表示其他元素,互换后为 A,i_j,i_k,B.显然互换后只有 i_k,i_j 之间的位置发生改变,因此逆序数要么增加1,要么减少1;而它们分别与其他元素 A,B 的相对位置没有发生任何改变,因此这部分逆序总数不会发生变化,且其他元素 A,B 之间的相对位置在互换前后也没有改变,因此这部分逆序总数也没有改变,所以对于这种相邻型的互换,互换前后逆序总数会增加1或减少1,因此逆序总数的奇偶性发生改变.

(2) 其次考虑 i_k,i_j 不相邻的情形,不失一般性,假设它们中间有 s 个元素,形式为

$$A,i_k,i_{k+1},i_{k+2},\cdots,i_{k+s-1},i_{k+s},i_j,B$$

则此时一步互换对调 i_k,i_j,可以等价地通过若干步相邻项两两互换来实现.首先将 i_k 与 i_{k+1} 互换,得到

$$A,i_{k+1},i_k,i_{k+2},\cdots,i_{k+s-1},i_{k+s},i_j,B$$

再将 i_k 与 i_{k+2} 互换,以此类推,当进行 $s+1$ 次相邻互换后便得到如下的结果:

$$A,i_{k+1},i_{k+2},\cdots,i_{k+s-1},i_{k+s},i_j,i_k,B$$

再反过来将 i_j 与前面的 i_{k+s} 等元素进行相邻互换,当进行 s 次互换以后得到如下结果:

$$A,i_j,i_{k+1},i_{k+2},\cdots,i_{k+s-1},i_{k+s},i_k,B$$

这也是一次互换 i_k,i_j 的最终结果.因此总共进行了 $2s+1$ 次的相邻互换.根据(1)的结论,每进行一次这种相邻互换就改变逆序总数的奇偶性,由于 $2s+1$ 为奇

数，从而逆序总数的奇偶性进行了奇数次改变，从而也会改变原来的奇偶性．于是我们有如下推论：

推论 一个 n 阶排列 $i_1,i_2,\cdots,i_n$ 进行奇数次互换，则排列的奇偶性在互换前后会发生改变；若进行偶数次互换，则排列的奇偶性在互换前后不会发生改变．

1.1.3 正负号的决定与行列式的定义展开式

为了讨论 n 阶行列式展开后为什么有一半的项数带有正号，一半带有负号，首先要证明如下的定理：

定理 1.2 对于任意的 n 阶排列 $i_1,i_2,\cdots,i_n$，其奇偶排列的个数各占一半，都为 $n!/2$ 个．

证明 不妨设 n 阶排列 $i_1,i_2,\cdots,i_n$ 中奇排列数为 p，偶排列数为 q，则有 $p+q=n!$．如果对 p 个奇排列各进行一次互换，根据定理 1.1 可知，p 个奇排列都转换为偶排列，并且这些偶排列都被 q 个偶排列所包含，因此有 $p\leqslant q$ 成立；另一方面，可以对 q 个偶排列各进行一次互换，同样根据定理 1.1 知道，q 个偶排列都转换为奇排列，并且这些奇排列都被 p 个奇排列所包含，因此有 $q\leqslant p$ 成立，从而有 $p=q$ 成立．综上，$p+q=n!$，故必有 $p=q=n!/2$ 成立．

下面我们以定理的形式给出行列式各项所带正负号的约定．

定理 1.3 n 阶行列式

$$\begin{vmatrix} a_{11} & a_{12} & \cdots & a_{1n} \\ a_{21} & a_{22} & \cdots & a_{2n} \\ \vdots & \vdots & \ddots & \vdots \\ a_{n1} & a_{n2} & \cdots & a_{nn} \end{vmatrix}$$

按照定义展开后，其通项 $a_{i_1j_1}a_{i_2j_2}\cdots a_{i_kj_k}\cdots a_{i_nj_n}$ 对应的正负号由其行标和列标分别构成排列的逆序总数的和的奇偶性确定，若为奇数，则为负号，若为偶数，则为正号，即通项的正负号为 $(-1)^{N(i_1,i_2,\cdots,i_k,\cdots,i_n)+N(j_1,j_2,\cdots,j_k,\cdots,j_n)}$．

推论 1 当通项 $a_{i_1j_1}a_{i_2j_2}\cdots a_{i_kj_k}\cdots a_{i_nj_n}$ 经过适当互换位置使行标按照自然数顺序排列，即将通项变换为 $a_{1l_1}a_{2l_2}\cdots a_{kl_k}\cdots a_{nl_n}$，那么其对应的正负号完全由列标构成排列的奇偶性决定，即正负号为 $(-1)^{N(l_1,l_2,\cdots,l_k,\cdots,l_n)}$．

证明 由定理 1.3 可以知道，通项 $a_{i_1j_1}a_{i_2j_2}\cdots a_{i_kj_k}\cdots a_{i_nj_n}$ 的正负号是由 $(-1)^{N(i_1,i_2,\cdots,i_k,\cdots,i_n)+N(j_1,j_2,\cdots,j_k,\cdots,j_n)}$ 来决定的．不失一般性，不妨设 $i_k=1$，互换 $a_{i_1j_1}$ 与 $a_{i_kj_k}$ 的位置，则互换后的通项为 $a_{i_kj_k}a_{i_2j_2}\cdots a_{i_1j_1}\cdots a_{i_nj_n}$，显然该通项值的大小在互换前后没有发生变化，但对应的正负号由 $(-1)^{N(i_k,i_2,\cdots,i_1,\cdots,i_n)+N(j_k,j_2,\cdots,j_1,\cdots,j_n)}$ 来决定．而

$$(-1)^{N(i_1,i_2,\cdots,i_k,\cdots,i_n)+N(j_1,j_2,\cdots,j_k,\cdots,j_n)} = (-1)^{N(i_1,i_2,\cdots,i_k,\cdots,i_n)}(-1)^{N(j_1,j_2,\cdots,j_k,\cdots,j_n)}$$

$$(-1)^{N(i_k,i_2,\cdots,i_1,\cdots,i_n)+N(j_k,j_2,\cdots,j_1,\cdots,j_n)} = (-1)^{N(i_k,i_2,\cdots,i_1,\cdots,i_n)}(-1)^{N(j_k,j_2,\cdots,j_1,\cdots,j_n)}$$

由于行标和列标排列的奇偶性在互换前后同时发生变化,因此有

$$(-1)^{N(i_1,i_2,\cdots,i_k,\cdots,i_n)+N(j_1,j_2,\cdots,j_k,\cdots,j_n)} = (-1)^{N(i_k,i_2,\cdots,i_1,\cdots,i_n)+N(j_k,j_2,\cdots,j_1,\cdots,j_n)}$$

这表明互换前后没有改变通项符号.类似可以找到行标为 2 的元素,再将它与 $a_{i_2j_2}$ 互换,以此类推,最终必然将行标按照自然数顺序排列,此时该项的正负号完全由列标排列逆序总数的奇偶性决定.以后我们通常都是将行列式按定义展开后行标依自然数顺序排列.这样我们又有如下推论:

推论 2 当 n 阶行列式

$$\begin{vmatrix} a_{11} & a_{12} & \cdots & a_{1n} \\ a_{21} & a_{22} & \cdots & a_{2n} \\ \vdots & \vdots & \ddots & \vdots \\ a_{n1} & a_{n2} & \cdots & a_{nn} \end{vmatrix}$$

按照定义展开后,其计算公式为

$$D = \sum_{l_1,l_2,\cdots,l_k,\cdots,l_n} (-1)^{N(l_1,l_2,\cdots,l_k,\cdots,l_n)} a_{1l_1}a_{2l_2}\cdots a_{kl_k}\cdots a_{nl_n} \tag{1.4}$$

这里的求和是对由自然数 1,2,…,n 构成的n 阶排列$l_1,l_2,\cdots,l_k,\cdots,l_n$ 所有$n!$种可能求和,这个通项公式在下节的行列式性质证明过程中将起着重要作用.

1.1.4 利用行列式的定义计算行列式

由行列式的定义展开式(1.4)可知,如果按照这种方法来计算行列式,当行列式的阶数 n 较大时,展开的项数将很大,计算将十分烦琐,但对于一些特殊的行列式,仍然可以使用定义来计算,特别是展开式中有很多项含有零元素时,计算结果将大为简化.

【例 1.4】 证明:如果 n 阶行列式中为零的元素多于n^2-n 个,则该行列式必定为零.

证明 由于 n 阶行列式中所有元素总数为 n^2,而为零的元素又多于 n^2-n 个,那么非零元素必定少于 n 个,这意味着式(1.4)所示的通项中至少有一个零元素存在,因此通项为零,所以行列式必为零.

定义 1.6 n 阶行列式的以下两种结构:

$$D_1 = \begin{vmatrix} a_{11} & 0 & \cdots & 0 \\ a_{21} & a_{22} & \cdots & 0 \\ \vdots & \vdots & \ddots & \vdots \\ a_{n1} & a_{n2} & \cdots & a_{nn} \end{vmatrix}, \quad D_2 = \begin{vmatrix} a_{11} & a_{12} & \cdots & a_{1n} \\ 0 & a_{22} & \cdots & a_{2n} \\ \vdots & \vdots & \ddots & \vdots \\ 0 & 0 & \cdots & a_{nn} \end{vmatrix}$$

分别称为下三角行列式和上三角行列式.特别地,主对角线以外的元素都为 0 时,称之为对角行列式,结构为

$$D_3 = \begin{vmatrix} a_{11} & 0 & \cdots & 0 \\ 0 & a_{22} & \cdots & 0 \\ \vdots & \vdots & \ddots & \vdots \\ 0 & 0 & \cdots & a_{nn} \end{vmatrix}$$

【例 1.5】 计算下三角行列式 D_1 的值.

解 按照行列式的定义,如果遵从行标按照自然数顺序来排列,则在第一行取值时,显然非零的取值为第一列的元素 a_{11},由于第一列的其他元素不可能再出现在该项中,所以删除第一行第一列,类似地,在第二行取值时,非零的取值为第二列的元素 a_{22},再删除第二行第二列,以此类推,直到最后一行时,可取的非零元素为第 n 列的 a_{nn}. 因此该行列式按照定义展开后,非零的只有一项,为 $a_{11}a_{22}\cdots a_{nn}$,显然该项行标、列标逆序总数都为零,因此符号为正号,故有 $D_1 = a_{11}a_{22}\cdots a_{nn}$.

仿照这种分析,有 $D_2 = a_{11}a_{22}\cdots a_{nn}$, $D_3 = a_{11}a_{22}\cdots a_{nn}$ 成立. 另外还存在三个与上述三个行列式结构相似的行列式,分别为

$$D_4 = \begin{vmatrix} a_{11} & \cdots & a_{1n-1} & a_{1n} \\ a_{21} & \cdots & a_{2n-1} & 0 \\ \vdots & \iddots & \vdots & \vdots \\ a_{n1} & \cdots & 0 & 0 \end{vmatrix}, \quad D_5 = \begin{vmatrix} 0 & \cdots & 0 & a_{1n} \\ 0 & \cdots & a_{2n-1} & a_{2n} \\ \vdots & \iddots & \vdots & \vdots \\ a_{n1} & \cdots & a_{nn-1} & a_{nn} \end{vmatrix}$$

$$D_6 = \begin{vmatrix} 0 & \cdots & 0 & a_{1n} \\ 0 & \cdots & a_{2n-1} & 0 \\ \vdots & \iddots & \vdots & \vdots \\ a_{n1} & \cdots & 0 & 0 \end{vmatrix}$$

【例 1.6】 计算下三角行列式 D_5 的值.

解 采用类似例 1.5 的分析方法,第一行非零的元素为 a_{1n},删除第 n 列元素,第二行非零的元素为 a_{2n-1},再删除第 $n-1$ 列元素. 一直下去直到第 n 行的非零元素为 a_{n1}. 因此该行列式按照定义展开后,非零的只有一项,为 $a_{1n}a_{2n-1}\cdots a_{n1}$,显然该项列标逆序总数为 $n(n-1)/2$,故有 $D_5 = (-1)^{n(n-1)/2}a_{1n}a_{2n-1}\cdots a_{n1}$.

类似有 $D_4 = D_6 = (-1)^{n(n-1)/2}a_{1n}a_{2n-1}\cdots a_{n1}$ 成立.

显然,利用行列式的定义计算行列式的范围非常小,只对那些含有很多零元素的行列式有效,对于一般的行列式需要使用其他方法进行计算,这包括使用行列式的性质和行列式的展开定理,下一节将介绍行列式的运算性质.

1.2 行列式的性质

从行列式定义展开式(1.4)可以看出,行列式展开后表现为一系列项的代数和,而每项都有 n 个元素的乘积,因此行列式最终表现为数的四则混合运算,而四则混合运算具有一些运算性质,这些运算性质使得行列式在展开之前也有一些相应的性质.本节将讨论这些性质,以便简化行列式的计算.

1.2.1 行列式的转置与取值的不变性

定义 1.7 将行列式 $D=|a_{ij}|$ 的行与列互相交换所得到的行列式称为 D 的转置行列式,记为 D^{T} 或者 D'.

D^{T} 的结构为

$$D^{\mathrm{T}}=\begin{vmatrix} a_{11} & a_{21} & \cdots & a_{n1} \\ a_{12} & a_{22} & \cdots & a_{n2} \\ \vdots & \vdots & \ddots & \vdots \\ a_{1n} & a_{2n} & \cdots & a_{nn} \end{vmatrix}$$

定理 1.4 行列式 $D=|a_{ij}|$ 与其转置行列式 D^{T} 具有相同的值.

证明 根据式(1.4)有

$$D=\sum_{l_1,l_2,\cdots,l_k,\cdots,l_n}(-1)^{N(l_1,l_2,\cdots,l_k,\cdots,l_n)}a_{1l_1}a_{2l_2}\cdots a_{kl_k}\cdots a_{nl_n}$$

其中通项 $a_{1l_1}a_{2l_2}\cdots a_{kl_k}\cdots a_{nl_n}$ 在其转置行列式 D^{T} 中变为 $a_{l_11}a_{l_22}\cdots a_{l_kk}\cdots a_{l_nn}$,而其正负号仍由 $(-1)^{N(l_1,l_2,\cdots,l_k,\cdots,l_n)}$ 来确定,因此有

$$D^{\mathrm{T}}=\sum_{l_1,l_2,\cdots,l_k,\cdots,l_n}(-1)^{N(l_1,l_2,\cdots,l_k,\cdots,l_n)}a_{l_11}a_{l_22}\cdots a_{l_kk}\cdots a_{l_nn}$$

D 与 D^{T} 两者具有相同的通项,只不过前者是行标按照自然数顺序排列,在列标中选取元素;而后者是将列标按照自然数顺序排列,在行标中选取元素,因此两者是相等的,正负号也完全相同,即 $D=D^{\mathrm{T}}$.于是有如下推论:

推论 行列式行的性质与列的性质相同.

这个推论表明,对行进行什么样的操作,也可以对列进行同样的操作.以后我们通常只对行性质进行证明,而省略对列性质的证明.

1.2.2 行列式换行(列)与取值的变号性

定义 1.8 将行列式 $D=|a_{ij}|$ 的任意两行(列)进行互换,称为行列式的换

行(列).

对行列式进行换行操作时,其列标保持不变,不妨将 D 的第 i 行和第 k 行进行交换,得到的行列式记为 $D(k,i)$,结构为

$$D(k,i)=\begin{vmatrix} a_{11} & a_{12} & a_{13} & \cdots & a_{1n-2} & a_{1n-1} & a_{1n} \\ \vdots & \vdots & \vdots & \ddots & \vdots & \vdots & \vdots \\ a_{k1} & a_{k2} & a_{k3} & \cdots & a_{kn-2} & a_{kn-1} & a_{kn} \\ \vdots & \vdots & \vdots & \ddots & \vdots & \vdots & \vdots \\ a_{i1} & a_{i2} & a_{i3} & \cdots & a_{in-2} & a_{in-1} & a_{in} \\ \vdots & \vdots & \vdots & \ddots & \vdots & \vdots & \vdots \\ a_{n1} & a_{n2} & a_{n3} & \cdots & a_{nn-2} & a_{nn-1} & a_{nn} \end{vmatrix}$$

为明确起见,将原先的行列式记为 $D(i,k)$.

定理 1.5 将行列式 $D(i,k)$ 换行变为 $D(k,i)$ 后,有 $D(i,k)=-D(k,i)$.

证明 根据式(1.4)有

$$D(i,k)=\sum_{l_1,l_2,\cdots,l_i,\cdots,l_k,\cdots,l_n}\left[(-1)^{N(1,2,\cdots,i,\cdots,k,\cdots,n)+N(l_1,l_2,\cdots,l_i,\cdots,l_k,\cdots,l_n)}\times a_{1l_1}a_{2l_2}\cdots a_{il_i}\cdots a_{kl_k}\cdots a_{nl_n}\right]$$

而

$$D(k,i)=\sum_{l_1,l_2,\cdots,l_i,\cdots,l_k,\cdots,l_n}\left[(-1)^{N(1,2,\cdots,k,\cdots,i,\cdots,n)+N(l_1,l_2,\cdots,l_i,\cdots,l_k,\cdots,l_n)}\times a_{1l_1}a_{2l_2}\cdots a_{kl_i}\cdots a_{il_k}\cdots a_{nl_n}\right]$$

在换行操作中,列标保持不变,因此变换前后列标对应排列的逆序总数没有变化,只有行标发生一次互换,因此会改变排列的奇偶性,因此换行前后会改变原来的正负号;另一方面,换行时,根据乘法运算的交换律,通项的大小不会发生改变.综合这两个结果可知 $D(i,k)=-D(k,i)$.

推论 如果行列式有两行(列)完全相同,则该行列式的值为零.

证明 假设行列式的第 i 行和第 k 行完全相同,则互换第 i 和第 k 两行后行列式相同,即有 $D(i,k)=D(k,i)$.再根据定理 1.5 有 $D(i,k)=-D(k,i)$,从而有 $D(i,k)=D(k,i)=-D(k,i)$,因此有 $D(i,k)=D(k,i)=0$.

1.2.3 行列式的数乘与倍增性

定义 1.9 用数 λ 去乘行列式 $D=|a_{ij}|$,称为数乘行列式.

用数 λ 乘行列式 $D=|a_{ij}|$,问题是如果将 λ 转移进运算符“| |”内,数 λ 应如何与 a_{ij} 这些元素进行结合呢? 下面的定理给出了这种运算结果.

定理 1.6 用数 λ 去乘行列式 $D=|a_{ij}|$ 等价于用数 λ 去乘行列式的任意一行(列)的所有元素.

证明 根据式(1.4)可得

$$\lambda D=\lambda\sum_{l_1,l_2,\cdots,l_k,\cdots,l_n}(-1)^{N(l_1,l_2,\cdots,l_k,\cdots,l_n)}a_{1l_1}a_{2l_2}\cdots a_{kl_k}\cdots a_{nl_n}\tag{1.5}$$

从而式(1.5)中的通项变为$(-1)^{N(l_1,l_2,\cdots,l_k,\cdots,l_n)}\lambda a_{1l_1}a_{2l_2}\cdots a_{kl_k}\cdots a_{nl_n}$,如果将$\lambda$与$a_{1l_1}$结合,则通项为$(-1)^{N(l_1,l_2,\cdots,l_k,\cdots,l_n)}(\lambda a_{1l_1})a_{2l_2}\cdots a_{kl_k}\cdots a_{nl_n}$,这表明第一行的第$l_1$列元素为$\lambda a_{1l_1}$,由于$l_1$可以取$1,2,\cdots,n$中的任意一个数,因此这也说明第一行所有元素都为原来的λ倍;另一方面,一旦将λ与a_{1l_1}结合,通项的其他元素都保持不变,因此整体上λD就相当于用λ去乘D的第一行的所有元素.同理,根据乘法运算的交换律和结合律,也可以将λ与通项中的任意其他一个元素结合,得到的结论是相同的,因此该定理成立,即有

$$\lambda D=\begin{vmatrix}a_{11}&a_{12}&\cdots&a_{1n-1}&a_{1n}\\\vdots&\vdots&\ddots&\vdots&\vdots\\\lambda a_{i1}&\lambda a_{i2}&\cdots&\lambda a_{in-1}&\lambda a_{in}\\\vdots&\vdots&\ddots&\vdots&\vdots\\a_{n1}&a_{n2}&\cdots&a_{nn-1}&a_{nn}\end{vmatrix}\tag{1.6}$$

推论1 若行列式的某行(列)有公共因子λ,则可以将该公共因子λ提出至运算符“| |”之外.

推论2 若行列式有两行(列)对应元素成比例,则该行列式的值为零.

证明 推论1是式(1.6)的反向运算,显然成立.对于推论2,不妨假设行列式的第k行与第i行成比例,设比例因子为λ,则该行列式表示为

$$\begin{vmatrix}a_{11}&a_{12}&a_{13}&\cdots&a_{1n-2}&a_{1n-1}&a_{1n}\\\vdots&\vdots&\vdots&\ddots&\vdots&\vdots&\vdots\\a_{k1}&a_{k2}&a_{k3}&\cdots&a_{kn-2}&a_{kn-1}&a_{kn}\\\vdots&\vdots&\vdots&\ddots&\vdots&\vdots&\vdots\\a_{i1}&a_{i2}&a_{i3}&\cdots&a_{in-2}&a_{in-1}&a_{in}\\\vdots&\vdots&\vdots&\ddots&\vdots&\vdots&\vdots\\a_{n1}&a_{n2}&a_{n3}&\cdots&a_{nn-2}&a_{nn-1}&a_{nn}\end{vmatrix}$$

$$=\begin{vmatrix}a_{11}&a_{12}&a_{13}&\cdots&a_{1n-2}&a_{1n-1}&a_{1n}\\\vdots&\vdots&\vdots&\ddots&\vdots&\vdots&\vdots\\a_{k1}&a_{k2}&a_{k3}&\cdots&a_{kn-2}&a_{kn-1}&a_{kn}\\\vdots&\vdots&\vdots&\ddots&\vdots&\vdots&\vdots\\\lambda a_{k1}&\lambda a_{k2}&\lambda a_{k3}&\cdots&\lambda a_{kn-2}&\lambda a_{kn-1}&\lambda a_{kn}\\\vdots&\vdots&\vdots&\ddots&\vdots&\vdots&\vdots\\a_{n1}&a_{n2}&a_{n3}&\cdots&a_{nn-2}&a_{nn-1}&a_{nn}\end{vmatrix}$$

$$
= \lambda \begin{vmatrix} a_{11} & a_{12} & a_{13} & \cdots & a_{1n-2} & a_{1n-1} & a_{1n} \\ \vdots & \vdots & \vdots & \ddots & \vdots & \vdots & \vdots \\ a_{k1} & a_{k2} & a_{k3} & \cdots & a_{kn-2} & a_{kn-1} & a_{kn} \\ \vdots & \vdots & \vdots & \ddots & \vdots & \vdots & \vdots \\ a_{k1} & a_{k2} & a_{k3} & \cdots & a_{kn-2} & a_{kn-1} & a_{kn} \\ \vdots & \vdots & \vdots & \ddots & \vdots & \vdots & \vdots \\ a_{n1} & a_{n2} & a_{n3} & \cdots & a_{nn-2} & a_{nn-1} & a_{nn} \end{vmatrix}
$$

$$
= \lambda \times 0
$$

$$
= 0
$$

上述证明过程中使用了定理 1.6 的推论 1 和定理 1.5 的推论.

1.2.4 行列式的可加性

定理 1.7 若行列式某行(列)的每个元素都可以表示为两个元素的和,则行列式可以表示成两个行列式的和,而这两个行列式某行(列)分别取该行(列)所有的第一个元素和所有的第二个元素,其他行(列)的元素与原行列式相同,即

$$
\begin{vmatrix} a_{11} & a_{12} & \cdots & a_{1n-1} & a_{1n} \\ \vdots & \vdots & \ddots & \vdots & \vdots \\ b_{i1}+c_{i1} & b_{i2}+c_{i2} & \cdots & b_{in-1}+c_{in-1} & b_{in}+c_{in} \\ \vdots & \vdots & \ddots & \vdots & \vdots \\ a_{n1} & a_{n2} & \cdots & a_{nn-1} & a_{nn} \end{vmatrix}
$$

$$
= \begin{vmatrix} a_{11} & a_{12} & \cdots & a_{1n-1} & a_{1n} \\ \vdots & \vdots & \ddots & \vdots & \vdots \\ b_{i1} & b_{i2} & \cdots & b_{in-1} & b_{in} \\ \vdots & \vdots & \ddots & \vdots & \vdots \\ a_{n1} & a_{n2} & \cdots & a_{nn-1} & a_{nn} \end{vmatrix} + \begin{vmatrix} a_{11} & a_{12} & \cdots & a_{1n-1} & a_{1n} \\ \vdots & \vdots & \ddots & \vdots & \vdots \\ c_{i1} & c_{i2} & \cdots & c_{in-1} & c_{in} \\ \vdots & \vdots & \ddots & \vdots & \vdots \\ a_{n1} & a_{n2} & \cdots & a_{nn-1} & a_{nn} \end{vmatrix}
$$

证明 根据式(1.4)有

$$
\begin{aligned}
D &= \sum_{l_1,l_2,\cdots,l_i,\cdots,l_n} (-1)^{N(l_1,l_2,\cdots,l_i,\cdots,l_n)} a_{1l_1} a_{2l_2} \cdots a_{il_i} \cdots a_{nl_n} \\
&= \sum_{l_1,l_2,\cdots,l_i,\cdots,l_n} (-1)^{N(l_1,l_2,\cdots,l_i,\cdots,l_n)} a_{1l_1} a_{2l_2} \cdots (b_{il_i} + c_{il_i}) \cdots a_{nl_n} \\
&= \sum_{l_1,l_2,\cdots,l_i,\cdots,l_n} (-1)^{N(l_1,l_2,\cdots,l_i,\cdots,l_n)} a_{1l_1} a_{2l_2} \cdots b_{il_i} \cdots a_{nl_n} \\
&\quad + \sum_{l_1,l_2,\cdots,l_i,\cdots,l_n} (-1)^{N(l_1,l_2,\cdots,l_i,\cdots,l_n)} a_{1l_1} a_{2l_2} \cdots c_{il_i} \cdots a_{nl_n}
\end{aligned}
$$

显然,第一个通项对应右边第一个行列式,第二个通项对应第二个行列式,因此定

理成立.很容易将这种情况推广到更为一般的情形,即有如下推论:

推论 若行列式的某行(列)的每个元素都可以表示成 m 个元素的和,则该行列式可以表示成 m 个行列式的和.

1.2.5 行列式的数乘和运算与取值的不变性

定义 1.10 用数 λ 乘以行列式的某行(列)的所有元素,然后将结果加到任意其他行(列)的对应元素上,同时将数 λ 所乘的行(列)还原,称之为行列式的数乘和运算.

例如,将行列式的第 k 行乘以 λ 加到第 i 行,则有

$$\begin{vmatrix} a_{11} & a_{12} & a_{13} & \cdots & a_{1n-2} & a_{1n-1} & a_{1n} \\ \vdots & \vdots & \vdots & \ddots & \vdots & \vdots & \vdots \\ a_{k1} & a_{k2} & a_{k3} & \cdots & a_{kn-2} & a_{kn-1} & a_{kn} \\ \vdots & \vdots & \vdots & \ddots & \vdots & \vdots & \vdots \\ a_{i1}+\lambda a_{k1} & a_{i2}+\lambda a_{k2} & a_{i3}+\lambda a_{k3} & \cdots & a_{in-2}+\lambda a_{kn-2} & a_{in-1}+\lambda a_{kn-1} & a_{in}+\lambda a_{kn} \\ \vdots & \vdots & \vdots & \ddots & \vdots & \vdots & \vdots \\ a_{n1} & a_{n2} & a_{n3} & \cdots & a_{nn-2} & a_{nn-1} & a_{nn} \end{vmatrix}$$

现在关心的问题是进行这种数乘和运算后,行列式的取值会有什么变化,下面的定理 1.8 给出了结论.

定理 1.8 若对行列式进行行(列)数乘和运算,则行列式的值保持不变.

证明 不妨将行列式的第 k 行乘以 λ 加到第 i 行,则有

$$\begin{vmatrix} a_{11} & a_{12} & a_{13} & \cdots & a_{1n-2} & a_{1n-1} & a_{1n} \\ \vdots & \vdots & \vdots & \ddots & \vdots & \vdots & \vdots \\ a_{k1} & a_{k2} & a_{k3} & \cdots & a_{kn-2} & a_{kn-1} & a_{kn} \\ \vdots & \vdots & \vdots & \ddots & \vdots & \vdots & \vdots \\ a_{i1}+\lambda a_{k1} & a_{i2}+\lambda a_{k2} & a_{i3}+\lambda a_{k3} & \cdots & a_{in-2}+\lambda a_{kn-2} & a_{in-1}+\lambda a_{kn-1} & a_{in}+\lambda a_{kn} \\ \vdots & \vdots & \vdots & \ddots & \vdots & \vdots & \vdots \\ a_{n1} & a_{n2} & a_{n3} & \cdots & a_{nn-2} & a_{nn-1} & a_{nn} \end{vmatrix}$$

$$= \begin{vmatrix} a_{11} & a_{12} & a_{13} & \cdots & a_{1n-2} & a_{1n-1} & a_{1n} \\ \vdots & \vdots & \vdots & \ddots & \vdots & \vdots & \vdots \\ a_{k1} & a_{k2} & a_{k3} & \cdots & a_{kn-2} & a_{kn-1} & a_{kn} \\ \vdots & \vdots & \vdots & \ddots & \vdots & \vdots & \vdots \\ a_{i1} & a_{i2} & a_{i3} & \cdots & a_{in-2} & a_{in-1} & a_{in} \\ \vdots & \vdots & \vdots & \ddots & \vdots & \vdots & \vdots \\ a_{n1} & a_{n2} & a_{n3} & \cdots & a_{nn-2} & a_{nn-1} & a_{nn} \end{vmatrix}$$

$$
+\begin{vmatrix} a_{11} & a_{12} & a_{13} & \cdots & a_{1\,n-2} & a_{1\,n-1} & a_{1n} \\ \vdots & \vdots & \vdots & \ddots & \vdots & \vdots & \vdots \\ a_{k1} & a_{k2} & a_{k3} & \cdots & a_{kn-2} & a_{kn-1} & a_{kn} \\ \vdots & \vdots & \vdots & \ddots & \vdots & \vdots & \vdots \\ \lambda a_{k1} & \lambda a_{k2} & \lambda a_{k3} & \cdots & \lambda a_{kn-2} & \lambda a_{kn-1} & \lambda a_{kn} \\ \vdots & \vdots & \vdots & \ddots & \vdots & \vdots & \vdots \\ a_{n1} & a_{n2} & a_{n3} & \cdots & a_{nn-2} & a_{nn-1} & a_{nn} \end{vmatrix}
$$

$$
= D + \lambda \begin{vmatrix} a_{11} & a_{12} & a_{13} & \cdots & a_{1\,n-2} & a_{1\,n-1} & a_{1n} \\ \vdots & \vdots & \vdots & \ddots & \vdots & \vdots & \vdots \\ a_{k1} & a_{k2} & a_{k3} & \cdots & a_{kn-2} & a_{kn-1} & a_{kn} \\ \vdots & \vdots & \vdots & \ddots & \vdots & \vdots & \vdots \\ a_{k1} & a_{k2} & a_{k3} & \cdots & a_{kn-2} & a_{kn-1} & a_{kn} \\ \vdots & \vdots & \vdots & \ddots & \vdots & \vdots & \vdots \\ a_{n1} & a_{n2} & a_{n3} & \cdots & a_{nn-2} & a_{nn-1} & a_{nn} \end{vmatrix}
$$

$$
= D + \lambda \times 0
$$

$$
= D
$$

故定理 1.8 成立.

上述证明过程中使用了定理 1.7 和定理 1.6 推论 2 的结论.

实际上,在行列式的众多性质中,定理 1.8 这条性质在计算行列式中最为实用,因为从理论上来说,任意阶的行列式最终可以使用这条性质把它化为上三角行列式或下三角行列式,再利用前面的上三角行列式或下三角行列式的结果进行计算.下面结合一些例题来介绍如何应用这些性质来计算行列式.

【例 1.7】 证明:奇数阶反对称行列式的值必为零.

证明 所谓反对称行列式,是指元素满足关系 $a_{ij} = -a_{ji}$ 的行列式,即有如下的结构:

$$
D = \begin{vmatrix} 0 & a_{12} & \cdots & a_{1n} \\ -a_{12} & 0 & \cdots & a_{2n} \\ \vdots & \vdots & \ddots & \vdots \\ -a_{1n} & -a_{2n} & \cdots & 0 \end{vmatrix}
$$

将行列式的每行都提取 -1 到行列式之外,有

$$
D = (-1)^n \begin{vmatrix} 0 & -a_{12} & \cdots & -a_{1n} \\ a_{12} & 0 & \cdots & -a_{2n} \\ \vdots & \vdots & \ddots & \vdots \\ a_{1n} & a_{2n} & \cdots & 0 \end{vmatrix} = (-1)^n D^{\mathrm{T}}
$$

因 n 为奇数,所以 $D=-D^{\mathrm{T}}$,又由定理1.4有 $D=D^{\mathrm{T}}$,从而有 $D=0$ 成立.

说明 该结论仅对奇数阶行列式成立,对于偶数阶行列式其结果不一定成立,例如下列行列式:

$$D=\begin{vmatrix}0 & a & b & c\\ -a & 0 & -c & b\\ -b & c & 0 & -a\\ -c & -b & a & 0\end{vmatrix}=(a^2+b^2+c^2)^2$$

【例1.8】 将下列行列式化为三角行列式,并求值.

$$D=\begin{vmatrix}1 & 1 & 3 & 2\\ 1 & 2 & -1 & 3\\ 2 & 3 & -1 & -1\\ 3 & -1 & -2 & -1\end{vmatrix}$$

解 把第一列分别乘以(−1),(−3),(−2)后加到后三列,得

$$D=\begin{vmatrix}1 & 0 & 0 & 0\\ 1 & 1 & -4 & 1\\ 2 & 1 & -7 & -5\\ 3 & -4 & -11 & -7\end{vmatrix}=\begin{vmatrix}1 & 0 & 0 & 0\\ 1 & 1 & 0 & 0\\ 2 & 1 & -3 & -6\\ 3 & -4 & -27 & -3\end{vmatrix}=\begin{vmatrix}1 & 0 & 0 & 0\\ 1 & 1 & 0 & 0\\ 2 & 1 & -3 & 0\\ 3 & -4 & -27 & 51\end{vmatrix}=-153$$

×4 ×(−1) ×(−2)

【例1.9】 求 n 阶行列式 $D=\begin{vmatrix}1 & a_1 & a_2 & \cdots & a_n\\ 1 & a_1+b_1 & a_2 & \cdots & a_n\\ 1 & a_1 & a_2+b_2 & \cdots & a_n\\ \vdots & \vdots & \vdots & \ddots & \vdots\\ 1 & a_1 & a_2 & \cdots & a_n+b_n\end{vmatrix}$ 的值.

解 在利用行列式的性质进行计算时,如果能够配合行列式的结构特点,则计算的效果会更好.对于本例而言,行列式的特点是:第一列与其他列绝大多数元素成比例,通常的做法是用第一列分别乘以这些比例的相反数再加到其他各列中,因此有

$$D=\begin{vmatrix}1 & a_1 & a_2 & \cdots & a_n\\ 1 & a_1+b_1 & a_2 & \cdots & a_n\\ 1 & a_1 & a_2+b_2 & \cdots & a_n\\ \vdots & \vdots & \vdots & \ddots & \vdots\\ 1 & a_1 & a_2 & \cdots & a_n+b_n\end{vmatrix}=\begin{vmatrix}1 & 0 & 0 & \cdots & 0\\ 1 & b_1 & 0 & \cdots & 0\\ 1 & 0 & b_2 & \cdots & 0\\ \vdots & \vdots & \vdots & \ddots & \vdots\\ 1 & 0 & 0 & \cdots & b_n\end{vmatrix}=b_1b_2\cdots b_n$$

$\times(-a_1)$ $\times(-a_2)$ $\times(-a_n)$

类似地,可以计算行列式

$$\begin{vmatrix}x & a_1 & a_2 & \cdots & a_{n-1} & 1\\ a_1 & x & a_2 & \cdots & a_{n-1} & 1\\ a_1 & a_2 & x & \cdots & a_{n-1} & 1\\ \vdots & \vdots & \vdots & \ddots & \vdots & \vdots\\ a_1 & a_2 & a_3 & \cdots & a_n & 1\end{vmatrix}=\prod_{i=1}^{n}(x-a_i)$$

【例 1.10】 求行列式 $\begin{vmatrix}1 & 2 & 3 & \cdots & n-1 & n\\ 2 & 3 & 4 & \cdots & n & 1\\ 3 & 4 & 5 & \cdots & 1 & 2\\ \vdots & \vdots & \vdots & \ddots & \vdots & \vdots\\ n-1 & n & 1 & \cdots & n-3 & n-2\\ n & 1 & 2 & \cdots & n-2 & n-1\end{vmatrix}$ 的值.

解 此行列式的特点是所有行或列元素相加所得到的和相等,因此可以考虑先加总再提取公因子出来.为此,首先把后面的各个列加到第一列并提取公因子,得

$$\begin{vmatrix}\frac{n(n+1)}{2} & 2 & 3 & \cdots & n-1 & n\\ \frac{n(n+1)}{2} & 3 & 4 & \cdots & n & 1\\ \frac{n(n+1)}{2} & 4 & 5 & \cdots & 1 & 2\\ \vdots & \vdots & \vdots & \ddots & \vdots & \vdots\\ \frac{n(n+1)}{2} & n & 1 & \cdots & n-3 & n-2\\ \frac{n(n+1)}{2} & 1 & 2 & \cdots & n-2 & n-1\end{vmatrix}=\frac{n(n+1)}{2}\begin{vmatrix}1 & 2 & 3 & \cdots & n-1 & n\\ 1 & 3 & 4 & \cdots & n & 1\\ 1 & 4 & 5 & \cdots & 1 & 2\\ \vdots & \vdots & \vdots & \ddots & \vdots & \vdots\\ 1 & n & 1 & \cdots & n-3 & n-2\\ 1 & 1 & 2 & \cdots & n-2 & n-1\end{vmatrix}$$

舍去前面的因子$\frac{n(n+1)}{2}$，接下来从最后一行开始，把前面每行的相反数加到其后面的行，有

$$\begin{vmatrix} 1 & 2 & 3 & \cdots & n-1 & n \\ 1 & 3 & 4 & \cdots & n & 1 \\ 1 & 4 & 5 & \cdots & 1 & 2 \\ \vdots & \vdots & \vdots & \ddots & \vdots & \vdots \\ 1 & n & 1 & \cdots & n-3 & n-2 \\ 1 & 1 & 2 & \cdots & n-2 & n-1 \end{vmatrix} = \begin{vmatrix} 1 & 2 & 3 & \cdots & n-1 & n \\ 0 & 1 & 1 & \cdots & 1 & 1-n \\ 0 & 1 & 1 & \cdots & 1-n & 1 \\ \vdots & \vdots & \vdots & \ddots & \vdots & \vdots \\ 0 & 1 & 1-n & \cdots & 1 & 1 \\ 0 & 1-n & 1 & \cdots & 1 & 1 \end{vmatrix}$$

如果把列标按照自然数顺序排列，从各个行中选取元素，则第一行只能取 $a_{11}=1$，因而有

$$\begin{vmatrix} 1 & 2 & 3 & \cdots & n-1 & n \\ 0 & 1 & 1 & \cdots & 1 & 1-n \\ 0 & 1 & 1 & \cdots & 1-n & 1 \\ \vdots & \vdots & \vdots & \ddots & \vdots & \vdots \\ 0 & 1 & 1-n & \cdots & 1 & 1 \\ 0 & 1-n & 1 & \cdots & 1 & 1 \end{vmatrix} = \begin{vmatrix} 1 & 1 & \cdots & 1 & 1-n \\ 1 & 1 & \cdots & 1-n & 1 \\ \vdots & \vdots & \ddots & \vdots & \vdots \\ 1 & 1-n & \cdots & 1 & 1 \\ 1-n & 1 & \cdots & 1 & 1 \end{vmatrix}$$

显然这个行列式的特点与例 1.9 极为相似，但缺少元素都为 1 的列，再根据行列式定义展开，有

$$\begin{vmatrix} 1 & 1 & \cdots & 1 & 1-n \\ 1 & 1 & \cdots & 1-n & 1 \\ \vdots & \vdots & \ddots & \vdots & \vdots \\ 1 & 1-n & \cdots & 1 & 1 \\ 1-n & 1 & \cdots & 1 & 1 \end{vmatrix} = \begin{vmatrix} 1 & 0 & 0 & \cdots & 0 & 0 \\ 1 & 1 & 1 & \cdots & 1 & 1-n \\ 1 & 1 & 1 & \cdots & 1-n & 1 \\ \vdots & \vdots & \vdots & \ddots & \vdots & \vdots \\ 1 & 1 & 1-n & \cdots & 1 & 1 \\ 1 & 1-n & 1 & \cdots & 1 & 1 \end{vmatrix}$$

把第一列的数乘以(−1)加到后面各个列，有

$$\begin{vmatrix} 1 & 0 & 0 & \cdots & 0 & 0 \\ 1 & 1 & 1 & \cdots & 1 & 1-n \\ 1 & 1 & 1 & \cdots & 1-n & 1 \\ \vdots & \vdots & \vdots & \ddots & \vdots & \vdots \\ 1 & 1 & 1-n & \cdots & 1 & 1 \\ 1 & 1-n & 1 & \cdots & 1 & 1 \end{vmatrix} = \begin{vmatrix} 1 & -1 & -1 & \cdots & -1 & -1 \\ 1 & 0 & 0 & \cdots & 0 & -n \\ 1 & 0 & 0 & \cdots & -n & 0 \\ \vdots & \vdots & \vdots & \ddots & \vdots & \vdots \\ 1 & 0 & -n & \cdots & 0 & 0 \\ 1 & -n & 0 & \cdots & 0 & 0 \end{vmatrix}$$

根据这种行列式的特点，可以将后面的每列都乘以 $1/n$ 加到第一列，从而有

$$\begin{vmatrix} 1 & -1 & -1 & \cdots & -1 & -1 \\ 1 & 0 & 0 & \cdots & 0 & -n \\ 1 & 0 & 0 & \cdots & -n & 0 \\ \vdots & \vdots & \vdots & \ddots & \vdots & \vdots \\ 1 & 0 & -n & \cdots & 0 & 0 \\ 1 & -n & 0 & \cdots & 0 & 0 \end{vmatrix} = \begin{vmatrix} 1/n & -1 & -1 & \cdots & -1 & -1 \\ 0 & 0 & 0 & \cdots & 0 & -n \\ 0 & 0 & 0 & \cdots & -n & 0 \\ \vdots & \vdots & \vdots & \ddots & \vdots & \vdots \\ 0 & 0 & -n & \cdots & 0 & 0 \\ 0 & -n & 0 & \cdots & 0 & 0 \end{vmatrix}$$

再根据行列式定义展开,有

$$\begin{vmatrix} 1/n & -1 & -1 & \cdots & -1 & -1 \\ 0 & 0 & 0 & \cdots & 0 & -n \\ 0 & 0 & 0 & \cdots & -n & 0 \\ \vdots & \vdots & \vdots & \ddots & \vdots & \vdots \\ 0 & 0 & -n & \cdots & 0 & 0 \\ 0 & -n & 0 & \cdots & 0 & 0 \end{vmatrix} = \frac{1}{n} \begin{vmatrix} 0 & 0 & \cdots & 0 & -n \\ 0 & 0 & \cdots & -n & 0 \\ \vdots & \vdots & \ddots & \vdots & \vdots \\ 0 & -n & \cdots & 0 & 0 \\ -n & 0 & \cdots & 0 & 0 \end{vmatrix}$$

$$= \frac{1}{n}(-1)^{\frac{(n-1)(n-2)}{2}}(-n)^{n-1}$$

从而对原来的行列式,有

$$\begin{vmatrix} 1 & 2 & 3 & \cdots & n-1 & n \\ 2 & 3 & 4 & \cdots & n & 1 \\ 3 & 4 & 5 & \cdots & 1 & 2 \\ \vdots & \vdots & \vdots & \ddots & \vdots & \vdots \\ n-1 & n & 1 & \cdots & n-3 & n-2 \\ n & 1 & 2 & \cdots & n-2 & n-1 \end{vmatrix} = \frac{n(n+1)}{2} \frac{1}{n} (-1)^{\frac{(n-1)(n-2)}{2}} (-n)^{n-1}$$

$$= (-1)^{\frac{n(n-1)}{2}} \frac{n^{n-1}(n+1)}{2}$$

说明 在这个例题中,我们综合利用了求和加总提取公因子、按照行列式定义展开降阶和加边升阶以及化为三角行列式的方法,最终求出了行列式的值.其中按照行列式定义展开降阶和加边升阶也可以理解为下节要介绍的行列式按行或列展开定理,按行或列展开在起到降阶作用的同时也简化了计算.

1.3 行列式的展开定理

1.3.1 行列式的余子式和代数余子式

定义 1.11 将行列式 $D(n)=|a_{ij}|$ 的代表元素 a_{ij} 删除其所在的第 i 行和第

j 列以后,剩余的各个元素位置保持不变形成的 $n-1$ 阶行列式称为元素 a_{ij} 的余子式,记为 M_{ij},而称 $A_{ij}=(-1)^{i+j}M_{ij}$ 为元素 a_{ij} 的代数余子式.

显然,对于 n 阶行列式而言,每个元素都有余子式和代数余子式,因而共有 n^2 个余子式和 n^2 个代数余子式.它们的本质都为 $n-1$ 阶行列式.例如行列式

$$D=\begin{vmatrix}1&2&3\\3&2&1\\1&1&1\end{vmatrix}$$

的余子式和代数余子式分别为

$$M_{11}=\begin{vmatrix}2&1\\1&1\end{vmatrix},\quad M_{12}=\begin{vmatrix}3&1\\1&1\end{vmatrix},\quad M_{13}=\begin{vmatrix}3&2\\1&1\end{vmatrix}$$

$$M_{21}=\begin{vmatrix}2&3\\1&1\end{vmatrix},\quad M_{22}=\begin{vmatrix}1&3\\1&1\end{vmatrix},\quad M_{23}=\begin{vmatrix}1&2\\1&1\end{vmatrix}$$

$$M_{31}=\begin{vmatrix}2&3\\2&1\end{vmatrix},\quad M_{32}=\begin{vmatrix}1&3\\3&1\end{vmatrix},\quad M_{33}=\begin{vmatrix}1&2\\3&2\end{vmatrix}$$

$$A_{11}=(-1)^{1+1}\begin{vmatrix}2&1\\1&1\end{vmatrix},\quad A_{12}=(-1)^{1+2}\begin{vmatrix}3&1\\1&1\end{vmatrix},\quad A_{13}=(-1)^{1+3}\begin{vmatrix}3&2\\1&1\end{vmatrix}$$

$$A_{21}=(-1)^{2+1}\begin{vmatrix}2&3\\1&1\end{vmatrix},\quad A_{22}=(-1)^{2+2}\begin{vmatrix}1&3\\1&1\end{vmatrix},\quad A_{23}=(-1)^{2+3}\begin{vmatrix}1&2\\1&1\end{vmatrix}$$

$$A_{31}=(-1)^{3+1}\begin{vmatrix}2&3\\2&1\end{vmatrix},\quad A_{32}=(-1)^{3+2}\begin{vmatrix}1&3\\3&1\end{vmatrix},\quad A_{33}=(-1)^{3+3}\begin{vmatrix}1&2\\3&2\end{vmatrix}$$

1.3.2 行列式按行(列)展开定理

定理 1.9 行列式 $D=|a_{ij}|$ 等于它的任意一行(列)的各个元素与其对应的代数余子式乘积的代数和,即有

$$D=\begin{cases}a_{i1}A_{i1}+a_{i2}A_{i2}+\cdots+a_{in}A_{in}\\a_{1j}A_{1j}+a_{2j}A_{2j}+\cdots+a_{nj}A_{nj}\end{cases}\quad(i,j=1,2,\cdots,n)\tag{1.7}$$

证明 分三种情况加以讨论:

(1) 若行列式的第一个元素 $a_{11}\neq0$,第一行的其他元素全部为 0,则有

$$D=\begin{vmatrix}a_{11}&0&0&\cdots&0\\a_{21}&a_{22}&a_{23}&\cdots&a_{2n}\\a_{31}&a_{32}&a_{33}&\cdots&a_{3n}\\\vdots&\vdots&\vdots&\ddots&\vdots\\a_{n1}&a_{n2}&a_{n3}&\cdots&a_{nn}\end{vmatrix}$$

$$=\sum_{1,i_2,i_3,\cdots,i_n}(-1)^{N(1,i_2,i_3,\cdots,i_n)}a_{11}a_{2i_2}a_{3i_3}\cdots a_{ni_n}$$

$$= a_{11}\sum_{i_2,i_3,\cdots,i_n}(-1)^{N(i_2,i_3,\cdots,i_n)}a_{2i_2}a_{3i_3}\cdots a_{ni_n}$$
$$= a_{11}M_{11}$$
$$= a_{11}A_{11}$$

这里先按照定义展开,再按照余子式和代数余子式进行转换.

(2) 如果行列式的第 i 行只有第 j 列元素 $a_{ij}\neq 0$,该行的其他元素全部为 0,则有

$$D=\begin{vmatrix} a_{11} & \cdots & a_{1j} & \cdots & a_{1n} \\ a_{21} & \cdots & a_{2j} & \cdots & a_{2n} \\ \vdots & \ddots & \vdots & \ddots & \vdots \\ 0 & \cdots & a_{ij} & \cdots & 0 \\ \vdots & \ddots & \vdots & \ddots & \vdots \\ a_{n1} & \cdots & a_{nj} & \cdots & a_{nn} \end{vmatrix}$$

$$\xlongequal{\text{两两换行进行 } i-1 \text{ 次}}(-1)^{i-1}\begin{vmatrix} 0 & \cdots & a_{ij} & \cdots & 0 \\ a_{11} & \cdots & a_{1j} & \cdots & a_{1n} \\ \vdots & \ddots & \vdots & \ddots & \vdots \\ a_{i-11} & \cdots & a_{i-1j} & \cdots & a_{i-1n} \\ \vdots & \ddots & \vdots & \ddots & \vdots \\ a_{n1} & \cdots & a_{nj} & \cdots & a_{nn} \end{vmatrix}$$

$$\xlongequal{\text{两两换列进行 } j-1 \text{ 次}}(-1)^{i+j-2}\begin{vmatrix} a_{ij} & \cdots & 0 & \cdots & 0 \\ a_{1j} & \cdots & a_{1j-1} & \cdots & a_{1n} \\ \vdots & \ddots & \vdots & \ddots & \vdots \\ a_{i-1j} & \cdots & a_{i-1j-1} & \cdots & a_{i-1n} \\ \vdots & \ddots & \vdots & \ddots & \vdots \\ a_{nj} & \cdots & a_{nj-1} & \cdots & a_{nn} \end{vmatrix}$$

$$= (-1)^{i+j}a_{ij}M_{ij}$$
$$= a_{ij}A_{ij}$$

倒数第二步使用了上述(1)的结论.

说明 上述中的两两换行是指第 i 行与前面的每行进行换行,同样,两两换列是指第 j 列与前面的每列进行换列.

(3) 现在考虑更为一般的情况,将第 i 行每个元素拆成 n 个元素的和,则有

$$D=\begin{vmatrix} a_{11} & a_{12} & \cdots & a_{1n} \\ \vdots & \vdots & \ddots & \vdots \\ a_{i1} & a_{i2} & \cdots & a_{in} \\ \vdots & \vdots & \ddots & \vdots \\ a_{n1} & a_{n2} & \cdots & a_{nn} \end{vmatrix}$$

$$=\begin{vmatrix} a_{11} & a_{12} & \cdots & a_{1n} \\ \vdots & \vdots & \ddots & \vdots \\ a_{i1}+0+\cdots+0 & 0+a_{i2}+\cdots+0 & \cdots & 0+0+\cdots+a_{in} \\ \vdots & \vdots & \ddots & \vdots \\ a_{n1} & a_{n2} & \cdots & a_{nn} \end{vmatrix}$$

$$=\begin{vmatrix} a_{11} & a_{12} & \cdots & a_{1n} \\ \vdots & \vdots & \ddots & \vdots \\ a_{i1} & 0 & \cdots & 0 \\ \vdots & \vdots & \ddots & \vdots \\ a_{n1} & a_{n2} & \cdots & a_{nn} \end{vmatrix}+\begin{vmatrix} a_{11} & a_{12} & \cdots & a_{1n} \\ \vdots & \vdots & \ddots & \vdots \\ 0 & a_{i2} & \cdots & 0 \\ \vdots & \vdots & \ddots & \vdots \\ a_{n1} & a_{n2} & \cdots & a_{nn} \end{vmatrix}+\cdots+\begin{vmatrix} a_{11} & a_{12} & \cdots & a_{1n} \\ \vdots & \vdots & \ddots & \vdots \\ 0 & 0 & \cdots & a_{in} \\ \vdots & \vdots & \ddots & \vdots \\ a_{n1} & a_{n2} & \cdots & a_{nn} \end{vmatrix}$$

$$=a_{i1}A_{i1}+a_{i2}A_{i2}+\cdots+a_{in}A_{in}$$

最后一步使用了上述(2)的结论.

在行列式按某行(列)展开时,如果用其他行(列)的代数余子式代替该行(列)的代数余子式,那么会出现什么结果呢?下面的推论给出了答案.

推论 行列式 $D=|a_{ij}|$ 的任意一行(列)的元素与其他任意一行(列)对应元素的代数余子式的乘积的和为 0,即

$$\begin{cases} a_{i1}A_{s1}+a_{i2}A_{s2}+\cdots+a_{in}A_{sn}=0 & (i\neq s) \\ a_{1j}A_{1l}+a_{2j}A_{2l}+\cdots+a_{nj}A_{nl}=0 & (j\neq l) \end{cases}$$

证明 在上述表达式中,如果保留第 s 行的代数余子式,当使用行列式按行展开定理时,必须使用第 s 行的元素,当第 i 行和第 s 行完全相同时,则有

$$D^* = \begin{vmatrix} a_{11} & a_{12} & a_{13} & \cdots & a_{1n-2} & a_{1n-1} & a_{1n} \\ \vdots & \vdots & \vdots & \ddots & \vdots & \vdots & \vdots \\ a_{i1} & a_{i2} & a_{i3} & \cdots & a_{in-2} & a_{in-1} & a_{in} \\ \vdots & \vdots & \vdots & \ddots & \vdots & \vdots & \vdots \\ a_{i1} & a_{i2} & a_{i3} & \cdots & a_{in-2} & a_{in-1} & a_{in} \\ \vdots & \vdots & \vdots & \ddots & \vdots & \vdots & \vdots \\ a_{n1} & a_{n2} & a_{n3} & \cdots & a_{nn-2} & a_{nn-1} & a_{nn} \end{vmatrix} \begin{matrix} \\ \\ \text{第 } i \text{ 行} \\ \\ \text{第 } s \text{ 行} \\ \\ \\ \end{matrix}$$

$$= a_{i1}A_{s1} + a_{i2}A_{s2} + \cdots + a_{in}A_{sn}$$

$$= 0$$

同理，对列也可进行类似的证明. 将定理 1.9 和推论的结果综合成一个式子，有

$$a_{i1}A_{j1} + a_{i2}A_{j2} + \cdots + a_{in}A_{jn} = \begin{cases} D & (i = j) \\ 0 & (i \neq j) \end{cases} \tag{1.8}$$

对于列也有类似的表达形式.

说明　在实际进行行列式计算时，我们一般不是直接使用行列式按行(列)展开定理进行展开，而是首先利用行列式的性质将某行或某列非零元素尽可能多地化为零，然后再利用行列式按行或列展开定理进行降阶，重复上述过程，理论上可以将高阶行列式最终降阶成一个二阶行列式. 实际中需要灵活运用行列式的性质、行列式展开定理以及行列式自身构造的特点来简化计算过程.

【例 1.11】　求行列式 $D = \begin{vmatrix} 5 & 6 & 0 & 0 & 0 \\ 1 & 5 & 6 & 0 & 0 \\ 0 & 1 & 5 & 6 & 0 \\ 0 & 0 & 1 & 5 & 6 \\ 0 & 0 & 0 & 1 & 5 \end{vmatrix}$ 的值.

解　按最后一行展开有

$$D = \begin{vmatrix} 5 & 6 & 0 & 0 & 0 \\ 1 & 5 & 6 & 0 & 0 \\ 0 & 1 & 5 & 6 & 0 \\ 0 & 0 & 1 & 5 & 6 \\ 0 & 0 & 0 & 1 & 5 \end{vmatrix}$$

$$= (-1)^{5+4}\begin{vmatrix} 5 & 6 & 0 & 0 \\ 1 & 5 & 6 & 0 \\ 0 & 1 & 5 & 0 \\ 0 & 0 & 1 & 6 \end{vmatrix} + 5 \times (-1)^{5+5}\begin{vmatrix} 5 & 6 & 0 & 0 \\ 1 & 5 & 6 & 0 \\ 0 & 1 & 5 & 6 \\ 0 & 0 & 1 & 5 \end{vmatrix}$$

$$= 19 \times \begin{vmatrix} 5 & 6 & 0 \\ 1 & 5 & 6 \\ 0 & 1 & 5 \end{vmatrix} - 5 \times \begin{vmatrix} 5 & 6 & 0 \\ 1 & 5 & 0 \\ 0 & 1 & 6 \end{vmatrix}$$

$$= 19 \times \begin{vmatrix} 0 & -19 & -30 \\ 1 & 5 & 6 \\ 0 & 1 & 5 \end{vmatrix} - 5 \times 6 \times \begin{vmatrix} 5 & 6 \\ 1 & 5 \end{vmatrix}$$

$$= 19 \times (-1)^{2+1} \begin{vmatrix} -19 & -30 \\ 1 & 5 \end{vmatrix} - 30 \times (25 - 6)$$

$$= 665$$

【例 1.12】 已知四阶行列式的第三列元素分别为 $-1,2,0,1$,余子式分别为 $5,3,-7,4$,求行列式的值.

解 根据行列式按列展开定理有

$$\begin{aligned} D &= a_{13}A_{13} + a_{23}A_{23} + a_{33}A_{33} + a_{43}A_{43} \\ &= -1 \times (-1)^{1+3} \times 5 + 2 \times (-1)^{2+3} \times 3 + 0 \times (-1)^{3+3} \times (-7) \\ &\quad + 1 \times (-1)^{4+3} \times 4 \\ &= -15 \end{aligned}$$

需要注意的是:这里需要将余子式调整成代数余子式后方可使用展开定理.

【例 1.13】 已知行列式 $D = \begin{vmatrix} 1 & -5 & 1 & 3 \\ 1 & 1 & 3 & 4 \\ 1 & 1 & 2 & 3 \\ 2 & 2 & 3 & 4 \end{vmatrix}$,计算 $A_{41} + A_{42} + A_{43} + A_{44}$.

解 根据行列式展开定理,如果将行列式的第四行元素都换为 1,则所求的表达式正是这个行列式按照第四行进行展开的表达式,因此有

$$A_{41} + A_{42} + A_{43} + A_{44} = \begin{vmatrix} 1 & -5 & 1 & 3 \\ 1 & 1 & 3 & 4 \\ 1 & 1 & 2 & 3 \\ 1 & 1 & 1 & 1 \end{vmatrix}$$

从最后一行开始,分别用其前一行乘以(-1)加到该行得到

$$\begin{vmatrix} 1 & -5 & 1 & 3 \\ 1 & 1 & 3 & 4 \\ 1 & 1 & 2 & 3 \\ 1 & 1 & 1 & 1 \end{vmatrix} = \begin{vmatrix} 1 & -5 & 1 & 3 \\ 0 & 6 & 2 & 1 \\ 0 & 0 & -1 & -1 \\ 0 & 0 & -1 & -2 \end{vmatrix} = \begin{vmatrix} 1 & -5 & 1 & 3 \\ 0 & 6 & 2 & 1 \\ 0 & 0 & -1 & -1 \\ 0 & 0 & 0 & -1 \end{vmatrix} = 6$$

当然也可以直接求每个代数余子式,然后求和.

【例 1.14】 计算 n 阶范德蒙行列式 $D=\begin{vmatrix} 1 & 1 & 1 & \cdots & 1 \\ a_1 & a_2 & a_3 & \cdots & a_n \\ a_1^2 & a_2^2 & a_3^2 & \cdots & a_n^2 \\ \vdots & \vdots & \vdots & \ddots & \vdots \\ a_1^{n-1} & a_2^{n-1} & a_3^{n-1} & \cdots & a_n^{n-1} \end{vmatrix}$.

解 从最后一行开始,依次将前一行乘以$(-a_1)$加到其后一行,得到

$$\begin{vmatrix} 1 & 1 & 1 & \cdots & 1 \\ a_1 & a_2 & a_3 & \cdots & a_n \\ a_1^2 & a_2^2 & a_3^2 & \cdots & a_n^2 \\ \vdots & \vdots & \vdots & \ddots & \vdots \\ a_1^{n-1} & a_2^{n-1} & a_3^{n-1} & \cdots & a_n^{n-1} \end{vmatrix}$$

$$=\begin{vmatrix} 1 & 1 & 1 & \cdots & 1 \\ 0 & a_2-a_1 & a_3-a_1 & \cdots & a_n-a_1 \\ 0 & a_2^2-a_2a_1 & a_3^2-a_3a_1 & \cdots & a_n^2-a_na_1 \\ \vdots & \vdots & \vdots & \ddots & \vdots \\ 0 & a_2^{n-1}-a_1a_2^{n-2} & a_3^{n-1}-a_1a_3^{n-2} & \cdots & a_n^{n-1}-a_1a_n^{n-2} \end{vmatrix}$$

$$\xlongequal{\text{按第一列展开}}\begin{vmatrix} a_2-a_1 & a_3-a_1 & \cdots & a_n-a_1 \\ a_2^2-a_2a_1 & a_3^2-a_3a_1 & \cdots & a_n^2-a_na_1 \\ \vdots & \vdots & \ddots & \vdots \\ a_2^{n-1}-a_1a_2^{n-2} & a_3^{n-1}-a_1a_3^{n-2} & \cdots & a_n^{n-1}-a_1a_n^{n-2} \end{vmatrix}$$

$$\xlongequal{\text{各列提取公因子 } a_j-a_1}\prod_{j=2}^{n}(a_j-a_1)\begin{vmatrix} 1 & 1 & \cdots & 1 \\ a_2 & a_3 & \cdots & a_n \\ \vdots & \vdots & \ddots & \vdots \\ a_2^{n-2} & a_3^{n-2} & \cdots & a_n^{n-2} \end{vmatrix}$$

$$\xlongequal{\text{递推归纳得到}}\prod_{1\leqslant i<j\leqslant n}(a_j-a_i)$$

该行列式称为范德蒙行列式,读者可以作为结论加以利用.实际中有些行列式可以化为该行列式,例如下列行列式的计算,在第一步提取公因子后,就转化成了范德蒙行列式:

$$\begin{vmatrix} 1 & 1 & 1 & \cdots & 1 \\ 2 & 2^2 & 2^3 & \cdots & 2^n \\ 3 & 3^2 & 3^3 & \cdots & 3^n \\ \vdots & \vdots & \vdots & \ddots & \vdots \\ n & n^2 & n^3 & \cdots & n^n \end{vmatrix}=n!\begin{vmatrix} 1 & 1 & 1 & \cdots & 1 \\ 1 & 2 & 2^2 & \cdots & 2^{n-1} \\ 1 & 3 & 3^2 & \cdots & 3^{n-1} \\ \vdots & \vdots & \vdots & \ddots & \vdots \\ 1 & n & n^2 & \cdots & n^{n-1} \end{vmatrix}=n!(n-1)!\cdots2!1$$

1.3.3 行列式按子式展开定理

定理1.9中的行列式是以每个元素为单位进行展开的,实际上行列式也可以按子式展开,上述的展开定理是按照子式展开的一种特例,这就是行列式的拉普拉斯展开定理.

定义1.12 任取行列式 $D=|a_{ij}|$ 的 k 行和 k 列的元素,称由这些 k^2 个元素按照原来的位置组成的行列式 M 为一个 k 阶子式.进一步地,删除 k 阶子式后剩下 $n-k$ 阶行列式称为 M 的余子式,记为 M^*.若假设 k 阶子式 M 的行标和列标分别为 $i_1,i_2,\cdots,i_k,j_1,j_2,\cdots,j_k$,则 M 的代数余子式为

$$A=(-1)^{i_1+i_2+\cdots+i_k+j_1+j_2+\cdots+j_k}M^*$$

定理1.10 行列式 $D=|a_{ij}|$ 等于其任意 k 行元素所组成的一切 k 阶子式与其对应的代数余子式乘积的代数和,即 $D=M_1A_1+M_2A_2+\cdots+M_lA_l$,其中 $l=C_n^k$.

这个定理的证明与定理1.9相似,我们将证明过程放在附录中,这里不再阐述.

【例1.15】 根据拉普拉斯展开定理证明:

$$D=\begin{vmatrix} a_{11} & a_{12} & 0 & 0 \\ a_{21} & a_{22} & 0 & 0 \\ 0 & 0 & a_{33} & a_{34} \\ 0 & 0 & a_{43} & a_{44} \end{vmatrix}=\begin{vmatrix} a_{11} & a_{12} \\ a_{21} & a_{22} \end{vmatrix}\begin{vmatrix} a_{33} & a_{34} \\ a_{43} & a_{44} \end{vmatrix}$$

证明 取行列式的第一行和第二行构成二阶子式,则所有的二阶子式为

$$\begin{vmatrix} a_{11} & a_{12} \\ a_{21} & a_{22} \end{vmatrix},\quad \begin{vmatrix} a_{11} & 0 \\ a_{21} & 0 \end{vmatrix},\quad \begin{vmatrix} a_{12} & 0 \\ a_{22} & 0 \end{vmatrix},\quad \begin{vmatrix} 0 & 0 \\ 0 & 0 \end{vmatrix}$$

其中第二子式和第三子式重复两次,显然只有第一个二阶子式不为零.与之对应的余子式和代数余子式分别为

$$\begin{vmatrix} a_{33} & a_{34} \\ a_{43} & a_{44} \end{vmatrix},\quad (-1)^{1+2+1+2}\begin{vmatrix} a_{33} & a_{34} \\ a_{43} & a_{44} \end{vmatrix}$$

将上述结果带入拉普拉斯展开定理中,结论显然成立.

行列式的应用非常广泛,在计量经济学、数理经济学等学科中有着广泛的应用,但在线性代数中最为重要的应用是利用行列式求线性方程组的解,下节将介绍这方面的内容.

1.4 克莱姆法则

1.4.1 线性方程组及相关记号

定义 1.13 称由 n 个未知数 $x_1,x_2,\cdots,x_n$ 构成的如下形式的方程组

$$\begin{cases} a_{11}x_1 + a_{12}x_2 + \cdots + a_{1n}x_n = b_1 \\ a_{21}x_1 + a_{22}x_2 + \cdots + a_{2n}x_n = b_2 \\ \cdots \\ a_{n1}x_1 + a_{n2}x_2 + \cdots + a_{nn}x_n = b_n \end{cases} \tag{1.9}$$

为线性方程组，其中 $a_{ij}(i,j=1,2,\cdots,n)$为未知数的系数，$b_i(i=1,2,\cdots,n)$为常数.特别地，当 b_i 不完全为零时，方程组(1.9)称为非齐次线性方程组，如果 b_i 都为零，则方程组(1.9)称为齐次线性方程组.

说明 由于本节介绍的克莱姆法则只适用于未知数个数等于方程个数这种特殊情况，因此在给出线性方程组的定义时加上了这个条件，第 3 章将处理更为一般的情形，即未知数的个数与方程的个数不等的情况.

定义 1.14 称由线性方程组(1.9)中的系数 a_{ij} 按照原来的顺序构成的行列式为线性方程组的系数行列式，即有

$$D = \begin{vmatrix} a_{11} & a_{12} & \cdots & a_{1n} \\ a_{21} & a_{22} & \cdots & a_{2n} \\ \vdots & \vdots & \ddots & \vdots \\ a_{n1} & a_{n2} & \cdots & a_{nn} \end{vmatrix}$$

同时构造如下 n 个行列式

$$D_j = \begin{vmatrix} a_{11} & a_{12} & \cdots & a_{1j-1} & b_1 & a_{1j+1} & \cdots & a_{1n} \\ a_{21} & a_{22} & \cdots & a_{2j-1} & b_2 & a_{2j+1} & \cdots & a_{2n} \\ \vdots & \vdots & \ddots & \vdots & \vdots & \vdots & \ddots & \vdots \\ a_{n1} & a_{n2} & \cdots & a_{nj-1} & b_n & a_{nj+1} & \cdots & a_{nn} \end{vmatrix} \quad (j = 1,2,\cdots,n)$$

显然行列式 $D_j(j=1,2,\cdots,n)$就是用方程组(1.9)中所有的常数 b_i 构成的列取代了系数行列式D 中的第j 列，因此有 n 个这种行列式.特别地，如果当方程组(1.9)表示的是齐次线性方程组，则所有的 $D_j=0$.

1.4.2 克莱姆法则

定理 1.11(克莱姆法则) 对于方程组(1.9)表示的线性方程组而言，如果系

数行列式 $D\neq 0$,则该线性方程组有唯一解,且解为 $x_j=D_j/D(j=1,2,\cdots,n)$.特别地,如果方程组(1.9)是齐次线性方程组,则有 $x_j=D_j/D=0(j=1,2,\cdots,n)$.

证明 分别用 $A_{1j},A_{2j},\cdots,A_{nj}$ 去乘线性方程组(1.9)的第一个、第二个直至第 n 个方程的两边,然后再相加,有

$$\begin{aligned}&(a_{11}A_{1j}+a_{21}A_{2j}+\cdots+a_{n1}A_{nj})x_1+\cdots+(a_{1j}A_{1j}+a_{2j}A_{2j}+\cdots+a_{nj}A_{nj})x_j\\&\quad+\cdots+(a_{1n}A_{1j}+a_{2n}A_{2j}+\cdots+a_{nn}A_{nj})x_n\\&=b_1A_{1j}+b_2A_{2j}+\cdots+b_nA_{nj}\end{aligned}$$

根据式(1.8)得到等号的左边为 $D\cdot x_j$,而右边恰好为 D_j 按第 j 列展开,因此有

$$D\cdot x_j=D_j\quad\Rightarrow\quad x_j=D_j/D$$

当方程组(1.9)为齐次线性方程组时,有 $D_j=0$,因此只有零解.

说明 由于该方法需要计算 $n+1$ 个 n 阶行列式,所以计算量非常大,因此在实际中很少使用,而且它只能解决方程个数与未知数个数相等的线性方程组,对于更为一般的线性方程组并不适用.另外,如果一旦系数行列式 $D=0$,则克莱姆法则也同样失效.因此必须寻求其他方法来求更为一般情况下的线性方程组的解,虽然如此,克莱姆法则仍具有重大的理论意义.

【例 1.16】 利用克莱姆法则求解方程组 $\begin{cases}x_1+x_2+x_3+x_4=5\\x_1+2x_2-x_3+4x_4=-2\\2x_1-3x_2-x_3-5x_4=-2\\3x_1+x_2+2x_3+11x_4=0\end{cases}$.

解 容易计算得到

$$D_1=-142,\quad D_2=-284,\quad D_3=-426,\quad D_4=142,\quad D=-142$$

根据克莱姆法则,从而有

$$x_1=D_1/D=1,\quad x_2=D_2/D=2,\quad x_3=D_3/D=3,\quad x_4=D_4/D=-1$$

【例 1.17】 已知线性方程组为

$$\begin{cases}\lambda x_1+x_2-x_3=\lambda\\x_1+\lambda x_2+x_3=1\\x_1+x_2-\lambda x_3=\lambda\end{cases}\tag{1.10}$$

根据克莱姆法则判断 λ 满足什么条件时有唯一解.

解 首先计算系数行列式为

$$D=\begin{vmatrix}1&1&-\lambda\\1&\lambda&1\\\lambda&1&-1\end{vmatrix}=\lambda(\lambda+1)(\lambda-1)$$

而克莱姆法则表明只有当 $D\neq 0$ 时才有唯一解,因此当 $\lambda\neq\pm 1$ 且 $\lambda\neq 0$ 时有唯一解.

定理 1.12 对于齐次线性方程组，在无需任何条件下都有零解，要有非零解，则充要条件为 $D=0$.

这个结论的证明放在第 3 章内容中. 下面用一个例子来验证这个定理. 例如齐次线性方程组为

$$\begin{cases}2x_1-3x_2+4x_3-3x_4=0\\3x_1-x_2+11x_3-13x_4=0\\4x_1+5x_2-7x_3-2x_4=0\\13x_1-25x_2+x_3+11x_4=0\end{cases}$$

容易得到 $D=0$，$x_1=x_2=x_3=x_4=c\in\mathbf{R}$ 都是解.

【例 1.18】 设 $f(x)=c_0+c_1x+c_2x^2+\cdots+c_nx^n$，如果 $f(x)$ 有 $n+1$ 个互不相同的根，则 $f(x)$ 是零多项式.

证明 设 $x_1,x_2,\cdots,x_n,x_{n+1}$ 是 $f(x)$ 的 $n+1$ 个互不相同的根，则有 $f(x_i)=0$ 成立. 整合 $n+1$ 个等式得方程组

$$\begin{cases}c_0+c_1x_1+c_2x_1^2+\cdots+c_nx_1^n=0\\c_0+c_1x_2+c_2x_2^2+\cdots+c_nx_2^n=0\\\cdots\\c_0+c_1x_{n+1}+c_2x_{n+1}^2+\cdots+c_nx_{n+1}^n=0\end{cases}$$

此时可以视 $c_0,c_1,c_2,\cdots,c_n$ 为未知待求常数，计算系数行列式有

$$D=\begin{vmatrix}1 & x_1 & \cdots & x_1^{n-1} & x_1^n\\1 & x_2 & \cdots & x_2^{n-1} & x_2^n\\\vdots & \vdots & \ddots & \vdots & \vdots\\1 & x_n & \cdots & x_n^{n-1} & x_n^n\\1 & x_{n+1} & \cdots & x_{n+1}^{n-1} & x_{n+1}^n\end{vmatrix}=\prod_{1\leqslant j<i\leqslant n+1}(x_i-x_j)$$

该行列式为 $n+1$ 阶范德蒙行列式，由于这些根互不相等，因此有 $D\neq0$. 根据定理 1.12 知，此时必有 $c_0=c_1=c_2=\cdots=c_n=0$，从而有 $f(x)=0$ 成立.

最后，我们来求解本章开始提出的问题. 根据克莱姆法则，分别计算系数行列式 D 和 $D_j\ (j=1,2,3,4)$，得到

$$D=\begin{vmatrix}200 & 100 & 100 & 50\\500 & 250 & 200 & 100\\100 & 40 & 40 & 20\\400 & 180 & 160 & 60\end{vmatrix}=2\times10^6,\quad D_1=\begin{vmatrix}2900 & 100 & 100 & 50\\7050 & 250 & 200 & 100\\1360 & 40 & 40 & 20\\5500 & 180 & 160 & 60\end{vmatrix}=2\times10^7$$

$$D_2=\begin{vmatrix}200 & 2900 & 100 & 50\\500 & 7050 & 200 & 100\\100 & 1360 & 40 & 20\\400 & 5500 & 160 & 60\end{vmatrix}=10^7,\quad D_3=\begin{vmatrix}200 & 100 & 2900 & 50\\500 & 250 & 7050 & 100\\100 & 40 & 1360 & 20\\400 & 180 & 5500 & 60\end{vmatrix}=6\times10^6$$

$$D_4 = \begin{vmatrix} 200 & 100 & 100 & 2900 \\ 500 & 250 & 200 & 7050 \\ 100 & 40 & 40 & 1360 \\ 400 & 180 & 160 & 5500 \end{vmatrix} = 4 \times 10^6$$

依据定理1.11得到

$$x_1 = \frac{D_1}{D} = 10,\quad x_2 = \frac{D_2}{D} = 5,\quad x_3 = \frac{D_3}{D} = 3,\quad x_4 = \frac{D_4}{D} = 2$$

即产品A、B、C、D的单位成本分别为10元、5元、3元和2元.

附 录 证明定理1.10的结论

为证明定理1.10,首先证明如下引理.

引理 设 L 为 n 阶行列式 $D=|a_{ij}|$ 中任意一个 k 阶子式,其对应代数余子式为 A_L,则 L 与 A_L 的乘积中的每一项都是行列式 D 展开式中的一项,且符号也相同.

证明 首先证明第一种情况:假设 k 阶子式 L 位于行列式 D 的左上角,即对应 D 的前 k 行和前 k 列,从而其对应的余子式为右下角的 $n-k$ 阶行列式,即行列式 D 的结构如下:

$$D = \begin{vmatrix} a_{11} & a_{12} & \cdots & a_{1k} & a_{1k+1} & \cdots & a_{1n} \\ \vdots & \vdots & \ddots & \vdots & \vdots & \ddots & \vdots \\ a_{k1} & a_{k2} & \cdots & a_{kk} & a_{kk+1} & \cdots & a_{kn} \\ a_{k+11} & a_{k+12} & \cdots & a_{k+1k} & a_{k+1k+1} & \cdots & a_{k+1n} \\ \vdots & \vdots & \ddots & \vdots & \vdots & \ddots & \vdots \\ a_{n-11} & a_{n-12} & \cdots & a_{n-1k} & a_{n-1k+1} & \cdots & a_{n-1n} \\ a_{n1} & a_{n2} & \cdots & a_{nk} & a_{nk+1} & \cdots & a_{nn} \end{vmatrix}$$

设 L 的余子式为 M_L,则有

$$A_L = (-1)^{(1+2+\cdots+k)+(1+2+\cdots+k)} M_L = M_L$$

根据行列式的定义,L 的通项可以表示为

$$(-1)^{N(i_1,i_2,\cdots,i_k)} a_{1i_1} a_{2i_2} \cdots a_{ki_k}$$

M 的通项可以表示为

$$(-1)^{N(i_{k+1},i_{k+2},\cdots,i_n)} a_{k+1i_{k+1}} a_{k+2i_{k+2}} \cdots a_{ni_n}$$

从而两个通项的乘积为

$$a_{1i_1} a_{2i_2} \cdots a_{ki_k} a_{k+1i_{k+1}} a_{k+2i_{k+2}} \cdots a_{ni_n}$$

与该乘积项对应的符号为

$$(-1)^{N(i_1,i_2,\cdots,i_k)}(-1)^{N(i_{k+1},i_{k+2},\cdots,i_n)}=(-1)^{N(i_1,i_2,\cdots,i_k,i_{k+1},i_{k+2},\cdots,i_n)}$$

该等号成立是因为 $i_1,i_2,\cdots,i_k$ 对应 $1,2,\cdots,k$ 的排列，而 $i_{k+1},i_{k+2},\cdots,i_n$ 对应 $k+1,k+2,\cdots,n$ 的排列. 从而乘积项与其符号合在一起为

$$(-1)^{N(i_1,i_2,\cdots,i_k,i_{k+1},i_{k+2},\cdots,i_n)}a_{1i_1}a_{2i_2}\cdots a_{ki_k}a_{k+1i_{k+1}}a_{k+2i_{k+2}}\cdots a_{ni_n}$$

这正是行列式 D 展开的一项，因此当 L 位于行列式 D 的左上角时，引理成立.

下面假设更为一般的第二种情况：设 L 位于行列式 D 的第 i_1 行、第 i_2 行直至第 i_k 行，第 j_1 列、第 j_2 列直至第 j_k 列. 为方便起见，假设

$$i_1<i_2<\cdots<i_k;j_1<j_2<\cdots<j_k$$

成立. 为应用第一种情况下的结论，现在对行列式进行逐行和逐列互换操作. 首先将第 i_1 行与第 i_1-1 行互换，然后再与第 i_1-2 行互换，最后与第 1 行互换，互换后，第 i_1 行处于第 1 行，总共经过 i_1-1 次互换；类似地，将第 i_2 行经过 i_2-2 次互换使之处于第 2 行，直至第 i_k 行经过 i_k-k 次互换使之处于第 k 行. 与逐步换行操作相似，也对 L 进行逐步换列，使得第 j_1 列、第 j_2 列直至第 j_k 列最终分别处于第 1 列、第 2 列直至第 k 列. 此时 L 位于新行列式的前 k 行和前 k 列，记此时的行列式为 D^*，根据定理 1.5 得

$$D^*=(-1)^{(i_1-1+i_2-2+\cdots+i_k-k)+(j_1-1+j_2-2+\cdots+j_k-k)}D=(-1)^{(i_1+i_2+\cdots+i_k)+(j_1+j_2+\cdots+j_k)}D$$

或者有

$$D=\frac{1}{(-1)^{(i_1+i_2+\cdots+i_k)+(j_1+j_2+\cdots+j_k)}}D^*=(-1)^{(i_1+i_2+\cdots+i_k)+(j_1+j_2+\cdots+j_k)}D^*$$

由于子式 L 在 D^* 中满足第一种情况的结构，因此子式 L 和其余子式 M_L 的乘积与 D^* 中的某项相对应，且符号相同. 由于 $D=(-1)^{(i_1+i_2+\cdots+i_k)+(j_1+j_2+\cdots+j_k)}D^*$，所以 D^* 中的某项与 $(-1)^{(i_1+i_2+\cdots+i_k)+(j_1+j_2+\cdots+j_k)}$ 的乘积对应 D 的某项，此即 D 的某项对应子式 L 和其余子式 M_L 的乘积再乘上 $(-1)^{(i_1+i_2+\cdots+i_k)+(j_1+j_2+\cdots+j_k)}$ 后的某项，根据定义，$(-1)^{(i_1+i_2+\cdots+i_k)+(j_1+j_2+\cdots+j_k)}$ 与 M_L 的乘积记为代数余子式 A_L，从而子式 L 和其代数余子式 A_L 乘积中的项都对应 D 的某项，且符号相同，即引理得证.

下面证明定理 1.10 的结论.

定理 1.10 表明有下列结果成立：

$$D=M_1A_1+M_2A_2+\cdots+M_lA_l$$

根据引理的结论，$M_iA_i\ (i=1,2,\cdots,k)$ 的展开式中每项都对应行列式 D 展开式中的某项，且符号相同，M_i,A_i 的展开式中各有 $k!$ 项与 $(n-k)!$ 项，故按照拉普拉斯展开定理展开后的项数总和为

$$C_n^k k!(n-k)!=\frac{n!}{k!(n-k)!}k!(n-k)!=n!$$

这恰好是行列式按照定义展开所包含的项数. 因此结合引理的结论，可知定理 1.10

是成立的.

习 题 1

A 组

一、选择题

1. 下列排列( )是偶排列.

A. 4,3,1,2 B. 5,1,4,3,2 C. 6,5,4,3,2,1 D. 4,5,3,1,2

2. 在下列构成的六阶行列式按定义展开的各项中,取正号的为( ).

A. $a_{15}a_{23}a_{32}a_{44}a_{51}a_{66}$ B. $a_{11}a_{26}a_{32}a_{44}a_{53}a_{65}$

C. $a_{21}a_{53}a_{16}a_{42}a_{65}a_{34}$ D. $a_{51}a_{32}a_{13}a_{44}a_{65}a_{26}$

3. 设行列式 $D_1=\begin{vmatrix}1&3&1\\2&2&3\\3&1&5\end{vmatrix}$ 与 $D_2=\begin{vmatrix}\lambda&0&1\\0&\lambda-1&0\\1&0&\lambda\end{vmatrix}$,若有 $D_1=D_2$,则 λ 的取值为( ).

A. 0,1 B. 1,−1 C. 0,2 D. 2,−1

4. n 阶行列式 D 为零的充分条件为( ).

A. 零元素的个数大于 n B. 行列式中各行元素之和为零

C. 主对角线上所有元素为零 D. 副对角线上的所有元素为零

5. 如果行列式 $D=\begin{vmatrix}a_{11}&a_{12}&a_{13}\\a_{21}&a_{22}&a_{23}\\a_{31}&a_{32}&a_{33}\end{vmatrix}=M$,则

$$D_1=\begin{vmatrix}3a_{11}&4a_{11}-a_{12}&-a_{13}\\3a_{21}&4a_{21}-a_{22}&-a_{23}\\3a_{31}&4a_{31}-a_{32}&-a_{33}\end{vmatrix}=(\quad)$$

A. $-3M$ B. $3M$ C. $12M$ D. $-12M$

6. 设行列式 $D=\begin{vmatrix}-1&0&x&1\\1&1&-1&-1\\1&-1&1&-1\\1&-1&-1&1\end{vmatrix}$,则 x 的一次项系数为( ).

A. 1 B. −1 C. 4 D. −4

7. 行列式 $D=\begin{vmatrix} a & 1 & 1 \\ 0 & -1 & 0 \\ 4 & 0 & a \end{vmatrix}>0$ 的充要条件为(　　).

A. $a<2$　　B. $a>-2$　　C. $|a|>2$　　D. $|a|<2$

8. 行列式 $D=\begin{vmatrix} a_1 & 0 & 0 & b_1 \\ 0 & a_2 & b_2 & 0 \\ 0 & b_3 & a_3 & 0 \\ b_4 & 0 & 0 & a_4 \end{vmatrix}$ 的值为(　　).

A. $a_1a_2a_3a_4-b_1b_2b_3b_4$　　B. $a_1a_2a_3a_4+b_1b_2b_3b_4$

C. $(a_1a_2-b_1b_2)(a_3a_4-b_3b_4)$　　D. $(a_3a_2-b_3b_2)(a_1a_4-b_1b_4)$

9. 线性方程组 $\begin{cases} \lambda x_1+x_2+x_3=1 \\ x_1+\lambda x_2+x_3=\lambda \\ x_1+x_2+\lambda x_3=\lambda^2 \end{cases}$ 有唯一解时,λ 满足的条件为(　　).

A. $\lambda\neq1,2$　　B. $\lambda\neq-1,2$

C. $\lambda\neq1,-2$　　D. $\lambda\neq-1,-2$

10. 若齐次线性方程组 $\begin{cases} 2x_1-x_2+x_3=0 \\ x_1+\lambda x_2-x_3=0 \\ \lambda x_1+x_2+x_3=0 \end{cases}$ 有非零解,则 λ 满足的条件为(　　).

A. $\lambda=4$　　B. $\lambda=-1$

C. $\lambda\neq1$ 且 $\lambda\neq4$　　D. $\lambda=-1$ 或 $\lambda=4$

11. 行列式 $\begin{vmatrix} 0 & a & b & 0 \\ a & 0 & 0 & b \\ 0 & c & d & 0 \\ c & 0 & 0 & d \end{vmatrix}$ 的值为(　　)

A. $(ad-bc)^2$　　B. $-(ad-bc)^2$

C. $a^2d^2-b^2c^2$　　D. $-a^2d^2+b^2c^2$

二、计算题

1. 计算下列二阶行列式:

(1) $\begin{vmatrix} 1 & 4 \\ 2 & 3 \end{vmatrix}$;　　(2) $\begin{vmatrix} \cos\alpha & \sin\alpha \\ -\sin\alpha & \cos\alpha \end{vmatrix}$;　　(3) $\begin{vmatrix} a^2 & b^2 \\ a & b \end{vmatrix}$.

2. 计算下列三阶行列式:

(1) $\begin{vmatrix} a & b & c \\ b & c & a \\ c & a & b \end{vmatrix}$;　　(2) $\begin{vmatrix} -1 & 0 & -1 \\ 2 & 3 & 4 \\ 4 & 1 & 2 \end{vmatrix}$;　　(3) $\begin{vmatrix} 1 & 1 & 1 \\ 1 & \omega & \omega^2 \\ 1 & \omega^2 & \omega \end{vmatrix}$,其中 ω

满足等式 $\omega^3=1$.

3. 根据行列式的定义计算下列行列式:

(1) $\begin{vmatrix} 0 & 1 & 0 & \cdots & 0 \\ 0 & 0 & 2 & \cdots & 0 \\ \vdots & \vdots & \vdots & \ddots & \vdots \\ 0 & 0 & 0 & \cdots & n-1 \\ n & 0 & 0 & \cdots & 0 \end{vmatrix}$; (2) $\begin{vmatrix} 0 & a & 0 & 0 \\ b & c & 0 & 0 \\ 0 & 0 & d & e \\ 0 & 0 & 0 & f \end{vmatrix}$;

(3) $\begin{vmatrix} a_{11} & a_{12} & a_{13} & a_{14} & a_{15} \\ a_{21} & a_{22} & a_{23} & a_{24} & a_{25} \\ a_{31} & a_{32} & 0 & 0 & 0 \\ a_{41} & a_{42} & 0 & 0 & 0 \\ a_{51} & a_{52} & 0 & 0 & 0 \end{vmatrix}$.

4. 利用行列式的性质计算下列行列式:

(1) $\begin{vmatrix} 1 & -5 & 3 & -3 \\ 2 & 0 & 1 & -1 \\ 3 & 1 & -1 & 2 \\ 4 & 1 & 3 & -1 \end{vmatrix}$; (2) $\begin{vmatrix} 3 & 1 & -1 & 2 \\ -5 & 1 & 3 & -4 \\ 2 & 0 & 1 & -1 \\ 1 & -5 & 3 & -3 \end{vmatrix}$;

(3) $\begin{vmatrix} 3 & 1 & 1 & 1 \\ 1 & 3 & 1 & 1 \\ 1 & 1 & 3 & 1 \\ 1 & 1 & 1 & 3 \end{vmatrix}$; (4) $\begin{vmatrix} 0 & -1 & -1 & 2 \\ 1 & -1 & 0 & 2 \\ -1 & 2 & -1 & 0 \\ 2 & 1 & 1 & 0 \end{vmatrix}$;

(5) $\begin{vmatrix} a^2 & (a+1)^2 & (a+2)^2 & (a+3)^2 \\ b^2 & (b+1)^2 & (b+2)^2 & (b+3)^2 \\ c^2 & (c+1)^2 & (c+2)^2 & (c+3)^2 \\ d^2 & (d+1)^2 & (d+2)^2 & (d+3)^2 \end{vmatrix}$;

(6) $\begin{vmatrix} a_1-b_1 & a_1-b_2 & \cdots & a_1-b_n \\ a_2-b_1 & a_2-b_2 & \cdots & a_2-b_n \\ \vdots & \vdots & \ddots & \vdots \\ a_n-b_1 & a_n-b_2 & \cdots & a_n-b_n \end{vmatrix}$.

5. 把下列行列式化为三角行列式,并求其值.

(1) $\begin{vmatrix} 2 & -5 & 1 & 2 \\ -3 & 7 & -1 & 4 \\ 5 & -9 & 2 & 7 \\ 4 & -6 & 1 & 2 \end{vmatrix}$; (2) $\begin{vmatrix} -2 & 2 & -4 & 0 \\ 4 & -1 & 3 & 5 \\ 3 & 1 & -2 & -3 \\ 2 & 0 & 5 & 1 \end{vmatrix}$.

6. 计算下列 n 阶行列式:

(1) $\begin{vmatrix} x & y & 0 & \cdots & 0 & 0 \\ 0 & x & y & \cdots & 0 & 0 \\ \vdots & \vdots & \vdots & \ddots & \vdots & \vdots \\ 0 & 0 & 0 & \cdots & x & y \\ y & 0 & 0 & \cdots & 0 & x \end{vmatrix}$； (2) $\begin{vmatrix} 1 & 2 & 3 & \cdots & n \\ 2 & 3 & 4 & \cdots & 1 \\ 3 & 4 & 5 & \cdots & 2 \\ \vdots & \vdots & \vdots & \ddots & \vdots \\ n & 1 & 2 & \cdots & n-1 \end{vmatrix}$；

(3) $\begin{vmatrix} x+a_1 & a_2 & \cdots & a_n \\ a_1 & x+a_2 & \cdots & a_n \\ \vdots & \vdots & \ddots & \vdots \\ a_1 & a_2 & \cdots & x+a_n \end{vmatrix}$；

(4) $\begin{vmatrix} b_1+a_1 & a_2 & \cdots & a_n \\ a_1 & b_2+a_2 & \cdots & a_n \\ \vdots & \vdots & \ddots & \vdots \\ a_1 & a_2 & \cdots & b_n+a_n \end{vmatrix}$ $(b_i \neq 0)$；

(5) $\begin{vmatrix} x_0 & z_1 & z_2 & \cdots & z_{n-1} \\ y_1 & x_1 & 0 & \cdots & 0 \\ y_2 & 0 & x_2 & \cdots & 0 \\ \vdots & \vdots & \vdots & \ddots & \vdots \\ y_{n-1} & 0 & 0 & \cdots & x_{n-1} \end{vmatrix}$ $(x_i \neq 0)$；

(6) $\begin{vmatrix} x_1 & a & a & \cdots & a & a \\ a & x_2 & a & \cdots & a & a \\ a & a & x_3 & \cdots & a & a \\ \vdots & \vdots & \vdots & \ddots & \vdots & \vdots \\ a & a & a & \cdots & x_{n-1} & a \\ a & a & a & \cdots & a & x_n \end{vmatrix}$；

(7) $\begin{vmatrix} x & -1 & 0 & \cdots & 0 & 0 \\ 0 & x & -1 & \cdots & 0 & 0 \\ 0 & 0 & x & \cdots & 0 & 0 \\ \vdots & \vdots & \vdots & \ddots & \vdots & \vdots \\ 0 & 0 & 0 & \cdots & x & -1 \\ a_n & a_{n-1} & a_{n-3} & \cdots & a_2 & x+a_1 \end{vmatrix}$；

(8) $\begin{vmatrix} x_1-m & x_2 & \cdots & x_n \\ x_1 & x_2-m & \cdots & x_n \\ \vdots & \vdots & \ddots & \vdots \\ x_1 & x_2 & \cdots & x_n-m \end{vmatrix}$.

7. 用克莱姆法则解下列方程组：

(1) $\begin{cases}2x_1+3x_2+11x_3+5x_4=6\\x_1+x_2+5x_3+2x_4=2\\2x_1+x_2+3x_3+4x_4=2\\x_1+x_2+3x_3+4x_4=2\end{cases}$; (2) $\begin{cases}x_1+2x_2+4x_3=31\\3x_1-x_2+x_3=10\\5x_1+x_2+2x_3=29\end{cases}$;

(3) $\begin{cases}x_1+x_2+x_3+x_4=0\\x_2+x_3+x_4+x_5=0\\x_1+2x_2+3x_3=2\\x_2+2x_3+3x_4=-2\\x_3+2x_4+3x_5=2\end{cases}$.

8. 如果齐次线性方程组有非零解,求其中包含的未知参数的值.

(1) $\begin{cases}(5-\lambda)x_1+2x_2+2x_3=0\\2x_1+(6-\lambda)x_2=0\\2x_1+(4-\lambda)x_3=0\end{cases}$; (2) $\begin{cases}\lambda x_1+x_2+x_3=0\\x_1+\delta x_2+x_3=0\\x_1+2\delta x_2+x_3=0\end{cases}$;

(3) $\begin{cases}(1-\lambda)x_1-2x_2+4x_3=0\\2x_1+(3-\lambda)x_2+x_3=0\\x_1+x_2+(1-\lambda)x_3=0\end{cases}$.

三、证明题

证明下列行列式:

(1) $\begin{vmatrix}1&1&1\\a&b&c\\bc&ac&ab\end{vmatrix}=(a-b)(b-c)(c-a)$;

(2) $2n$ 阶行列式 $\begin{vmatrix}a&0&0&\cdots&\cdots&0&0&b\\0&a&0&\cdots&\cdots&0&b&0\\\vdots&\vdots&\ddots&\vdots&\vdots&\iddots&\vdots&\vdots\\0&0&\cdots&a&b&\cdots&0&0\\0&0&\cdots&b&a&\cdots&0&0\\\vdots&\vdots&\iddots&\vdots&\vdots&\ddots&\vdots&\vdots\\0&b&0&\cdots&\cdots&0&a&0\\b&0&0&\cdots&\cdots&0&0&a\end{vmatrix}=(a^2-b^2)^n$;

(3) $$\begin{vmatrix} a_{11} & \cdots & a_{1k} & 0 & \cdots & 0 \\ \vdots & \ddots & \vdots & \vdots & \ddots & \vdots \\ a_{k1} & \cdots & a_{kk} & 0 & \cdots & 0 \\ b_{11} & \cdots & b_{1k} & c_{11} & \cdots & c_{1n} \\ \vdots & \ddots & \vdots & \vdots & \ddots & \vdots \\ b_{n1} & \cdots & b_{nk} & c_{n1} & \cdots & c_{nn} \end{vmatrix} = \begin{vmatrix} a_{11} & \cdots & a_{1k} \\ \vdots & \ddots & \vdots \\ a_{k1} & \cdots & a_{kk} \end{vmatrix} \begin{vmatrix} c_{11} & \cdots & c_{1n} \\ \vdots & \ddots & \vdots \\ c_{n1} & \cdots & c_{nn} \end{vmatrix}.$$

B 组

1. 求行列式 $\begin{vmatrix} \lambda & -1 & 0 & 0 \\ 0 & \lambda & -1 & 0 \\ 0 & 0 & \lambda & -1 \\ 4 & 3 & 2 & \lambda+1 \end{vmatrix}$.

2. 计算 n 阶行列式 $\begin{vmatrix} 2 & 0 & \cdots & 0 & 2 \\ -1 & 2 & \cdots & 0 & 2 \\ \vdots & \vdots & \ddots & \vdots & \vdots \\ 0 & 0 & \cdots & 2 & 2 \\ 0 & 0 & \cdots & -1 & 2 \end{vmatrix}$.

3. 已知行列式 $\begin{vmatrix} a & b & c & d \\ b & a & c & d \\ d & a & c & b \\ d & b & c & a \end{vmatrix}$，求 $A_{11}+A_{21}+A_{31}+A_{41}$.

4. 已知行列式 $\begin{vmatrix} 1 & 2 & 3 & 4 \\ 2 & 4 & 3 & 1 \\ 4 & 1 & 3 & 2 \\ 1 & 4 & 3 & 2 \end{vmatrix}$，求 $M_{11}+M_{22}+M_{33}+M_{44}$.

5. 计算行列式

$$\begin{vmatrix} 1 & 1 & 1 & 1 \\ 1+\cos\varphi_1 & 1+\cos\varphi_2 & 1+\cos\varphi_3 & 1+\cos\varphi_4 \\ \cos\varphi_1+\cos^2\varphi_1 & \cos\varphi_2+\cos^2\varphi_2 & \cos\varphi_3+\cos^2\varphi_3 & \cos\varphi_4+\cos^2\varphi_4 \\ \cos^2\varphi_1+\cos^3\varphi_1 & \cos^2\varphi_2+\cos^3\varphi_2 & \cos^2\varphi_3+\cos^3\varphi_3 & \cos^2\varphi_4+\cos^3\varphi_4 \end{vmatrix}.$$

6. 计算 n 阶行列式

$$\begin{vmatrix} x_1+a_1^2 & a_1a_2 & \cdots & a_1a_n \\ a_2a_1 & x_2+a_2^2 & \cdots & a_2a_n \\ \vdots & \vdots & \ddots & \vdots \\ a_na_1 & a_na_2 & \cdots & x_n+a_n^2 \end{vmatrix}.$$

7. 设 α,β,γ 是方程 $x^3+px+q=0$ 的三个根，求行列式 $\begin{vmatrix} \alpha & \beta & \gamma \\ \gamma & \alpha & \beta \\ \beta & \gamma & \alpha \end{vmatrix}$ 的值.

8. 求极限

$$\lim_{h\to 0}\frac{1}{h^3}\begin{vmatrix} f_1(x) & f_2(x) & f_3(x) \\ f_1(x+h) & f_2(x+h) & f_3(x+h) \\ f_1(x+2h) & f_2(x+3h) & f_3(x+2h) \end{vmatrix}$$

其中，$f_1(x),f_2(x),f_3(x)$有二阶的导数.

9. 已知 1326，2743，5005，3874 都能被 13 整除，如果不计算行列式 $\begin{vmatrix} 1 & 3 & 2 & 6 \\ 2 & 7 & 4 & 3 \\ 5 & 0 & 0 & 5 \\ 3 & 8 & 7 & 4 \end{vmatrix}$ 的值，如何证明该行列式能被 13 整除？

10. 证明：

$$\frac{\mathrm{d}}{\mathrm{d}x}\begin{vmatrix} a_{11}(x) & a_{12}(x) & \cdots & a_{1n}(x) \\ a_{21}(x) & a_{22}(x) & \cdots & a_{2n}(x) \\ \vdots & \vdots & \ddots & \vdots \\ a_{n1}(x) & a_{n2}(x) & \cdots & a_{nn}(x) \end{vmatrix} = \sum_{j=1}^{n}\begin{vmatrix} a_{11}(x) & \cdots & \frac{\mathrm{d}}{\mathrm{d}x}a_{1j}(x) & \cdots & a_{1n}(x) \\ a_{21}(x) & \cdots & \frac{\mathrm{d}}{\mathrm{d}x}a_{2j}(x) & \cdots & a_{2n}(x) \\ \vdots & \ddots & \vdots & \ddots & \vdots \\ a_{n1}(x) & \cdots & \frac{\mathrm{d}}{\mathrm{d}x}a_{nj}(x) & \cdots & a_{nn}(x) \end{vmatrix}$$

11. 设 $f(x)=\begin{vmatrix} 1 & x-1 & 2x-1 \\ 1 & x-2 & 3x-2 \\ 1 & x-3 & 4x-3 \end{vmatrix}$，证明：存在一点 $\xi\in(0,1)$，使得 $f'(\xi)=0$ 成立.

12. 利用克莱姆法则求下列线性方程组的解：

$$\begin{cases} a_{11}x_1+a_{12}x_2+a_{13}x_3+\cdots+a_{1n}x_n=1 \\ a_{22}x_2+a_{23}x_3+\cdots+a_{2n}x_n=-1 \\ a_{33}x_3+\cdots+a_{3n}x_n=0 \\ \cdots \\ a_{nn}x_n=0 \end{cases}$$

第 2 章　矩　　阵

矩阵是代数学中一个主要研究对象,也是数学研究和应用的一个重要工具.矩阵的许多基本性质是在行列式的发展中建立起来的,但矩阵和行列式是两个完全不同的概念,行列式本质上是一个数,而矩阵仅仅是一些数或符号的有序排列.早在东汉前期的《九章算术》中,就已经有了矩阵的思想,例如用分离系数法表示线性方程组,便得到了增广矩阵;在消元法解方程组过程中,把某行乘以某一非零实数、从某行中减去另一行等运算技巧,相当于矩阵的初等变换,但那时并没有现代矩阵的概念,虽然它与现有的矩阵形式上相同,但在当时只是作为线性方程组的标准表示与处理方式,所以没能形成独立的矩阵理论.

在西方,西尔维斯特首先提出"矩阵"这个述语,他在研究方程的个数与未知量的个数不相同的线性方程组时,由于无法使用行列式,所以引入了矩阵,目的是为了将数字的矩形阵列区别于行列式,并提出了对角矩阵和数量矩阵的概念.最先把矩阵作为一个独立的数学概念提出来却是凯莱,凯莱被誉为矩阵理论的奠基人.凯莱首先引进矩阵概念,并于 1858 年发表第一篇论文《矩阵论的研究报告》,系统地阐述了关于矩阵的理论.在该论文中,凯莱定义了两个矩阵相等、相加以及矩阵的数乘等运算和运算规律;同时,他还定义了零矩阵、单位矩阵等特殊矩阵.更为重要的是,他提出了矩阵相乘、矩阵可逆等概念,以及利用伴随矩阵求逆矩阵的方法;还证明了有关运算规律,如矩阵乘法有结合律而没有交换律,两个非零矩阵乘积可以为零矩阵等结论;定义了转置矩阵、对称矩阵、反对称矩阵等概念.另外,凯莱还给出了方阵的特征方程和特征根的一些基本结果.

在矩阵发展史上还有许多学者做出了杰出的贡献,例如弗罗伯纽斯、埃米特、克莱伯施、布克海姆、泰伯等.弗罗伯纽斯引进了矩阵的秩、不变因子和初等因子、正交矩阵、矩阵的相似变换、合同矩阵等概念,并讨论了正交矩阵与合同矩阵的一些重要性质.泰伯引入矩阵迹的概念,并给出了一些相关结论,约当研究了矩阵化为标准型问题等.

经过两个多世纪的发展,矩阵由最初作为一种工具,现在已成为独立的一门数学分支——矩阵论.矩阵理论不仅应用在数学领域里,在力学、物理、科学技术、社会科学等方面也被广泛使用,例如经济领域中的投入产出分析、生物领域中的动物种群生态问题、军事领域中的密码编制问题等,这里仅以人口流动问题为代表举例如下.

【例 2.1】 某城市及郊区乡镇共有 50 万人从事农业、工业、商业工作,假设总人数在若干年内不会改变,调查表明:

(1) 在这 50 万的就业人员中,目前大约有 25 万人从事农业、15 万人从事工业、10 万人从事商业;

(2) 在务农的人员中,每年大约有 20%改为务工,10%改为经商;

(3) 在务工的人员中,每年大约有 20%改为务农,10%改为经商;

(4) 在经商的人员中,每年大约有 10%改为务农,10%改为务工.

现要预测 1 年、2 年之后从事农业、工业、商业工作的人数,以及 n 年之后,从事各行业人员总数.

为使用矩阵解决该问题,本章将介绍矩阵常见的运算理论,具体内容包括矩阵的定义、矩阵的运算,特别是乘法运算和求逆运算,以及矩阵的初等变换等相关知识,最后介绍矩阵的秩以及如何求矩阵的秩和分块矩阵的计算.这些内容在后续章节的学习中至关重要,读者应该熟练掌握这些内容.

2.1　矩阵的概念

2.1.1　矩阵的引例与定义

矩阵是指纵横排列的二维数据表格,最早来自于方程组的系数及常数所构成的矩阵.除了线性方程组之外,还有大量的研究问题与矩阵有关.有些性质完全不同的、表面上完全没有联系的问题,归结成矩阵问题以后却是相同的,这使矩阵成为数学中一个极其重要与应用广泛的概念,因而使矩阵成为代数特别是线性代数的一个主要研究对象.

【例 2.2】 在解析几何中考虑坐标变换时,如果只考虑坐标系的转轴(逆时针方向转轴),那么平面直角坐标变换的公式为

$$\begin{cases} x = x'\cos\theta - y'\sin\theta \\ y = x'\sin\theta + y'\cos\theta \end{cases} \tag{2.1}$$

其中,θ 为 x 轴与 x' 轴的夹角.显然新旧坐标之间的关系,完全通过公式中系数所排成的 2×2 矩阵

$$\begin{pmatrix} \cos\theta & -\sin\theta \\ \sin\theta & \cos\theta \end{pmatrix} \tag{2.2}$$

表示出来.通常,矩阵(2.2)称为坐标变换(2.1)的矩阵.在空间的情形,保持原点

不动的仿射坐标系的变换有公式

$$\begin{cases} x = a_{11}x' + a_{12}y' + a_{13}z' \\ y = a_{21}x' + a_{22}y' + a_{23}z' \\ z = a_{31}x' + a_{32}y' + a_{33}z' \end{cases} \tag{2.3}$$

同样,矩阵

$$\begin{pmatrix} a_{11} & a_{12} & a_{13} \\ a_{21} & a_{22} & a_{23} \\ a_{31} & a_{32} & a_{33} \end{pmatrix} \tag{2.4}$$

就称为坐标变换(2.3)的矩阵.

【例 2.3】 二次曲线的一般方程为

$$ax^2 + 2bxy + cy^2 + 2dx + 2ey + f = 0 \tag{2.5}$$

式(2.5)的左端系数可以简单地用矩阵

$$\begin{pmatrix} a & b & d \\ b & c & e \\ d & e & f \end{pmatrix} \tag{2.6}$$

来表示,通常矩阵(2.6)称为二次曲线(2.5)的矩阵.

【例 2.4】 假设在某一地区的某一种物资有 s 个产地 $A_1, A_2, \cdots, A_s$, n 个销售地 $B_1, B_2, \cdots, B_n$,那么一个调配方案就可以用一个矩阵

$$\begin{pmatrix} a_{11} & a_{12} & \cdots & a_{1n} \\ a_{21} & a_{22} & \cdots & a_{2n} \\ \vdots & \vdots & \ddots & \vdots \\ a_{s1} & a_{s2} & \cdots & a_{sn} \end{pmatrix}$$

来表示,其中 a_{ij} 表示由产地 A_i 运到销售地 B_j 的数量.

定义 2.1 由 $m \times n$ 个数 $a_{ij}(i=1,2,\cdots,m; j=1,2,\cdots,n)$ 按照一定顺序排列成一个 m 行、n 列的矩形表,称为 m 行、n 列的矩阵,简称 $m \times n$ 矩阵,记为

$$\begin{pmatrix} a_{11} & a_{12} & \cdots & a_{1n} \\ a_{21} & a_{22} & \cdots & a_{2n} \\ \vdots & \vdots & \ddots & \vdots \\ a_{m1} & a_{m2} & \cdots & a_{mn} \end{pmatrix}$$

其中,a_{ij} 称为矩阵第 i 行第 j 列的元素,一般称为代表性元素. 显然一阶矩阵 $A=(a)_{1\times 1}$ 就是数 a 本身.

一般情况下,用大写字母 $A, B, C, \cdots$ 表示矩阵,为了表明矩阵的行数和列数,用 $A_{m\times n}$ 表示,或者记作 $A=(a_{ij})_{m\times n}$. 下面给出几种常用特殊矩阵的定义.

2.1.2 几类特殊的矩阵

定义 2.2 所有元素为 0 的矩阵称为零矩阵,记作 0[①].

零矩阵在矩阵的加减运算中非常有用.

定义 2.3 如果矩阵的行数等于列数,即 $m=n$,则称此矩阵为方阵,记为 $A_{n\times n}$.

定义 2.4 如果矩阵代表元素 $a_{ij}=\begin{cases}1(i=j)\\0(i\neq j)\end{cases}$,称该矩阵为单位矩阵,一般用 E 表示,记为

$$E=\begin{pmatrix}1&0&\cdots&0\\0&1&\cdots&0\\\vdots&\vdots&\ddots&\vdots\\0&0&0&1\end{pmatrix}$$

根据这个定义,单位矩阵显然为方阵.单位矩阵在矩阵的乘法运算和逆运算中有着非常重要的应用.

定义 2.5 称矩阵 $A=aE$ 为数量矩阵,其中 $a\neq 0$.

显然数量矩阵为方阵.

定义 2.6 如果矩阵代表性元素 a_{ij} 满足 $a_{ij}=\begin{cases}c_{ii}(i=j)\\0(i\neq j)\end{cases}$,则称该矩阵为对角矩阵,记为

$$\Lambda=\mathrm{diag}(c_{11},c_{22},\cdots,c_{nn})=\begin{pmatrix}c_{11}&0&\cdots&0\\0&c_{22}&\cdots&0\\\vdots&\vdots&\ddots&\vdots\\0&0&\cdots&c_{nn}\end{pmatrix}$$

对角矩阵在第 4 章的矩阵对角化和第 5 章二次型的标准型中有着非常重要的应用.

定义 2.7 只有一行的矩阵称为行矩阵;只有一列的矩阵称为列矩阵.分别记为

$$A=(a_1,a_2,\cdots,a_n),\quad B=\begin{pmatrix}b_1\\b_2\\\vdots\\b_m\end{pmatrix}$$

① 在本书中,常数零、零向量与零矩阵统一用“0”来表示.

行矩阵和列矩阵一般也称为行向量和列向量,它们在讨论向量之间的线性关系与线性方程组的解中有着广泛的应用,我们将在第3章中详细介绍这方面的内容.

定义 2.8　若矩阵代表元素当 $i<j$ 时有 $a_{ij}=0$ 成立,即

$$A=\begin{pmatrix} a_{11} & 0 & \cdots & 0 \\ a_{21} & a_{22} & \cdots & 0 \\ \vdots & \vdots & \ddots & \vdots \\ a_{n1} & a_{n2} & \cdots & a_{nn} \end{pmatrix}$$

则称 A 为 n 阶下三角矩阵.反过来,若 $i>j$ 时有 $a_{ij}=0$,即

$$A=\begin{pmatrix} a_{11} & a_{12} & \cdots & a_{1n} \\ 0 & a_{22} & \cdots & a_{2n} \\ \vdots & \vdots & \ddots & \vdots \\ 0 & 0 & \cdots & a_{nn} \end{pmatrix}$$

则称 A 为 n 阶上三角矩阵.

三角矩阵在矩阵的分解中有着重要的应用.

根据上述定义,单位矩阵、数量矩阵、对角矩阵、上三角矩阵和下三角矩阵都是方阵,但它们之间仍然有一定的区别.最后给出矩阵相等的定义.

定义 2.9　如果矩阵 A 和矩阵 B 有相同的行数和列数,并且对应位置元素均相等,则称矩阵 A 和矩阵 B 相等,记作 $A=B$.即若 $A=(a_{ij})_{m\times n}$,$B=(b_{ij})_{m\times n}$ 且 $a_{ij}=b_{ij}(i=1,2,\cdots,m;j=1,2,\cdots,n)$,则 $A=B$.

显然,两个相等的矩阵必须具备结构相同、对应元素相等两个条件.

2.2　矩阵的运算

矩阵的意义不仅在于将一些数据排列成阵列形式,而且在于对它定义了一些有意义的运算法则,从而使矩阵成为理论研究和解决实际问题的有力工具.

2.2.1　矩阵的加减运算

定义 2.10　设有两个 $m\times n$ 阶的矩阵如下:

$$A=(a_{ij})_{m\times n}=\begin{pmatrix} a_{11} & a_{12} & \cdots & a_{1n} \\ a_{21} & a_{22} & \cdots & a_{2n} \\ \vdots & \vdots & \ddots & \vdots \\ a_{m1} & a_{m2} & \cdots & a_{mn} \end{pmatrix},\quad B=(b_{ij})_{m\times n}=\begin{pmatrix} b_{11} & b_{12} & \cdots & b_{1n} \\ b_{21} & b_{22} & \cdots & b_{2n} \\ \vdots & \vdots & \ddots & \vdots \\ b_{m1} & b_{m2} & \cdots & b_{mn} \end{pmatrix}$$

则矩阵 A 和 B 的和记为 $A+B$,即

$$C=(c_{ij})_{m\times n}=(a_{ij}+b_{ij})_{m\times n}=\begin{pmatrix} a_{11}+b_{11} & a_{12}+b_{12} & \cdots & a_{1n}+b_{1n} \\ a_{21}+b_{21} & a_{22}+b_{22} & \cdots & a_{2n}+b_{2n} \\ \vdots & \vdots & \ddots & \vdots \\ a_{m1}+b_{m1} & a_{m2}+b_{m2} & \cdots & a_{mn}+b_{mn} \end{pmatrix}$$

矩阵的加法就是矩阵对应的元素相加.当然,相加的矩阵必须要有相同的行数和列数(结构相同的同型矩阵).由于矩阵的加法归结为它们对应元素的加法,也就是数的加法,所以不难验证,它满足如下的运算规律:

结合律:$(A+B)+C=A+(B+C)$.

交换律:$A+B=B+A$.

对所有的矩阵 A 和同型的零矩阵,显然有 $A+0=A$.

矩阵

$$\begin{pmatrix} -a_{11} & -a_{12} & \cdots & -a_{1n} \\ -a_{21} & -a_{22} & \cdots & -a_{2n} \\ \vdots & \vdots & \ddots & \vdots \\ -a_{s1} & -a_{s2} & \cdots & -a_{sn} \end{pmatrix}$$

称为矩阵 A 的负矩阵,记为 $-A$.显然有

$$A+(-A)=0$$

可以利用矩阵的加法定义得到矩阵的减法定义为

$$A-B=A+(-B)$$

在例 2.4 中我们看到,某一种物资如果有 s 个产地、n 个销地,那么一个调配方案就可表示为一个 $s\times n$ 阶矩阵,矩阵中的元素 a_{ij} 表示由产地 A_i 要运到销地 B_j 的这个物资的数量,比如说吨数,如果从这些产地还有另一种物资要运到这些销地,那么,这种物资的调配方案也可以表示为一个矩阵.于是从产地到销地的总运输量也可以表示为一个 $s\times n$ 阶矩阵,显然这个矩阵就等于两种物资对应 $s\times n$ 阶矩阵的和.

2.2.2 矩阵的乘法运算

在给出矩阵乘法定义之前,先看一个引例.设 x_1,x_2,x_3,x_4 和 y_1,y_2,y_3 是两组变量,它们之间的关系为

$$\begin{cases} x_1=a_{11}y_1+a_{12}y_2+a_{13}y_3 \\ x_2=a_{21}y_1+a_{22}y_2+a_{23}y_3 \\ x_3=a_{31}y_1+a_{32}y_2+a_{33}y_3 \\ x_4=a_{41}y_1+a_{42}y_2+a_{43}y_3 \end{cases} \tag{2.7}$$

再设 z_1,z_2 是第三组变量,它们与 y_1,y_2,y_3 的关系为

$$\begin{cases} y_1 = b_{11}z_1 + b_{12}z_2 \\ y_2 = b_{21}z_1 + b_{22}z_2 \\ y_3 = b_{31}z_1 + b_{32}z_2 \end{cases} \tag{2.8}$$

由式(2.7)与式(2.8)不难看出,x_1,x_2,x_3,x_4 与 z_1,z_2 的关系为

$$\begin{aligned} x_i &= \sum_{k=1}^{3} a_{ik}y_k = \sum_{k=1}^{3} a_{ik}\Big(\sum_{j=1}^{2} b_{kj}z_j\Big) \\ &= \sum_{k=1}^{3}\sum_{j=1}^{2} a_{ik}b_{kj}z_j \\ &= \sum_{j=1}^{2}\sum_{k=1}^{3} a_{ik}b_{kj}z_j \\ &= \sum_{j=1}^{2}\Big(\sum_{k=1}^{3} a_{ik}b_{kj}\Big)z_j \end{aligned} \tag{2.9}$$

其中,$i=1,2,3,4$.如果我们用

$$x_i = \sum_{j=1}^{2} c_{ij}z_j \quad (i = 1,2,3,4) \tag{2.10}$$

来表示 x_1,x_2,x_3,x_4 与 z_1,z_2 的关系,比较式(2.9)与式(2.10),有

$$c_{ij} = \sum_{k=1}^{3} a_{ik}b_{kj} \quad (i = 1,2,3,4;j = 1,2) \tag{2.11}$$

用矩阵的表示法,我们可以说,如果矩阵

$$A = (a_{ik})_{4\times3}, \quad B = (b_{kj})_{3\times2}$$

分别表示变量 x_1,x_2,x_3,x_4 与 y_1,y_2,y_3 以及 y_1,y_2,y_3 与 z_1,z_2 之间的转换关系,那么表示 x_1,x_2,x_3,x_4 与 z_1,z_2 之间的转换关系的矩阵

$$C = (c_{ij})_{4\times2}$$

就由式(2.11)决定,矩阵 C 称为矩阵 A 与矩阵 B 的乘积,记为 $C=AB$.一般地,我们有:

定义 2.11 设 $A=(a_{ik})_{m\times s}$,$B=(b_{kj})_{s\times n}$,那么矩阵 $C=(c_{ij})_{m\times n}$ 中的代表性元素满足

$$c_{ij} = a_{i1}b_{1j} + a_{i2}b_{2j} + \cdots + a_{is}b_{sj} = \sum_{k=1}^{s} a_{ik}b_{kj} \tag{2.12}$$

则称矩阵 C 为矩阵 A 与矩阵 B 的乘积,记为

$$C = AB$$

由矩阵乘法的定义可以看出,矩阵 A 与矩阵 B 的乘积得到的矩阵 C 的第 i 行第 j 列的元素等于第一个矩阵 A 的第 i 行所有元素与第二个矩阵 B 的第 j 列所有元素对应乘积的和.这使得在乘积的定义中,要求第一个矩阵的列数与第二个矩阵的行数相等,这是必备条件,而矩阵 C 的结构是取第一个矩阵的行数和第二

个矩阵的列数.

【例 2.5】 设

$$A=\begin{pmatrix}1&0&-1&2\\-1&1&3&0\\0&5&-1&4\end{pmatrix},\quad B=\begin{pmatrix}0&3&4\\1&2&1\\3&1&-1\\-1&2&1\end{pmatrix},\quad C=\begin{pmatrix}1&3\\0&0\\2&0\end{pmatrix}$$

那么

$$AB=\begin{pmatrix}1&0&-1&2\\-1&1&3&0\\0&5&-1&4\end{pmatrix}\begin{pmatrix}0&3&4\\1&2&1\\3&1&-1\\-1&2&1\end{pmatrix}=\begin{pmatrix}-5&6&7\\10&2&-6\\-2&17&10\end{pmatrix}$$

从而

$$ABC=\begin{pmatrix}-5&6&7\\10&2&-6\\-2&17&10\end{pmatrix}\begin{pmatrix}1&3\\0&0\\2&0\end{pmatrix}=\begin{pmatrix}9&-15\\-2&30\\18&-6\end{pmatrix}$$

另一方面,有

$$BC=\begin{pmatrix}0&3&4\\1&2&1\\3&1&-1\\-1&2&1\end{pmatrix}\begin{pmatrix}1&3\\0&0\\2&0\end{pmatrix}=\begin{pmatrix}8&0\\3&3\\1&9\\1&-3\end{pmatrix}$$

从而

$$ABC=\begin{pmatrix}1&0&-1&2\\-1&1&3&0\\0&5&-1&4\end{pmatrix}\begin{pmatrix}8&0\\3&3\\1&9\\1&-3\end{pmatrix}=\begin{pmatrix}9&-15\\-2&30\\18&-6\end{pmatrix}$$

因此矩阵乘法满足结合律,即 $ABC=(AB)C=A(BC)$成立.

矩阵的乘法运算虽然表现为数与数之间的相乘再加减运算,但和数的乘法运算相比,矩阵乘法运算有其特殊的地方.下面结合几个实例加以说明.

【例 2.6】 令 $A=\begin{pmatrix}1&1\\0&2\end{pmatrix}$,$B=\begin{pmatrix}0&0\\2&1\end{pmatrix}$,则有

$$AB=\begin{pmatrix}1&1\\0&2\end{pmatrix}\begin{pmatrix}0&0\\2&1\end{pmatrix}=\begin{pmatrix}2&1\\4&2\end{pmatrix},\quad BA=\begin{pmatrix}0&0\\2&1\end{pmatrix}\begin{pmatrix}1&1\\0&2\end{pmatrix}=\begin{pmatrix}0&0\\2&4\end{pmatrix}$$

显然有 $AB\neq BA$,这说明矩阵的乘法一般不满足交换律,即 $AB=BA$ 一般不成立.但在某些特殊的场合有 $AB=BA$ 成立,此时称矩阵 A,B 为可交换矩阵.显然满足可交换矩阵的必要条件时两个矩阵一定是同阶方阵.不难验证单位矩阵与任

何同阶方阵都可交换.正是由于矩阵乘法不一定满足交换律,因此下列矩阵运算等式也不一定成立：

$$(A+B)(A-B)=A^2-B^2,\quad (A\pm B)^2=A^2+B^2\pm 2AB$$

即矩阵的运算不一定满足平方差和完全平方公式.

【例 2.7】 设 $A=\begin{pmatrix}5&1\\6&0\end{pmatrix}$,$B=\begin{pmatrix}7&1\\8&0\end{pmatrix}$,$C=\begin{pmatrix}0&0\\1&1\end{pmatrix}$,则有

$$AC=\begin{pmatrix}5&1\\6&0\end{pmatrix}\begin{pmatrix}0&0\\1&1\end{pmatrix}=\begin{pmatrix}1&1\\0&0\end{pmatrix},\quad BC=\begin{pmatrix}7&1\\8&0\end{pmatrix}\begin{pmatrix}0&0\\1&1\end{pmatrix}=\begin{pmatrix}1&1\\0&0\end{pmatrix}$$

从而有 $AC=BC$,但显然 $A=B$ 不成立,这说明矩阵乘法不一定满足消去律,只有在满足适当条件时,矩阵乘法才满足消去律.

【例 2.8】 设 $A=\begin{pmatrix}3&-1\\-6&2\end{pmatrix}$,$B=\begin{pmatrix}1&2\\3&6\end{pmatrix}$,则有

$$AB=\begin{pmatrix}0&0\\0&0\end{pmatrix}=0$$

但 $A\neq0$ 且 $B\neq0$.这表明即使两个矩阵乘积的结果为零矩阵,也不能得出其中一个矩阵或者两个矩阵本身都为零矩阵的结论,因此下面的运算也不一定正确：

$$A^2=E\ \Rightarrow\ (A-E)(A+E)=0\ \Rightarrow\ A=E\text{ 或 }A=-E$$

2.2.3 矩阵的数乘运算

定义 2.12 矩阵

$$kA=\begin{pmatrix}ka_{11}&ka_{12}&\cdots&ka_{1n}\\ka_{21}&ka_{22}&\cdots&ka_{2n}\\\vdots&\vdots&\ddots&\vdots\\ka_{m1}&ka_{m2}&\cdots&ka_{mn}\end{pmatrix}$$

为矩阵 $A=(a_{ij})_{m\times n}$ 与数 k 的数量乘积,称为数乘矩阵.

显然,用数 k 乘矩阵就是把矩阵的每个元素都乘上 k,这与数乘行列式有很大区别.根据定义,数乘运算具有以下规律：

(1) $(k+l)A=kA+lA$;

(2) $k(A+B)=kA+kB$;

(3) $k(lA)=(kl)A$;

(4) $1A=A$;

(5) $k(AB)=(kA)B=A(kB)$.

定义 2.5 中的数量矩阵显然是矩阵的一种数乘运算,即

$$aE = \begin{pmatrix} a & 0 & \cdots & 0 \\ 0 & a & \cdots & 0 \\ \vdots & \vdots & \ddots & \vdots \\ 0 & 0 & \cdots & a \end{pmatrix}$$

如果 A 是 $n\times n$ 阶矩阵,那么有

$$kA = (kE)A = A(kE)$$

这个式子说明,n 阶数量矩阵与所有的 $n\times n$ 阶矩阵作乘法是可交换的.可以证明:如果一个 n 阶矩阵与所有 n 阶矩阵作乘法是可交换的,那么这个矩阵一定是数量矩阵.

2.2.4 矩阵的转置运算

类似于行列式的转置运算,把矩阵 A 的行与列互换,所得到的矩阵称为 A 的转置,记为 A^{T} 或者 A'.确切的定义如下:

定义 2.13 设

$$A = \begin{pmatrix} a_{11} & a_{12} & \cdots & a_{1n} \\ a_{21} & a_{22} & \cdots & a_{2n} \\ \vdots & \vdots & \ddots & \vdots \\ a_{m1} & a_{m2} & \cdots & a_{mn} \end{pmatrix}$$

其转置矩阵为

$$A^{\mathrm{T}} = \begin{pmatrix} a_{11} & a_{21} & \cdots & a_{m1} \\ a_{12} & a_{22} & \cdots & a_{m2} \\ \vdots & \vdots & \ddots & \vdots \\ a_{1n} & a_{2n} & \cdots & a_{mn} \end{pmatrix}$$

显然,$m\times n$ 阶矩阵的转置是 $n\times m$ 阶矩阵.不难验证矩阵的转置运算有以下的规律:

(1) $(A^{\mathrm{T}})^{\mathrm{T}} = A$; (2) $(A\pm B)^{\mathrm{T}} = A^{\mathrm{T}} \pm B^{\mathrm{T}}$;

(3) $(AB)^{\mathrm{T}} = B^{\mathrm{T}}A^{\mathrm{T}}$; (4) $(kA)^{\mathrm{T}} = kA^{\mathrm{T}}$.

证明 (1) 设 $A = \begin{pmatrix} a_{11} & a_{12} & \cdots & a_{1n} \\ a_{21} & a_{22} & \cdots & a_{2n} \\ \vdots & \vdots & \ddots & \vdots \\ a_{m1} & a_{m2} & \cdots & a_{mn} \end{pmatrix}$,则 $A^{\mathrm{T}} = \begin{pmatrix} a_{11} & a_{21} & \cdots & a_{m1} \\ a_{12} & a_{22} & \cdots & a_{m2} \\ \vdots & \vdots & \ddots & \vdots \\ a_{1n} & a_{2n} & \cdots & a_{mn} \end{pmatrix}$,

因此有

$$(A^{\mathrm{T}})^{\mathrm{T}} = \begin{pmatrix} a_{11} & a_{12} & \cdots & a_{1n} \\ a_{21} & a_{22} & \cdots & a_{2n} \\ \vdots & \vdots & \ddots & \vdots \\ a_{m1} & a_{m2} & \cdots & a_{mn} \end{pmatrix} = A$$

因此(1)成立.

(2) 设 $A = \begin{pmatrix} a_{11} & a_{12} & \cdots & a_{1n} \\ a_{21} & a_{22} & \cdots & a_{2n} \\ \vdots & \vdots & \ddots & \vdots \\ a_{m1} & a_{m2} & \cdots & a_{mn} \end{pmatrix}$, $B = \begin{pmatrix} b_{11} & b_{12} & \cdots & b_{1n} \\ b_{21} & b_{22} & \cdots & b_{2n} \\ \vdots & \vdots & \ddots & \vdots \\ b_{m1} & b_{m2} & \cdots & b_{mn} \end{pmatrix}$,则

$$\begin{aligned}(A \pm B)^{\mathrm{T}} &= \begin{pmatrix} a_{11} \pm b_{11} & a_{12} \pm b_{12} & \cdots & a_{1n} \pm b_{1n} \\ a_{21} \pm b_{21} & a_{22} \pm b_{22} & \cdots & a_{2n} \pm b_{2n} \\ \vdots & \vdots & \ddots & \vdots \\ a_{m1} \pm b_{m1} & a_{m2} \pm b_{m2} & \cdots & a_{mn} \pm b_{mn} \end{pmatrix}^{\mathrm{T}} \\ &= \begin{pmatrix} a_{11} \pm b_{11} & a_{21} \pm b_{21} & \cdots & a_{m1} \pm b_{m1} \\ a_{12} \pm b_{12} & a_{22} \pm b_{22} & \cdots & a_{m2} \pm b_{m2} \\ \vdots & \vdots & \ddots & \vdots \\ a_{1n} \pm b_{1n} & a_{2n} \pm b_{2n} & \cdots & a_{mn} \pm b_{mn} \end{pmatrix} \\ &= \begin{pmatrix} a_{11} & a_{21} & \cdots & a_{m1} \\ a_{12} & a_{22} & \cdots & a_{m2} \\ \vdots & \vdots & \ddots & \vdots \\ a_{1n} & a_{2n} & \cdots & a_{mn} \end{pmatrix} \pm \begin{pmatrix} b_{11} & b_{21} & \cdots & b_{m1} \\ b_{12} & b_{22} & \cdots & b_{m2} \\ \vdots & \vdots & \ddots & \vdots \\ b_{1n} & b_{2n} & \cdots & b_{mn} \end{pmatrix} \\ &= A^{\mathrm{T}} \pm B^{\mathrm{T}}\end{aligned}$$

因此(2)成立.

(3) 设 $A = \begin{pmatrix} a_{11} & a_{12} & \cdots & a_{1n} \\ a_{21} & a_{22} & \cdots & a_{2n} \\ \vdots & \vdots & \ddots & \vdots \\ a_{m1} & a_{m2} & \cdots & a_{mn} \end{pmatrix}$, $B = \begin{pmatrix} b_{11} & b_{12} & \cdots & b_{1s} \\ b_{21} & b_{22} & \cdots & b_{2s} \\ \vdots & \vdots & \ddots & \vdots \\ b_{n1} & b_{n2} & \cdots & b_{ns} \end{pmatrix}$,则

$$AB = C = (c_{ij})_{m\times s}$$

其中 $c_{ij} = \sum\limits_{l=1}^{n} a_{il}b_{lj}$,于是$(AB)^{\mathrm{T}} = C^{\mathrm{T}} = (c_{ji})_{s\times m}$,因此 $c_{ij} = \sum\limits_{l=1}^{n} a_{il}b_{lj}$ 在$(AB)^{\mathrm{T}}$中为 c_{ji}.

设 $B^{\mathrm{T}}A^{\mathrm{T}} = (d_{ji})_{s\times m}$,其中 d_{ji} 为第j行第i列元素,则根据矩阵乘法的定义知道,d_{ji} 等于矩阵B^{T} 的第 j 行元素与矩阵A^{T} 的第 i 列元素乘积的和,或者等价地说,d_{ji} 等于矩阵B 的第j 列元素与矩阵A 的第i 行元素乘积的和,因此有 $d_{ji} =$

$\sum_{l=1}^{n} b_{lj}a_{il}$，从而 $c_{ji}=d_{ji}$，所以$(AB)^{\mathrm{T}}=B^{\mathrm{T}}A^{\mathrm{T}}$成立，故(3)成立.实际上该结果还可以推广到更为一般的情形，即有$(A_1A_2\cdots A_{m-1}A_m)^{\mathrm{T}}=A_m^{\mathrm{T}}A_{m-1}^{\mathrm{T}}\cdots A_2^{\mathrm{T}}A_1^{\mathrm{T}}$成立.

(4) 设 $A=\begin{pmatrix} a_{11} & a_{12} & \cdots & a_{1n} \\ a_{21} & a_{22} & \cdots & a_{2n} \\ \vdots & \vdots & \ddots & \vdots \\ a_{m1} & a_{m2} & \cdots & a_{mn} \end{pmatrix}$，则

$$
\begin{aligned}
(kA)^{\mathrm{T}} &= \begin{pmatrix} ka_{11} & ka_{12} & \cdots & ka_{1n} \\ ka_{21} & ka_{22} & \cdots & ka_{2n} \\ \vdots & \vdots & \ddots & \vdots \\ ka_{m1} & ka_{m2} & \cdots & ka_{mn} \end{pmatrix}^{\mathrm{T}} \\
&= \begin{pmatrix} ka_{11} & ka_{21} & \cdots & ka_{m1} \\ ka_{12} & ka_{22} & \cdots & ka_{m2} \\ \vdots & \vdots & \ddots & \vdots \\ ka_{1n} & ka_{2n} & \cdots & ka_{mn} \end{pmatrix} \\
&= k\begin{pmatrix} a_{11} & a_{21} & \cdots & a_{m1} \\ a_{12} & a_{22} & \cdots & a_{m2} \\ \vdots & \vdots & \ddots & \vdots \\ a_{1n} & a_{2n} & \cdots & a_{mn} \end{pmatrix} \\
&= kA^{\mathrm{T}}
\end{aligned}
$$

故(4)成立.

说明 在某些特殊的场合下可能存在 $A^{\mathrm{T}}=A$ 成立，此时称矩阵 A 为对称矩阵，显然对称矩阵必为方阵，各个元素关于其主对角线对称.进一步地，若有 $A^2=0$，则 $A=0$，请读者自行证明这个结论的合理性.

2.2.5 矩阵的幂运算

定义 2.14 对于方阵 A 及任一自然数 k，把

$$A^k=\underbrace{A\times A\times\cdots\times A}_{k\text{个}A}$$

称为方阵 A 的 k 次幂.显然幂运算只适用于方阵.

方阵的幂运算有如下性质：

设 $A=(a_{ij})_{n\times n}$，k_1 和 k_2 是自然数，则

(1) $A^{k_1}A^{k_2}=A^{k_1+k_2}$；　　(2) $(A^{k_1})^{k_2}=A^{k_1k_2}$.

注意 再设 $B=(b_{ij})_{n\times n}$，k 是自然数，一般地，$(AB)^k\neq A^kB^k$.

接下来我们来解决例 2.1 中提到的问题.设 $w_i=(x_i,y_i,z_i)^{\mathrm{T}}$ 表示第 i 年后分别从事农业、工业、商业的人数,则 $w_0=(25,15,10)^{\mathrm{T}}$,根据题目的条件有

$$\begin{cases}x_1=0.7x_0+0.2y_0+0.1z_0\\y_1=0.2x_0+0.7y_0+0.1z_0\\z_1=0.1x_0+0.1y_0+0.8z_0\end{cases}$$

令 $A=\begin{pmatrix}0.7&0.2&0.1\\0.2&0.7&0.1\\0.1&0.1&0.8\end{pmatrix}$,则有第 1 年、第 2 年和第 n 年后从事农业、工业、商业的人数分别为

$$w_1=Aw_0=\begin{pmatrix}0.7&0.2&0.1\\0.2&0.7&0.1\\0.1&0.1&0.8\end{pmatrix}\begin{pmatrix}25\\15\\10\end{pmatrix}=\begin{pmatrix}21.5\\16.5\\12\end{pmatrix}$$

$$w_2=Aw_1=A^2w_0=\begin{pmatrix}0.7&0.2&0.1\\0.2&0.7&0.1\\0.1&0.1&0.8\end{pmatrix}^2\begin{pmatrix}25\\15\\10\end{pmatrix}=\begin{pmatrix}19.55\\17.05\\13.4\end{pmatrix}$$

$$w_n=A^nw_0=\begin{pmatrix}0.7&0.2&0.1\\0.2&0.7&0.1\\0.1&0.1&0.8\end{pmatrix}^n\begin{pmatrix}25\\15\\10\end{pmatrix}$$

一个可能感兴趣的问题是,随着时间的推移,从事农业、工业、商业的人数发展趋势是如何变化的,这就需要求矩阵 A^n 的取值,我们将在第 4 章学习矩阵对角化之后再来计算其稳定的态势.

2.2.6 方阵的行列式与迹

定义 2.15 n 阶矩阵 A 的所有元素,按照原来次序排列构成 n 阶行列式,称为矩阵 A 的行列式,记作 $|A|$.而将矩阵 A 主对角线所有元素的和称为矩阵的迹,记作 $\mathrm{tr}(A)$.

例如

$$A=\begin{pmatrix}a_{11}&a_{12}&\cdots&a_{1n}\\a_{21}&a_{22}&\cdots&a_{2n}\\\vdots&\vdots&\ddots&\vdots\\a_{n1}&a_{n2}&\cdots&a_{nn}\end{pmatrix}$$

则 n 阶矩阵 A 的行列式为

$$|A| = \begin{vmatrix} a_{11} & a_{12} & \cdots & a_{1n} \\ a_{21} & a_{22} & \cdots & a_{2n} \\ \vdots & \vdots & \ddots & \vdots \\ a_{n1} & a_{n2} & \cdots & a_{nn} \end{vmatrix}$$

其迹为 $\mathrm{tr}(A) = \sum_{i=1}^{n} a_{ii}$.

设 $A = (a_{ij})_{n\times n}$，$B = (b_{ij})_{n\times n}$，则方阵的行列式具有下列性质：

(1) $|A^{\mathrm{T}}| = |A|$；　　(2) $|kA| = k^n|A|$；

(3) $|AB| = |A||B|$；　　(4) $|AB| = |BA|$.

证明　性质(1)直接由定理 1.4 得到. 而

$$|kA| = \begin{vmatrix} ka_{11} & ka_{12} & \cdots & ka_{1n} \\ ka_{21} & ka_{22} & \cdots & ka_{2n} \\ \vdots & \vdots & \ddots & \vdots \\ ka_{n1} & ka_{n2} & \cdots & ka_{nn} \end{vmatrix} = k^n \begin{vmatrix} a_{11} & a_{12} & \cdots & a_{1n} \\ a_{21} & a_{22} & \cdots & a_{2n} \\ \vdots & \vdots & \ddots & \vdots \\ a_{n1} & a_{n2} & \cdots & a_{nn} \end{vmatrix} = k^n|A|$$

故性质(2)得证.

设

$$A = \begin{pmatrix} a_{11} & a_{12} & \cdots & a_{1n} \\ a_{21} & a_{22} & \cdots & a_{2n} \\ \vdots & \vdots & \ddots & \vdots \\ a_{n1} & a_{n2} & \cdots & a_{nn} \end{pmatrix}, \quad B = \begin{pmatrix} b_{11} & b_{12} & \cdots & b_{1n} \\ b_{21} & b_{22} & \cdots & b_{2n} \\ \vdots & \vdots & \ddots & \vdots \\ b_{n1} & b_{n2} & \cdots & b_{nn} \end{pmatrix}$$

为了证明性质(3)，构造一个 $2n$ 阶方阵如下：

$$D = \begin{pmatrix} a_{11} & a_{12} & \cdots & a_{1n} & 0 & 0 & \cdots & 0 \\ a_{21} & a_{22} & \cdots & a_{2n} & 0 & 0 & \cdots & 0 \\ \vdots & \vdots & \ddots & \vdots & \vdots & \vdots & \ddots & \vdots \\ a_{n1} & a_{n2} & \cdots & a_{nn} & 0 & 0 & \cdots & 0 \\ -1 & 0 & \cdots & 0 & b_{11} & b_{12} & \cdots & b_{1n} \\ 0 & -1 & \cdots & 0 & b_{21} & b_{22} & \cdots & b_{2n} \\ \vdots & \vdots & \ddots & \vdots & \vdots & \vdots & \ddots & \vdots \\ 0 & 0 & \cdots & -1 & b_{n1} & b_{n2} & \cdots & b_{nn} \end{pmatrix}$$

对矩阵 D 取行列式，首先根据行列式的拉普拉斯展开定理，取前面的 n 行形成子式，显然有 $|D| = |A||B|$. 接下来利用行列式性质来求解，为此将 D 的第 $n+1$ 行乘 a_{11}，第 $n+2$ 行乘 a_{12} 直至第 $2n$ 行乘 a_{1n} 并全部加到第一行，并令 $C = AB = (c_{ij})_{n\times n}$，其中 $c_{ij} = \sum_{l=1}^{n} a_{il}b_{lj}$，则有

$$|D| = \begin{vmatrix} 0 & 0 & \cdots & 0 & c_{11} & c_{12} & \cdots & c_{1n} \\ a_{21} & a_{22} & \cdots & a_{2n} & 0 & 0 & \cdots & 0 \\ \vdots & \vdots & \ddots & \vdots & \vdots & \vdots & \ddots & \vdots \\ a_{n1} & a_{n2} & \cdots & a_{nn} & 0 & 0 & \cdots & 0 \\ -1 & 0 & \cdots & 0 & b_{11} & b_{12} & \cdots & b_{1n} \\ 0 & -1 & \cdots & 0 & b_{21} & b_{22} & \cdots & b_{2n} \\ \vdots & \vdots & \ddots & \vdots & \vdots & \vdots & \ddots & \vdots \\ 0 & 0 & \cdots & -1 & b_{n1} & b_{n2} & \cdots & b_{nn} \end{vmatrix}$$

继续进行以上操作,使左上角的 n 阶子块的所有元素都变为 0,则有

$$|D| = \begin{vmatrix} 0 & 0 & \cdots & 0 & c_{11} & c_{12} & \cdots & c_{1n} \\ 0 & 0 & \cdots & 0 & c_{21} & c_{22} & \cdots & c_{2n} \\ \vdots & \vdots & \ddots & \vdots & \vdots & \vdots & \ddots & \vdots \\ 0 & 0 & \cdots & 0 & c_{n1} & c_{n2} & \cdots & c_{nn} \\ -1 & 0 & \cdots & 0 & b_{11} & b_{12} & \cdots & b_{1n} \\ 0 & -1 & \cdots & 0 & b_{21} & b_{22} & \cdots & b_{2n} \\ \vdots & \vdots & \ddots & \vdots & \vdots & \vdots & \ddots & \vdots \\ 0 & 0 & \cdots & -1 & b_{n1} & b_{n2} & \cdots & b_{nn} \end{vmatrix}$$

再按照行列式的拉普拉斯展开定理,取前面的 n 行形成子式,显然有

$$\begin{aligned} |D| &= (-1)^{(1+2+\cdots+n)+(n+1+n+2+\cdots+2n)}|C|(-1)^n \\ &= (-1)^{2n(n+1)}|C| \\ &= |C| \\ &= |AB| \end{aligned}$$

从而有 $|D| = |A||B| = |AB|$ 成立,故性质(3)得证.实际上该性质还可以推广到多于两个矩阵乘积的更为一般的情形,即

$$|A_1A_2\cdots A_m| = |A_1||A_2|\cdots|A_m|$$

也成立.

由性质(3)知道 $|AB| = |A||B|$,$|BA| = |B||A|$,因此 $|AB| = |BA|$ 成立,故性质(4)得证.

设 $A=(a_{ij})_{n\times n}$,$B=(b_{ij})_{n\times n}$,对于矩阵的迹,有以下性质:

(1) $\operatorname{tr}(A\pm B)=\operatorname{tr}(A)\pm\operatorname{tr}(B)$;　　(2) $\operatorname{tr}(A)=\operatorname{tr}(A^{\mathrm{T}})$;

(3) $k\cdot\operatorname{tr}(A)=\operatorname{tr}(kA)$.

若设 $A=(a_{ij})_{m\times n}$,$B=(b_{ij})_{n\times m}$,则有 $\operatorname{tr}(AB)=\operatorname{tr}(BA)$.

证明　(1) 设 $C=(c_{ij})_{n\times n}=A\pm B$,则 $c_{ij}=a_{ij}\pm b_{ij}$,因此有

$$\operatorname{tr}(A\pm B) = \sum_{i=1}^{n}(a_{ii}\pm b_{ii}) = \sum_{i=1}^{n}a_{ii} \pm \sum_{i=1}^{n}b_{ii} = \operatorname{tr}(A)\pm\operatorname{tr}(B)$$

故性质(1)成立.

由于矩阵 A 与 A^{T} 的主对角线元素完全相同,因此性质(2)是显然的.

由于

$$k \cdot \mathrm{tr}(A) = k\sum_{i=1}^{n} a_{ii} = \sum_{i=1}^{n} ka_{ii} = \mathrm{tr}(kA)$$

故性质(3)成立.

设 $D=(d_{il})_{m\times m}=AB$,则有

$$d_{ii} = a_{i1}b_{1i} + a_{i2}b_{2i} + \cdots + a_{in}b_{ni} = \sum_{j=1}^{n} a_{ij}b_{ji}$$

从而有

$$\mathrm{tr}(AB) = \sum_{i=1}^{m} d_{ii} = \sum_{i=1}^{m}\sum_{j=1}^{n} a_{ij}b_{ji}$$

设 $F=(f_{il})_{n\times n}=BA$,则有

$$f_{jj} = b_{j1}a_{1j} + b_{j2}a_{2j} + \cdots + b_{jm}a_{mj} = \sum_{i=1}^{m} b_{ji}a_{ij}$$

从而有

$$\mathrm{tr}(BA) = \sum_{j=1}^{n} f_{jj} = \sum_{j=1}^{n}\sum_{i=1}^{m} b_{ji}a_{ij}$$

所以 $\mathrm{tr}(AB)=\mathrm{tr}(BA)$成立.实际上该性质可以推广到两个以上矩阵乘积的情形,例如,就三个矩阵乘积而言,有

$$\mathrm{tr}(ABC) = \mathrm{tr}(CAB) = \mathrm{tr}(BCA)$$

其中 ABC,CAB,BCA 都存在.

矩阵除了上述运算之外,还有逆运算,由于其运算的复杂性,在接下来的讨论中使用两节的内容分别介绍逆的概念以及如何求逆,首先介绍伴随矩阵求逆方法.

2.3 矩阵的逆运算——伴随矩阵法

2.3.1 逆矩阵的概念

在2.2节中我们看到,矩阵与数相仿,有加、减、乘三种运算,那么矩阵的乘法是否也和数一样有逆运算呢?这就是本节所要讨论的矩阵求逆问题,本节讨论的矩阵,如不特别说明,都是 $n\times n$ 阶矩阵,先给出矩阵逆的定义.

定义 2.16 n 阶方阵 A 称为可逆的,如果存在 n 阶方阵 B,使得

$$AB = BA = E$$

这里 E 是n 阶单位矩阵，那么矩阵 A 称为可逆矩阵，简称 A 可逆，并称矩阵 B 为矩阵 A 的逆矩阵，记作 $A^{-1}=B$，同时称矩阵 A 是非奇异(非退化)的.

和数中的倒数运算相似，一个数存在倒数的前提是该数非零，对应矩阵可逆的条件是 n 阶方阵A 的行列式$|A|\neq 0$；另一方面，一个非零数的倒数是唯一的，同样，如果矩阵 A 可逆，则 A 的逆矩阵也是唯一的.

需要说明的是：矩阵逆的定义只给出了判断一个矩阵是否为一个已知矩阵的逆矩阵，因此，对于抽象矩阵的求逆非常有用，但该定义并没有给出如何求一个具体矩阵的逆矩阵的方法，下面着重介绍如何求一个给定矩阵的逆矩阵.

2.3.2 逆矩阵的伴随矩阵求法

定义 2.17 设 n 阶矩阵$A=(a_{ij})_{n\times n}$为

$$A=\begin{pmatrix} a_{11} & a_{12} & \cdots & a_{1n} \\ a_{21} & a_{22} & \cdots & a_{2n} \\ \vdots & \vdots & \ddots & \vdots \\ a_{n1} & a_{n2} & \cdots & a_{nn} \end{pmatrix}$$

其矩阵行列式$|A|$中元素a_{ij}的代数余子式A_{ij}构成的矩阵

$$A^*=\begin{pmatrix} A_{11} & A_{12} & \cdots & A_{1n} \\ A_{21} & A_{22} & \cdots & A_{2n} \\ \vdots & \vdots & \ddots & \vdots \\ A_{n1} & A_{n2} & \cdots & A_{nn} \end{pmatrix}^{\mathrm{T}}=\begin{pmatrix} A_{11} & A_{21} & \cdots & A_{n1} \\ A_{12} & A_{22} & \cdots & A_{n2} \\ \vdots & \vdots & \ddots & \vdots \\ A_{1n} & A_{2n} & \cdots & A_{nn} \end{pmatrix}$$

称为矩阵 A 的伴随矩阵.

由行列式按行(列)展开的公式得

$$AA^*=A^*A=\begin{pmatrix} |A| & 0 & \cdots & 0 \\ 0 & |A| & \cdots & 0 \\ \vdots & \vdots & \ddots & \vdots \\ 0 & 0 & \cdots & |A| \end{pmatrix}=|A|E$$

从而有 $A\left(\frac{1}{|A|}A^*\right)=\left(\frac{1}{|A|}A^*\right)A=E$.

总结上述结果我们有：

定理 2.1 矩阵 A 可逆的充要条件是A 是非退化的，且

$$A^{-1}=\frac{1}{|A|}A^* \quad (|A|\neq 0)$$

根据定理 2.1 容易看出，对于 n 阶方阵A，B，如果 $AB=E$，那么矩阵 A，B 都是可逆的，并且它们互为逆矩阵.

定理2.1不但给出了矩阵可逆的条件，同时也给出了求逆矩阵的公式.但按这个公式来求逆矩阵，计算量一般是非常大的，所以有必要寻求新的方法来求逆矩阵，在2.4节中我们将给出另一种求法，即矩阵的初等变换法.

利用矩阵的逆，可以给出克莱姆法则的另一种推导方法.设线性方程组为

$$\begin{cases} a_{11}x_1 + a_{12}x_2 + \cdots + a_{1n}x_n = b_1 \\ a_{21}x_1 + a_{22}x_2 + \cdots + a_{2n}x_n = b_2 \\ \cdots \\ a_{n1}x_1 + a_{n2}x_2 + \cdots + a_{nn}x_n = b_n \end{cases} \tag{2.13}$$

利用矩阵乘法可以写成

$$AX = b$$

其中 A 为系数矩阵，X 为所有未知数构成的列向量，b 为右边常数构成的列向量.如果 $|A| \neq 0$，那么 A 可逆.用

$$X = A^{-1}b$$

代入上式，得恒等式 $A(A^{-1}b) = b$，这就是说，$X = A^{-1}b$ 是一个解.而且由于 A^{-1} 的唯一性，$X = A^{-1}b$ 是方程组的唯一解，这就是克莱姆法则用矩阵逆形式给出的求解公式.

根据矩阵逆的定义，矩阵的逆运算具有下列性质：

(1) 若矩阵 A 可逆，则 A^{-1} 也可逆，且 $(A^{-1})^{-1} = A$；

(2) 若矩阵 A 可逆，数 $k \neq 0$，则 kA 可逆，且 $(kA)^{-1} = \frac{1}{k}A^{-1}$；

(3) 若 A 和 B 为两个同阶可逆矩阵，则 AB 可逆，且有 $(AB)^{-1} = B^{-1}A^{-1}$；

(4) 若矩阵 A 可逆，则 A 的转置 A^{T} 也可逆，且有 $(A^{\mathrm{T}})^{-1} = (A^{-1})^{\mathrm{T}}$；

(5) 若矩阵 A 可逆，则 $|A^{-1}| = |A|^{-1}$；

(6) 若矩阵 A 可逆，则有 $(A^*)^{-1} = (A^{-1})^* = \frac{1}{|A|}A$.

证明 (1) 因为矩阵 A 可逆，则 A^{-1} 存在，由于 $A^{-1} \cdot A = E$，根据矩阵逆的定义有 $(A^{-1})^{-1} = A$ 成立.

(2) 因为矩阵 A 可逆，数 $k \neq 0$，则 $|kA| = k^n|A| \neq 0$，因此 kA 可逆.另一方面有

$$(kA) \cdot \left(\frac{1}{k}A^{-1}\right) = k \times \frac{1}{k} \times A \times A^{-1} = E$$

因此根据矩阵逆的定义有 $(kA)^{-1} = \frac{1}{k}A^{-1}$ 成立.

(3) A 和 B 为两个同阶可逆矩阵，则 $|AB| = |A||B| \neq 0$，因此 AB 可逆.另一方面有

$$(AB)(B^{-1}A^{-1}) = A \cdot (B \cdot B^{-1})A^{-1} = A \cdot A^{-1} = E$$

因此根据矩阵逆的定义有$(AB)^{-1}=B^{-1}A^{-1}$成立.实际上,该结果可以推广到更为一般的情形,即有$(A_1A_2\cdots A_{m-1}A_m)^{-1}=A_m^{-1}A_{m-1}^{-1}\cdots A_2^{-1}A_1^{-1}$也成立.

(4) 因为矩阵 A 可逆,则$|A^{\mathrm{T}}|=|A|\neq 0$,因此 A^{T} 可逆.另一方面有

$$A^{\mathrm{T}}\cdot(A^{-1})^{\mathrm{T}}=(A^{-1}\cdot A)^{\mathrm{T}}=E^{\mathrm{T}}=E$$

因此根据矩阵逆的定义有$(A^{\mathrm{T}})^{-1}=(A^{-1})^{\mathrm{T}}$成立(这里使用了矩阵转置运算的性质(3)).

(5) 因为矩阵 A 可逆,则$|A|\neq 0$,因此$|A|^{-1}$存在.另一方面有

$$|AA^{-1}|=|A||A^{-1}|=|E|=1$$

因此有$|A^{-1}|=|A|^{-1}$成立.

(6) 因为矩阵 A 可逆,则$|A|\neq 0$.由 $A\cdot A^*=|A|E$ 可知$|A^*|=|A|^{n-1}\neq 0$,因此 A^* 可逆.另一方面有

$$(A^*)^{-1}=(|A|A^{-1})^{-1}=|A|^{-1}(A^{-1})^{-1}=\frac{1}{|A|}A$$

由于 $A^*=|A|A^{-1}$,以 A^{-1}替代 A 有

$$(A^{-1})^*=|A^{-1}|(A^{-1})^{-1}=\frac{1}{|A|}A$$

因此有$(A^*)^{-1}=(A^{-1})^*=\dfrac{1}{|A|}A$ 成立.

【例 2.9】 设矩阵 $A=\mathrm{diag}(a_{11},a_{22},\cdots,a_{nn})$,其中 $a_{ii}\neq 0(i=1,2,\cdots,n)$.利用伴随矩阵求其逆.

解 首先求矩阵行列式有$|A|=\prod\limits_{i=1}^{n}a_{ii}$;进一步得到其伴随矩阵为

$$A^*=\begin{pmatrix}\prod\limits_{i=2}^{n}a_{ii} & 0 & \cdots & 0\\ 0 & \prod\limits_{\substack{i=1\\ i\neq 2}}^{n}a_{ii} & \cdots & 0\\ \vdots & \vdots & \ddots & 0\\ 0 & 0 & \cdots & \prod\limits_{i=1}^{n-1}a_{ii}\end{pmatrix}$$

从而利用伴随矩阵求逆得到 $A^{-1}=\mathrm{diag}(a_{11}^{-1},a_{22}^{-1},\cdots,a_{nn}^{-1})$,即对角矩阵的逆仍为对角矩阵.

【例 2.10】 若矩阵 A 满足 $A^k=0$,则矩阵 $E-A$ 可逆,且有

$$(E-A)^{-1}=E+A+A^2+\cdots+A^{k-1}$$

证明 由于 $A^k=0$,从而有 $E^k-A^k=E$,类似数的分解公式有

$$E=E^k-A^k=(E-A)(E+A+A^2+\cdots+A^{k-1})$$

从而根据矩阵逆的定义有$(E-A)^{-1}=E+A+A^2+\cdots+A^{k-1}$.

显然，利用伴随矩阵求逆的计算量涉及求多个行列式，计算量非常大，那么有没有更为有效的方法呢？下节将要介绍如何利用矩阵的初等变换来判断一个矩阵是否可逆和如何求逆.

2.4 矩阵的逆运算——初等变换法

这一节我们来建立矩阵的初等变换与矩阵乘法的联系，并在这个基础上，给出用初等变换求逆矩阵的方法.

2.4.1 初等变换与初等变换定理

定义 2.18 称对任意矩阵进行下列变换为矩阵的初等变换：

(1) 换行(列)变换：交换矩阵的任意两行(列)；

(2) 数乘变换：用非零常数去乘矩阵的某行(列)，注意不是乘矩阵的所有元素；

(3) 乘加变换：用非零常数去乘矩阵的某行(列)，然后将结果加到其他的行(列)，并将所乘的行(列)恢复到原来的情形.

可见，矩阵的初等变换包括行变换和列变换两大类，变换的形式有上述三种.

定义 2.19 由单位矩阵 E 经过一次初等变换得到的矩阵称为初等矩阵.

显然，初等矩阵都是方阵，每个初等矩阵都有一个与之相对应的单位矩阵. 例如，互换矩阵 E 的第 i 行与第 j 行的位置，得

$$P(i,j)=\begin{pmatrix} 1 & & & & & & & & \\ & \ddots & & & & & & & \\ & & 1 & & & & & & \\ & & & 0 & \cdots & 1 & & & \\ & & & & 1 & & & & \\ & & & \vdots & \ddots & \vdots & & & \\ & & & & & 1 & & & \\ & & & 1 & \cdots & 0 & & & \\ & & & & & & 1 & & \\ & & & & & & & \ddots & \\ & & & & & & & & 1 \end{pmatrix}\begin{matrix} \\ \\ \\ i\text{ 行} \\ \\ \\ \\ j\text{ 行} \\ \\ \\ \\ \end{matrix}$$

用非零数 c 乘 E 的第 i 行，得

$$P(i(c))=\begin{pmatrix}1&&&&&&\\&\ddots&&&&&\\&&1&&&&\\&&&c&&&\\&&&&1&&\\&&&&&\ddots&\\&&&&&&1\end{pmatrix}\begin{matrix}\\\\\\i\text{ 行}\\\\\\\\\end{matrix}$$

把矩阵 E 的第 j 行的 k 倍加到第 i 行，得

$$P(i,j(k))=\begin{array}{c}\begin{matrix}\quad\quad\quad i\text{ 列}\quad\quad j\text{ 列}\end{matrix}\\\begin{pmatrix}1&&&&&&\\&\ddots&&&&&\\&&1&\cdots&k&&\\&&&\ddots&\vdots&&\\&&&&1&&\\&&&&&\ddots&\\&&&&&&1\end{pmatrix}\end{array}\begin{matrix}\\\\i\text{ 行}\\\\j\text{ 行}\\\\\\\end{matrix}$$

类似地，可以得到与列变换相应的初等矩阵．应该指出，对单位矩阵作一次初等列变换所得的矩阵也包括在上面所列举的这三类矩阵之中，例如，把 E 的第 i 列的 k 倍加到第 j 列，我们仍然得到 $P(i,j(k))$，这是由于单位矩阵是对称矩阵．因此，这三类矩阵就是全部的初等矩阵．

不难看出，初等矩阵都是可逆的，它们的逆矩阵还是初等矩阵，事实上有

$$(P(i,j))^{-1}=P(i,j)$$

$$(P(i(c)))^{-1}=P(i(c^{-1}))$$

$$(P(i,j(k)))^{-1}=P(i,j(-k))$$

下面我们给出一个初等变换定理．

定理 2.2 对一个 $m\times n$ 阶矩阵 A 作一次初等行变换，就相当于在 A 的左边相应乘上同种类型的 $m\times m$ 阶初等矩阵；而对 A 作一次初等列变换，就相当于在 A 的右边相应乘上同种类型的 $n\times n$ 阶的初等矩阵．

这里的同种类型初等矩阵是指，如果对矩阵 A 进行什么变换，就对单位矩阵进行什么变换得到的初等矩阵．显然矩阵的初等行变换与列变换所起的作用不同．左乘初等矩阵起到行变换的作用，右乘初等矩阵起到列变换的作用．

证明 不失一般性，我们以行变换为例来证明，并且仅考察换行这种情况．假设

$$A=\begin{pmatrix} a_{11} & a_{12} & \cdots & a_{1n} \\ \vdots & \vdots & \ddots & \vdots \\ a_{s1} & a_{s2} & \cdots & a_{sn} \\ \vdots & \vdots & \ddots & \vdots \\ a_{l1} & a_{l2} & \cdots & a_{ln} \\ \vdots & \vdots & \ddots & \vdots \\ a_{m1} & a_{m2} & \cdots & a_{mn} \end{pmatrix},\quad A(s,l)=\begin{pmatrix} a_{11} & a_{12} & \cdots & a_{1n} \\ \vdots & \vdots & \ddots & \vdots \\ a_{l1} & a_{l2} & \cdots & a_{ln} \\ \vdots & \vdots & \ddots & \vdots \\ a_{s1} & a_{s2} & \cdots & a_{sn} \\ \vdots & \vdots & \ddots & \vdots \\ a_{m1} & a_{m2} & \cdots & a_{mn} \end{pmatrix}$$

则根据乘法运算规则有

$$P(s,l)A = A(s,l)$$

这表明了,如果我们交换矩阵 A 的第 s 行和第 l 行,则等价于用将 m 阶单位矩阵的第 s 行和第 l 行互换得到 $P(s,l)$,然后用该矩阵左乘 A 即得到 $A(s,l)$.

对于其他类型的初等变换也可类似证明.

2.4.2 逆矩阵的初等变换求法

定义 2.20 如果矩阵 B 可以由矩阵 A 经过一系列初等变换得到,则称矩阵 A 与矩阵 B 等价.

等价是矩阵间的一种关系,不难证明,任何矩阵与它自身等价,即矩阵等价具有自反性;若矩阵 A 与矩阵 B 等价,则矩阵 B 与矩阵 A 也等价,即矩阵等价具有对称性;若矩阵 A 与矩阵 B 等价,而矩阵 B 与矩阵 C 等价,则矩阵 A 与矩阵 C 也等价,即矩阵等价具有传递性.

定理 2.3 任意一个非零的 $m\times n$ 阶矩阵 A,经过有限次初等变换,一定可以化为如下的等价形式:

$$\begin{pmatrix} E_r & 0 \\ 0 & 0 \end{pmatrix}$$

其中 $r\leqslant\min(m,n)$,它称为矩阵 A 的标准型,其中 E_r 表示 r 阶单位矩阵.

这里使用了矩阵的分块表示,具体介绍参见 2.6 节的内容.

证明 不失一般性,假设 $r<\min(m,n)$. 设矩阵 A 的第一行第一列的元素 $a_{11}\neq 0$,如果 $a_{11}=0$,则总可以从其他行或其他列中找到一个非零元素,然后进行换行换列使得矩阵 A 第一行第一列的元素不为零. 首先用第一行乘以 $-\dfrac{a_{i1}}{a_{11}}(i=2,3,\cdots,m)$ 加到其他行,将第一列的除了第一行以外其他元素都变为零,即有

$$\begin{pmatrix} a_{11} & a_{12} & a_{13} & \cdots & a_{1r} & a_{1r+1} & \cdots & a_{1n-1} & a_{1n} \\ a_{21} & a_{22} & a_{23} & \cdots & a_{2r} & a_{2r+1} & \cdots & a_{2n-1} & a_{2n} \\ \vdots & \vdots & \vdots & \ddots & \vdots & \vdots & \ddots & \vdots & \vdots \\ a_{r1} & a_{r2} & a_{r3} & \cdots & a_{rr} & a_{rr+1} & \cdots & a_{rn-1} & a_{rn} \\ a_{r+11} & a_{r+12} & a_{r+13} & \cdots & a_{r+1r} & a_{r+1r+1} & \cdots & a_{r+1n-1} & a_{r+1n} \\ \vdots & \vdots & \vdots & \ddots & \vdots & \vdots & \ddots & \vdots & \vdots \\ a_{m-11} & a_{m-12} & a_{m-13} & \cdots & a_{m-1r} & a_{m-1r+1} & \cdots & a_{m-1n-1} & a_{m-1n} \\ a_{m1} & a_{m2} & a_{m3} & \cdots & a_{mr} & a_{mr+1} & \cdots & a_{mn-1} & a_{mn} \end{pmatrix}$$

$$\to \begin{pmatrix} a_{11} & a_{12} & a_{13} & \cdots & a_{1r} & a_{1r+1} & \cdots & a_{1n-1} & a_{1n} \\ 0 & a_{22}^{*} & a_{23}^{*} & \cdots & a_{2r}^{*} & a_{2r+1}^{*} & \cdots & a_{2n-1}^{*} & a_{2n}^{*} \\ \vdots & \vdots & \vdots & \ddots & \vdots & \vdots & \ddots & \vdots & \vdots \\ 0 & a_{r2}^{*} & a_{r3}^{*} & \cdots & a_{rr}^{*} & a_{rr+1}^{*} & \cdots & a_{rn-1}^{*} & a_{rn}^{*} \\ 0 & a_{r+12}^{*} & a_{r+13}^{*} & \cdots & a_{r+1r}^{*} & a_{r+1r+1}^{*} & \cdots & a_{r+1n-1}^{*} & a_{r+1n}^{*} \\ \vdots & \vdots & \vdots & \ddots & \vdots & \vdots & \ddots & \vdots & \vdots \\ 0 & a_{m-12}^{*} & a_{m-13}^{*} & \cdots & a_{m-1r}^{*} & a_{m-1r+1}^{*} & \cdots & a_{m-1n-1}^{*} & a_{m-1n}^{*} \\ 0 & a_{m2}^{*} & a_{m3}^{*} & \cdots & a_{mr}^{*} & a_{mr+1}^{*} & \cdots & a_{mn-1}^{*} & a_{mn}^{*} \end{pmatrix}$$

类似地，可以假设 $a_{22}^{*}\neq 0$，仿照以上变换，再把第二列的第二行以下元素都变为零，假设这个过程一直可以进行到第 r 行，则第 r 列的第 r 行以下的元素一定为零，即具有以下形式：

$$\begin{pmatrix} a_{11} & a_{12} & a_{13} & \cdots & a_{1r} & a_{1r+1} & \cdots & a_{1n-1} & a_{1n} \\ 0 & a_{22}^{*} & a_{23}^{*} & \cdots & a_{2r}^{*} & a_{2r+1}^{*} & \cdots & a_{2n-1}^{*} & a_{2n}^{*} \\ \vdots & \vdots & \vdots & \ddots & \vdots & \vdots & \ddots & \vdots & \vdots \\ 0 & a_{r2}^{*} & a_{r3}^{*} & \cdots & a_{rr}^{*} & a_{rr+1}^{*} & \cdots & a_{rn-1}^{*} & a_{rn}^{*} \\ 0 & a_{r+12}^{*} & a_{r+13}^{*} & \cdots & a_{r+1r}^{*} & a_{r+1r+1}^{*} & \cdots & a_{r+1n-1}^{*} & a_{r+1n}^{*} \\ \vdots & \vdots & \vdots & \ddots & \vdots & \vdots & \ddots & \vdots & \vdots \\ 0 & a_{m-12}^{*} & a_{m-13}^{*} & \cdots & a_{m-1r}^{*} & a_{m-1r+1}^{*} & \cdots & a_{m-1n-1}^{*} & a_{m-1n}^{*} \\ 0 & a_{m2}^{*} & a_{m3}^{*} & \cdots & a_{mr}^{*} & a_{mr+1}^{*} & \cdots & a_{mn-1}^{*} & a_{mn}^{*} \end{pmatrix}$$

$$\to \begin{pmatrix} a_{11} & a_{12} & a_{13} & \cdots & a_{1r} & a_{1r+1} & \cdots & a_{1n-1} & a_{1n} \\ 0 & a_{22}^{*} & a_{23}^{*} & \cdots & a_{2r}^{*} & a_{2r+1}^{*} & \cdots & a_{2n-1}^{*} & a_{2n}^{*} \\ \vdots & \vdots & \vdots & \ddots & \vdots & \vdots & \ddots & \vdots & \vdots \\ 0 & 0 & 0 & \cdots & a_{rr}^{*} & a_{rr+1}^{*} & \cdots & a_{rn-1}^{*} & a_{rn}^{*} \\ 0 & 0 & 0 & \cdots & 0 & a_{r+1r+1}^{*} & \cdots & a_{r+1n-1}^{*} & a_{r+1n}^{*} \\ \vdots & \vdots & \vdots & \ddots & \vdots & \vdots & \ddots & \vdots & \vdots \\ 0 & 0 & 0 & \cdots & 0 & a_{m-1r+1}^{*} & \cdots & a_{m-1n-1}^{*} & a_{m-1n}^{*} \\ 0 & 0 & 0 & \cdots & 0 & a_{mr+1}^{*} & \cdots & a_{mn-1}^{*} & a_{mn}^{*} \end{pmatrix}$$

既然假设这个过程只能进行到第 r 行，则有

$$\begin{pmatrix} a^*_{r+1r+1} & \cdots & a^*_{r+1n-1} & a^*_{r+1n} \\ \vdots & \ddots & \vdots & \vdots \\ a^*_{m-1r+1} & \cdots & a^*_{m-1n-1} & a^*_{m-1n} \\ a^*_{mr+1} & \cdots & a^*_{mn-1} & a^*_{mn} \end{pmatrix} = \begin{pmatrix} 0 & \cdots & 0 & 0 \\ \vdots & \ddots & \vdots & \vdots \\ 0 & \cdots & 0 & 0 \\ 0 & \cdots & 0 & 0 \end{pmatrix}$$

否则这个过程就可以一直进行下去直到第 m 行.因此当这个过程只能进行到第 r 行时一定有

$$\begin{pmatrix} a_{11} & a_{12} & a_{13} & \cdots & a_{1r} & a_{1r+1} & \cdots & a_{1n-1} & a_{1n} \\ 0 & a^*_{22} & a^*_{23} & \cdots & a^*_{2r} & a^*_{2r+1} & \cdots & a^*_{2n-1} & a^*_{2n} \\ \vdots & \vdots & \vdots & \ddots & \vdots & \vdots & \ddots & \vdots & \vdots \\ 0 & 0 & 0 & \cdots & a^*_{rr} & a^*_{rr+1} & \cdots & a^*_{rn-1} & a^*_{rn} \\ 0 & 0 & 0 & \cdots & 0 & a^*_{r+1r+1} & \cdots & a^*_{r+1n-1} & a^*_{r+1n} \\ \vdots & \vdots & \vdots & \ddots & \vdots & \vdots & \ddots & \vdots & \vdots \\ 0 & 0 & 0 & \cdots & 0 & a^*_{m-1r+1} & \cdots & a^*_{m-1n-1} & a^*_{m-1n} \\ 0 & 0 & 0 & \cdots & 0 & a^*_{mr+1} & \cdots & a^*_{mn-1} & a^*_{mn} \end{pmatrix}$$

$$= \begin{pmatrix} a_{11} & a_{12} & a_{13} & \cdots & a_{1r} & a_{1r+1} & \cdots & a_{1n-1} & a_{1n} \\ 0 & a^*_{22} & a^*_{23} & \cdots & a^*_{2r} & a^*_{2r+1} & \cdots & a^*_{2n-1} & a^*_{2n} \\ \vdots & \vdots & \vdots & \ddots & \vdots & \vdots & \ddots & \vdots & \vdots \\ 0 & 0 & 0 & \cdots & a^*_{rr} & a^*_{rr+1} & \cdots & a^*_{rn-1} & a^*_{rn} \\ 0 & 0 & 0 & \cdots & 0 & 0 & \cdots & 0 & 0 \\ \vdots & \vdots & \vdots & \ddots & \vdots & \vdots & \ddots & \vdots & \vdots \\ 0 & 0 & 0 & \cdots & 0 & 0 & \cdots & 0 & 0 \\ 0 & 0 & 0 & \cdots & 0 & 0 & \cdots & 0 & 0 \end{pmatrix}$$

再进行列变换,用第一列分别乘以 $-\dfrac{a_{1j}}{a_{11}}$($j=2,3,\cdots,n$)加到其他列,将第一行除了第一列以外其他列的元素都变为零,得

$$\begin{pmatrix} a_{11} & a_{12} & a_{13} & \cdots & a_{1r} & a_{1r+1} & \cdots & a_{1n-1} & a_{1n} \\ 0 & a^*_{22} & a^*_{23} & \cdots & a^*_{2r} & a^*_{2r+1} & \cdots & a^*_{2n-1} & a^*_{2n} \\ \vdots & \vdots & \vdots & \ddots & \vdots & \vdots & \ddots & \vdots & \vdots \\ 0 & 0 & 0 & \cdots & a^*_{rr} & a^*_{rr+1} & \cdots & a^*_{rn-1} & a^*_{rn} \\ 0 & 0 & 0 & \cdots & 0 & 0 & \cdots & 0 & 0 \\ \vdots & \vdots & \vdots & \ddots & \vdots & \vdots & \ddots & \vdots & \vdots \\ 0 & 0 & 0 & \cdots & 0 & 0 & \cdots & 0 & 0 \\ 0 & 0 & 0 & \cdots & 0 & 0 & \cdots & 0 & 0 \end{pmatrix}$$

$$\rightarrow \begin{pmatrix} a_{11} & 0 & 0 & \cdots & 0 & 0 & \cdots & 0 & 0 \\ 0 & a_{22}^* & a_{23}^* & \cdots & a_{2r}^* & a_{2r+1}^* & \cdots & a_{2n-1}^* & a_{2n}^* \\ \vdots & \vdots & \vdots & \ddots & \vdots & \vdots & \ddots & \vdots & \vdots \\ 0 & 0 & 0 & \cdots & a_{rr}^* & a_{rr+1}^* & \cdots & a_{rn-1}^* & a_{rn}^* \\ 0 & 0 & 0 & \cdots & 0 & 0 & \cdots & 0 & 0 \\ \vdots & \vdots & \vdots & \ddots & \vdots & \vdots & \ddots & \vdots & \vdots \\ 0 & 0 & 0 & \cdots & 0 & 0 & \cdots & 0 & 0 \\ 0 & 0 & 0 & \cdots & 0 & 0 & \cdots & 0 & 0 \end{pmatrix}$$

同样,对第二列直至第 r 列也仿照上述做法,则最终得到

$$\begin{pmatrix} a_{11} & 0 & 0 & \cdots & 0 & 0 & \cdots & 0 & 0 \\ 0 & a_{22}^* & 0 & \cdots & 0 & 0 & \cdots & 0 & 0 \\ \vdots & \vdots & \vdots & \ddots & \vdots & \vdots & \ddots & \vdots & \vdots \\ 0 & 0 & 0 & \cdots & a_{rr}^* & 0 & \cdots & 0 & 0 \\ 0 & 0 & 0 & \cdots & 0 & 0 & \cdots & 0 & 0 \\ \vdots & \vdots & \vdots & \ddots & \vdots & \vdots & \ddots & \vdots & \vdots \\ 0 & 0 & 0 & \cdots & 0 & 0 & \cdots & 0 & 0 \\ 0 & 0 & 0 & \cdots & 0 & 0 & \cdots & 0 & 0 \end{pmatrix}$$

最后只要将前 r 阶子块的对角线上元素化为 1 即可,这只要乘以每个对角线上元素的倒数即可,从而左上角变为 r 阶单位矩阵 E_r,因此当 $r<\min(m,n)$时结论得证.类似地,可以证明 $r=m$ 和 $r=n$ 的情形.

例如,对矩阵 $\begin{pmatrix} 1 & 1 & 2 & 3 \\ 1 & 2 & 3 & 4 \\ 2 & 3 & 5 & 7 \end{pmatrix}$ 进行标准化,按照上述的思路就有

$$\begin{pmatrix} 1 & 1 & 2 & 3 \\ 1 & 2 & 3 & 4 \\ 2 & 3 & 5 & 7 \end{pmatrix} \rightarrow \begin{pmatrix} 1 & 1 & 2 & 3 \\ 0 & 1 & 1 & 1 \\ 0 & 1 & 1 & 1 \end{pmatrix} \rightarrow \begin{pmatrix} 1 & 1 & 2 & 3 \\ 0 & 1 & 1 & 1 \\ 0 & 0 & 0 & 0 \end{pmatrix}$$

$$\rightarrow \begin{pmatrix} 1 & 0 & 0 & 0 \\ 0 & 1 & 1 & 1 \\ 0 & 0 & 0 & 0 \end{pmatrix} \rightarrow \begin{pmatrix} 1 & 0 & 0 & 0 \\ 0 & 1 & 0 & 0 \\ 0 & 0 & 0 & 0 \end{pmatrix} = \begin{pmatrix} E_2 & 0 \\ 0 & 0 \end{pmatrix}$$

对一个矩阵作初等变换就相当于用相应的初等矩阵去左乘、右乘这个矩阵,因此有如下推论:

推论 矩阵 A 可化为上述标准型的充要条件是存在某些初等矩阵 $P_1,P_2,\cdots,P_{l-1},P_l,Q_1,Q_2,\cdots,Q_{t-1},Q_t$ 使

$$P_1P_2\cdots P_{l-1}P_lAQ_1Q_2\cdots Q_{t-1}Q_t = \begin{pmatrix} E_r & 0 \\ 0 & 0 \end{pmatrix}$$

相应地，当我们把初等变换与矩阵的逆结合在一起时，又有以下推论：

推论1 若方阵 $A=(a_{ij})_{n\times n}$ 可逆，则 $A=(a_{ij})_{n\times n}$ 可以变换为 E_n.

推论2 若方阵 $A=(a_{ij})_{n\times n}$ 可逆，则 $A=(a_{ij})_{n\times n}$ 可以表示为一些初等矩阵的乘积形式.

推论3 若对矩阵 $(A\mid E)$ 只进行初等行变换，则当 A 可逆时，一定有 $(A\mid E)\to(E\mid A^{-1})$.

推论4 若对矩阵 $(A\mid E)$ 只进行初等行变换，总是不能得到 $(A\mid E)\to(E\mid A^{-1})$，则方阵 $A=(a_{ij})_{n\times n}$ 不可逆.

证明 由于方阵 $A=(a_{ij})_{n\times n}$ 可逆，根据定理2.3有

$$P_1P_2\cdots P_{l-1}P_lAQ_1Q_2\cdots Q_{t-1}Q_t=\begin{pmatrix}E_r & 0\\ 0 & 0\end{pmatrix}$$

两边取行列式有

$$|P_1P_2\cdots P_{l-1}P_lAQ_1Q_2\cdots Q_{t-1}Q_t|=\begin{vmatrix}E_r & 0\\ 0 & 0\end{vmatrix}=0$$

显然，等式的左边不为零，因此只有 $r=n$ 成立才不会导致矛盾.于是有

$$P_1P_2\cdots P_{l-1}P_lAQ_1Q_2\cdots Q_{t-1}Q_t=E_n$$

从而推论1成立.再把矩阵 A 反解出来有

$$A=P_l^{-1}P_{l-1}^{-1}\cdots P_2^{-1}P_1^{-1}Q_t^{-1}Q_{t-1}^{-1}\cdots Q_2^{-1}Q_1^{-1}$$

由于初等矩阵的逆仍然为初等矩阵，因此推论2成立.

设矩阵 A 可逆，则 A^{-1} 也可以表示为一些初等矩阵的乘积，为方便起见，现假设

$$A^{-1}=P_1P_2\cdots P_s$$

显然有

$$\begin{cases}A^{-1}=A^{-1}E=P_1P_2\cdots P_sE\\ E=A^{-1}A=P_1P_2\cdots P_sA\end{cases}$$

这表明，对于矩阵 $(A\mid E)$ 而言，如果对矩阵 A 左乘 $P_1,P_2,\cdots,P_s$ 进行一系列的初等行变换，与此同时，将这些矩阵同样左乘并作用到单位矩阵 E 上，当把矩阵 A 变换为单位矩阵时，单位矩阵初等变换的结果就是 A^{-1}.这就是推论3的内容，推论4是推论3的逆否命题，显然也成立.

另外还可以对矩阵实行初等列变换得到逆的表达式，这里不再介绍.

【例2.11】 设

$$A=\begin{pmatrix}0 & 1 & 2\\ 1 & 1 & 4\\ 2 & -1 & 0\end{pmatrix},\quad B=\begin{pmatrix}1 & -2 & -1\\ 4 & 1 & 2\\ 2 & 5 & 4\end{pmatrix}$$

求 A^{-1} 和 B^{-1}.

解

$$(A\mid E)=\left(\begin{array}{ccc|ccc}0&1&2&1&0&0\\1&1&4&0&1&0\\2&-1&0&0&0&1\end{array}\right)\rightarrow\left(\begin{array}{ccc|ccc}1&1&4&0&1&0\\0&1&2&1&0&0\\2&-1&0&0&0&1\end{array}\right)$$

$$\rightarrow\left(\begin{array}{ccc|ccc}1&1&4&0&1&0\\0&1&2&1&0&0\\0&-3&-8&0&-2&1\end{array}\right)\rightarrow\left(\begin{array}{ccc|ccc}1&1&4&0&1&0\\0&1&2&1&0&0\\0&0&-2&3&-2&1\end{array}\right)$$

$$\rightarrow\left(\begin{array}{ccc|ccc}1&1&4&0&1&0\\0&1&2&1&0&0\\0&0&1&-3/2&1&-1/2\end{array}\right)\rightarrow\left(\begin{array}{ccc|ccc}1&1&0&6&-3&2\\0&1&0&4&-2&1\\0&0&1&-3/2&1&-1/2\end{array}\right)$$

$$\rightarrow\left(\begin{array}{ccc|ccc}1&0&0&2&-1&1\\0&1&0&4&-2&1\\0&0&1&-3/2&1&-1/2\end{array}\right)$$

所以

$$A^{-1}=\begin{pmatrix}2&-1&1\\4&-2&1\\-3/2&1&-1/2\end{pmatrix}$$

由于

$$(B\mid E)=\left(\begin{array}{ccc|ccc}1&-2&-1&1&0&0\\4&1&2&0&1&0\\2&5&4&0&0&1\end{array}\right)\rightarrow\left(\begin{array}{ccc|ccc}1&-2&-1&1&0&0\\0&9&6&-4&1&0\\0&0&0&2&-1&1\end{array}\right)$$

根据定理 2.3 的推论 4 知道,矩阵 B 不可逆.

矩阵除了加减乘法和求逆运算之外,矩阵还有一个重要的指标运算,就是矩阵的秩,它在后面齐次线性方程组的求解中起着至关重要的作用,所以接下来我们来介绍矩阵的秩及其求法.

2.5 矩阵的秩

2.5.1 矩阵秩的概念

定义 2.21 任取矩阵 $A=(a_{ij})_{m\times n}$ 中的 k 行 k 列($1\leqslant k\leqslant\min(m,n)$),位于这些 k 行 k 列交叉处的元素按照原来的次序排列组成的行列式,称为矩阵 A

的k阶子式.

显然,矩阵$A=(a_{ij})_{m\times n}$中满足条件的这些k阶子式有很多,但都可以分为两大类,一类是取值为零,另一类是取值不为零.对于矩阵的秩而言,我们关注的是取值不为零的那些k阶子式.

定义 2.22 设矩阵$A=(a_{ij})_{m\times n}$,如果矩阵A中不为零的子式最高阶数为r,即至少存在某个r阶子式不为零,任何等于和超过$r+1$阶的子式为零,则称矩阵A的秩为r,记作$R(A)=r$.进一步地,若$R(A_{n\times n})=n$,则称A为满秩矩阵.

根据这个定义显然有:

(1) 若发现矩阵$A_{m\times n}$有一个$k(1\leqslant k\leqslant \min(m,n))$阶非零子式,则$R(A_{m\times n})\geqslant k$必成立;

(2) 若$R(A)=r$,则A中至少有一个r阶子式不等于零,也许有为零的r阶子式;而若存在大于和等于$r+1$阶的子式,则所有大于和等于$r+1$阶的子式全为零;但对低于r阶的子式,取值没有要求;

(3) 对于任意非零矩阵$A_{m\times n}$,总有$R(A)\leqslant \min(m,n)$;

(4) 对于任意矩阵$A_{m\times n}$,总有$R(A_{m\times n})=R(A^{\mathrm{T}}_{m\times n})$;

(5) 对于n阶非零方阵A,$R(A)=n$的充要条件是$|A|\neq 0$,故也称$|A|\neq 0$的矩阵A为满秩矩阵;

(6) 规定$R(0)=0$.

证明 (1) 既然矩阵$A_{m\times n}$有一个$k(1\leqslant k\leqslant \min(m,n))$阶非零子式,如果有$k=\min(m,n)$成立,则矩阵$A_{m\times n}$的最高阶子式达到上限,根据矩阵秩的定义有$R(A)=k$成立;如果有$k<\min(m,n)$成立,则矩阵$A_{m\times n}$的子式还可以进一步上升超过$k$阶,如果此时存在某个这样的子式大于零,则根据矩阵秩的定义有$R(A)>k$.因此总有$R(A_{m\times n})\geqslant k$成立.

(2) 因为$R(A)=r$,根据矩阵秩的定义,则至少存在某个不为零的r阶子式.对于其他的r阶子式可以为零也可以不为零;再假设存在某个$r+1$阶子式不为零,则根据上述(1)的结论有$R(A)\geqslant r+1$,这与$R(A)=r$相矛盾.因此如果有$r+1$阶子式,则必定为零.对于超过$r+1$阶的子式也有相同的结论;同样根据矩阵秩的定义,对于低于r阶的子式可以为零,也可以不为零,因此对于这些子式的取值没有要求.

(3) 由于非零矩阵$A_{m\times n}$的k阶子式满足条件$1\leqslant k\leqslant \min(m,n)$,因此其非零子式的上限为$\min(m,n)$,因此有$R(A)\leqslant \min(m,n)$成立.

(4) 不妨设$R(A_{m\times n})=r$,则在矩阵$A_{m\times n}$中存在某个r阶子式非零,记这样的r阶子式为A_r,显然在$A^{\mathrm{T}}_{m\times n}$中这个子式为$A^{\mathrm{T}}_r$.根据定理1.4,显然有$|A_r|=|A^{\mathrm{T}}_r|$,因此根据上述(1)的结论有$R(A^{\mathrm{T}}_{m\times n})\geqslant r$成立.现假设有$R(A^{\mathrm{T}}_{m\times n})=r+1$成立,则在$A^{\mathrm{T}}$中必存在某个$r+1$阶子式非零,记这样的子式为$A^{\mathrm{T}}_{r+1}$,显然

该子式在矩阵 $A_{m\times n}$ 中为 A_{r+1}，因此再次根据定理 1.4 有 $|A_{r+1}|=|A_{r+1}^{\mathrm{T}}|\neq 0$，这就表明了 $R(A_{m\times n})\geqslant r+1$，这与 $R(A_{m\times n})=r$ 相矛盾，因此 $R(A_{m\times n}^{\mathrm{T}})=r+1$ 不成立，类似可以证明 $R(A_{m\times n}^{\mathrm{T}})>r+1$ 也不成立，因此由 $R(A_{m\times n}^{\mathrm{T}})=r$ 成立，从而有 $R(A_{m\times n})=R(A_{m\times n}^{\mathrm{T}})$ 成立.

(5) 因为 A 为 n 阶非零方阵，根据上述(3)的结论有 $R(A)\leqslant n$，如果有 $R(A)=n$ 成立，则一定存在某个 n 阶子式非零，而这样的非零子式只有一个，也就是矩阵 A 的行列式 $|A|\neq 0$. 因此由 $R(A)=n$ 就能得到 $|A|\neq 0$ 的结论；反之，如果 $|A|\neq 0$，则 $R(A)\geqslant n$，但再根据上述(3)的结论有 $R(A)\leqslant n$，因此只有 $R(A)=n$ 成立，所以结论成立.

如果把矩阵的每一行看成一个向量，那么矩阵就可以认为是由这些行向量组组成的，同样，如果把每一列看成一个向量，那么矩阵也可以认为是由列向量组组成的. 例如，矩阵

$$A=\begin{pmatrix}1 & 1 & 3 & 1\\ 0 & 2 & -1 & 4\\ 0 & 0 & 0 & 5\\ 0 & 0 & 0 & 0\end{pmatrix}$$

的行向量组是

$$\alpha_1=(1,1,3,1),\quad \alpha_2=(0,2,-1,4)$$
$$\alpha_3=(0,0,0,5),\quad \alpha_4=(0,0,0,0)$$

它的列向量组是

$$\beta_1=(1,0,0,0)^{\mathrm{T}},\quad \beta_2=(1,2,0,0)^{\mathrm{T}}$$
$$\beta_3=(3,-1,0,0)^{\mathrm{T}},\quad \beta_4=(1,4,5,0)^{\mathrm{T}}$$

定义 2.23 所谓矩阵的行秩就是指矩阵的行向量组的秩；矩阵的列秩就是矩阵的列向量组的秩.

例如，上述矩阵行向量组的秩是 3，列向量组的秩也是 3，显然这里矩阵 A 的行秩等于列秩. 关于向量组秩的进一步讨论将在第 3 章介绍，这里不作过多分析. 关于矩阵 A 的行秩与列秩有下面的定理.

定理 2.4 矩阵的行秩与列秩相等.

因为行秩等于列秩，所以下面就统称为矩阵的秩. 矩阵的秩在讨论齐次线性方程组的解中有着重要的应用，例如，根据克莱姆法则，非齐次线性方程组有唯一解的条件是 $|A_{n\times n}|\neq 0$，从而从矩阵秩的角度来说，就是满足 $R(A_{n\times n})=n$ 为满秩矩阵.

2.5.2 矩阵秩的计算

定义 2.22 既给出了矩阵秩的定义，又给出了求秩的方法，即通过不断寻找非

零阶子式,直至其达到最高限为止,或者从最高阶子式开始,通过降阶的过程寻求第一个非零阶子式,显然这两种方法的计算量很大,下面的定理给出了可以从初等变换的角度来求矩阵的秩.

定理 2.5　对矩阵实行初等变换并不改变矩阵的秩.

这个定理的证明分为几种情况讨论,这里不作介绍,我们在附录中给出证明过程.

结合定理 2.3,我们有如下的推论:

推论　任意一个 $m\times n$ 阶矩阵 A,经过有限次初等变换,一定可以化为如下的等价形式:

$$\begin{pmatrix} E_r & 0 \\ 0 & 0 \end{pmatrix}$$

其中 $r\leqslant\min(m,n)$ 即为矩阵 A 的秩.

这个结论可以根据定理 2.3 和定义 2.22 直接得到.

【例 2.12】　求矩阵 $A=\begin{pmatrix} 1 & 2 & 3 & 4 \\ 2 & 4 & 6 & 8 \\ 3 & 6 & 0 & 7 \end{pmatrix}$ 的秩.

解　因为 A 的第一行、第二行对应成比例,故 A 的任意三阶子式必为零,即 $R(A)\leqslant 2$,而子式 $\begin{vmatrix} 1 & 4 \\ 3 & 7 \end{vmatrix}=-5\neq 0$,知 $R(A)\geqslant 2$.综上所述,$R(A)=2$.

【例 2.13】　设 $A=\begin{pmatrix} a_1b_1 & a_1b_2 & \cdots & a_1b_n \\ a_2b_1 & a_2b_2 & \cdots & a_2b_n \\ \vdots & \vdots & \ddots & \vdots \\ a_nb_1 & a_nb_2 & \cdots & a_nb_n \end{pmatrix}$,求 A^2 的秩.

解　因为

$$A=\begin{pmatrix} a_1b_1 & a_1b_2 & \cdots & a_1b_n \\ a_2b_1 & a_2b_2 & \cdots & a_2b_n \\ \vdots & \vdots & \ddots & \vdots \\ a_nb_1 & a_nb_2 & \cdots & a_nb_n \end{pmatrix}=\begin{pmatrix} a_1 \\ a_2 \\ \vdots \\ a_n \end{pmatrix}(b_1,b_2,\cdots,b_n)$$

当 $a_ib_j\neq 0(i,j=1,2,\cdots,n)$ 时,显然 A 的任两行对应成比例,即所有二阶子式全为零,得 $R(A)\leqslant 1$,当 $a_1,a_2,\cdots,a_n$ 全为零或 $b_1,b_2,\cdots,b_n$ 全为零时,$R(A)=0$,否则 $R(A)=1$.而

$$A^2=\begin{pmatrix} a_1 \\ a_2 \\ \vdots \\ a_n \end{pmatrix}(b_1,b_2,\cdots,b_n)\begin{pmatrix} a_1 \\ a_2 \\ \vdots \\ a_n \end{pmatrix}(b_1,b_2,\cdots,b_n)=\left(\sum_{i=1}^{n}a_ib_i\right)A$$

故

$$R(A^2)=\begin{cases}0, & (\sum_{i=1}^{n} a_ib_i = 0)\\ 1, & (\sum_{i=1}^{n} a_ib_i \neq 0)\end{cases}$$

这个例子的一个重要提示就是一个秩为 1 的矩阵可以表示为 $A=\alpha\beta^{\mathrm{T}}$，其中 α,β 均为非零列向量.

【例 2.14】 求矩阵 $A=\begin{pmatrix}1 & 1 & -2 & 3 & 0\\ 2 & 1 & -6 & 4 & -1\\ 3 & 2 & a & 7 & -1\\ 1 & -1 & -6 & -1 & b\end{pmatrix}$的秩.

解 对 A 进行初等变换，有

$$A=\begin{pmatrix}1 & 1 & -2 & 3 & 0\\ 2 & 1 & -6 & 4 & -1\\ 3 & 2 & a & 7 & -1\\ 1 & -1 & -6 & -1 & b\end{pmatrix}\to\begin{pmatrix}1 & 1 & -2 & 3 & 0\\ 0 & -1 & -2 & -2 & -1\\ 0 & -1 & a+6 & -2 & -1\\ 0 & -2 & -4 & -4 & b\end{pmatrix}$$

$$\to\begin{pmatrix}1 & 1 & -2 & 3 & 0\\ 0 & -1 & -2 & -2 & -1\\ 0 & 0 & a+8 & 0 & 0\\ 0 & 0 & 0 & 0 & b+2\end{pmatrix}$$

当 $a=-8$ 且 $b=-2$ 时，$R(A)=2$；当 $a\neq-8$ 且 $b=-2$ 或 $a=-8$ 且 $b\neq-2$ 时，$R(A)=3$；当 $a\neq-8$ 且 $b\neq-2$ 时，$R(A)=4$.

作为思考题，试讨论 n 阶方阵 $A=\begin{pmatrix}a & b & \cdots & b\\ b & a & \cdots & b\\ \vdots & \vdots & \ddots & \vdots\\ b & b & \cdots & a\end{pmatrix}$的秩.

2.5.3 矩阵秩的常用结论

关于矩阵的秩有许多有用的结论，这里不加证明地列出一些，以供读者使用.

(1) 设 A^* 为 A 的伴随矩阵，有 $R(A^*)=\begin{cases}n, R(A)=n\\ 1, R(A)=n-1\\ 0, R(A)<n-1\end{cases}$，或者等价地说

有 $R(A^*)\leqslant R(A)$；

(2) 对于任意可以相乘的矩阵 A,B 而言，有 $R(AB)\leqslant \min(R(A),R(B))$；

(3) 对于任意具有相同行数的矩阵 A,B 而言，有 $R(A,B)\leqslant R(A)+R(B)$；

(4) 设 A 为 $m\times n$ 阶实矩阵，有 $R(A^{\mathrm{T}}A)=R(A)$；

(5) 对于任意同型矩阵 A,B 而言，有 $R(A+B)\leqslant R(A)+R(B)$；

(6) 对于任意 n 阶非零矩阵 A,B 而言，如果有 $AB=0$，则 $R(A)<n$，$R(B)<n$ 和 $R(A)+R(B)\leqslant n$.

最后，请读者根据最后两个结论完成下面命题的证明：

设 A 为 n 阶方阵，且 $A^2=A$，试证明 $R(A-E)+R(A)\leqslant n$.

在前五节介绍的矩阵运算中，如果矩阵的阶数非常大，则表示起来有时不太方便，需要采用所谓的分块技术来进行，把整个矩阵的运算转换为各个子块的运算，形象地称为化整为零各个击破法，下一节介绍矩阵分块技术.

2.6　矩阵的分块

在这一节，我们来介绍处理阶数较高的矩阵时常用的方法，即矩阵的分块.有时候，我们把一个大矩阵看成是由一些小矩阵组成的，就如矩阵是由数组成的一样，特别在运算中，把这些小矩阵当作数一样来处理，这就是所谓矩阵的分块.

2.6.1　矩阵分块的示例和定义

为了说明这个方法，下面看一个例子.在矩阵

$$A=\begin{pmatrix}1&0&0&0\\0&1&0&0\\-1&2&1&0\\1&1&0&1\end{pmatrix}=\begin{pmatrix}E_2&0\\A_1&E_2\end{pmatrix}$$

中，E_2 表示二阶单位矩阵，而

$$A_1=\begin{pmatrix}-1&2\\1&1\end{pmatrix},\quad 0=\begin{pmatrix}0&0\\0&0\end{pmatrix}$$

在矩阵

$$B=\begin{pmatrix}1&0&3&2\\-1&2&0&1\\1&0&4&1\\-1&-1&2&0\end{pmatrix}=\begin{pmatrix}B_{11}&B_{12}\\B_{21}&B_{22}\end{pmatrix}$$

中,有

$$B_{11}=\begin{pmatrix}1&0\\-1&2\end{pmatrix},\quad B_{12}=\begin{pmatrix}3&2\\0&1\end{pmatrix},\quad B_{21}=\begin{pmatrix}1&0\\-1&-1\end{pmatrix},\quad B_{22}=\begin{pmatrix}4&1\\2&0\end{pmatrix}$$

在计算 AB 时,把 A,B 都看成是由这些小矩阵组成的,即按二阶矩阵来运算.于是

$$AB=\begin{pmatrix}E_2&0\\A_1&E_2\end{pmatrix}\begin{pmatrix}B_{11}&B_{12}\\B_{21}&B_{22}\end{pmatrix}=\begin{pmatrix}B_{11}&B_{12}\\A_1B_{11}+B_{21}&A_1B_{12}+B_{22}\end{pmatrix}$$

其中

$$A_1B_{11}+B_{21}=\begin{pmatrix}-1&2\\1&1\end{pmatrix}\begin{pmatrix}1&0\\-1&2\end{pmatrix}+\begin{pmatrix}1&0\\-1&-1\end{pmatrix}=\begin{pmatrix}-2&4\\-1&1\end{pmatrix}$$

$$A_1B_{12}+B_{22}=\begin{pmatrix}-1&2\\1&1\end{pmatrix}\begin{pmatrix}3&2\\0&1\end{pmatrix}+\begin{pmatrix}4&1\\2&0\end{pmatrix}=\begin{pmatrix}1&1\\5&3\end{pmatrix}$$

因此有

$$AB=\begin{pmatrix}1&0&3&2\\-1&2&0&1\\-2&4&1&1\\-1&1&5&3\end{pmatrix}$$

不难验证,直接按矩阵乘法的定义来做,结果是一样的.

定义 2.24 一般地,设 $A=(a_{ik})_{s\times n}$,$B=(b_{kj})_{n\times m}$,把矩阵 A,B 分成一些小矩阵

$$A=\begin{matrix}&\begin{matrix}n_1&n_2&\cdots&n_l\end{matrix}\\\begin{matrix}s_1\\s_2\\\vdots\\s_t\end{matrix}&\begin{pmatrix}A_{11}&A_{12}&\cdots&A_{1l}\\A_{21}&A_{22}&\cdots&A_{2l}\\\vdots&\vdots&\ddots&\vdots\\A_{t1}&A_{t2}&\cdots&A_{tl}\end{pmatrix}\end{matrix},\quad B=\begin{matrix}&\begin{matrix}m_1&m_2&\cdots&m_r\end{matrix}\\\begin{matrix}n_1\\n_2\\\vdots\\n_l\end{matrix}&\begin{pmatrix}B_{11}&B_{12}&\cdots&B_{1r}\\B_{21}&B_{22}&\cdots&B_{2r}\\\vdots&\vdots&\ddots&\vdots\\B_{l1}&B_{l2}&\cdots&B_{lr}\end{pmatrix}\end{matrix}$$

其中每个子块 $A_{ij}(1\leqslant i\leqslant t;1\leqslant j\leqslant l)$是 $s_i\times n_j$ 阶小矩阵,每个子块 $B_{ij}(1\leqslant i\leqslant l;1\leqslant j\leqslant r)$是 $n_i\times m_j$ 阶小矩阵,称之为矩阵的分块.

实际上往往根据实际需要对矩阵进行分块,而且分块后必须满足运算的要

求,例如,上述两个矩阵 A,B,此时如果可以进行矩阵乘法运算,则有

$$C = AB = \begin{matrix} & m_1 & m_2 & \cdots & m_r \\ \begin{matrix} s_1 \\ s_2 \\ \vdots \\ s_t \end{matrix} & \multicolumn{4}{c}{\begin{pmatrix} C_{11} & C_{12} & \cdots & C_{1r} \\ C_{21} & C_{22} & \cdots & C_{2r} \\ \vdots & \vdots & \ddots & \vdots \\ C_{t1} & C_{t2} & \cdots & C_{tr} \end{pmatrix}} \end{matrix}$$

其中

$$\begin{aligned} C_{pq} &= A_{p1}B_{1q} + A_{p2}B_{2q} + \cdots + A_{pl}B_{lq} \\ &= \sum_{k=1}^{l} A_{pk}B_{kq} \quad (p = 1,2,\cdots,t;q = 1,2,\cdots,r) \end{aligned}$$

这个结果由矩阵乘积的定义直接验证即可.在这里,矩阵 A 分块的列数必须与矩阵 B 分块的行数一致,同时还要保证每个子块满足乘法的要求,即 $A_{pk}B_{kq}$ 也能相乘.因此对于矩阵的乘法而言,分块考虑的因素较多,对于加减法运算,只要保证子块同型就可以了.

以下会看到,矩阵的分块乘法有许多方便之处,常常在分块之后,矩阵间相互的关系看得更清楚.

2.6.2　矩阵分块的应用

作为分块矩阵的一个应用,我们来求矩阵

$$D = \begin{pmatrix} a_{11} & \cdots & a_{1k} & 0 & \cdots & 0 \\ \vdots & \ddots & \vdots & \vdots & \ddots & \vdots \\ a_{k1} & \cdots & a_{kk} & 0 & \cdots & 0 \\ c_{11} & \cdots & c_{1k} & b_{11} & \cdots & b_{1r} \\ \vdots & \ddots & \vdots & \vdots & \ddots & \vdots \\ c_{r1} & \cdots & c_{rk} & b_{r1} & \cdots & b_{rr} \end{pmatrix} = \begin{pmatrix} A & 0 \\ C & B \end{pmatrix}$$

的逆矩阵,其中子块 A,B 分别是 k 阶和 r 阶的可逆矩阵,子块 C 是 $r\times k$ 阶矩阵,子块 0 是 $k\times r$ 阶零矩阵.

首先,因为 $|D| = |A||B|$,所以当子块 A,B 可逆时,矩阵 D 也可逆.设

$$D^{-1} = \begin{pmatrix} X_{11} & X_{12} \\ X_{21} & X_{22} \end{pmatrix}$$

于是

$$\begin{pmatrix} A & 0 \\ C & B \end{pmatrix}\begin{pmatrix} X_{11} & X_{12} \\ X_{21} & X_{22} \end{pmatrix} = \begin{pmatrix} E_k & 0 \\ 0 & E_r \end{pmatrix}$$

这里 E_k,E_r 分别表示 k 阶和 r 阶单位矩阵.乘出来并比较等式两边,得

$$\begin{cases} AX_{11} = E_k \\ AX_{12} = 0 \\ CX_{11} + BX_{21} = 0 \\ CX_{12} + BX_{22} = E_r \end{cases}$$

由第一个、第二个等式，得

$$X_{11} = A^{-1}, \quad X_{12} = A^{-1}0 = 0$$

代入第四个等式，得

$$X_{22} = B^{-1}$$

再代入第三个等式，得

$$BX_{21} = -CX_{11} = -CA^{-1}, \quad X_{21} = -B^{-1}CA^{-1}$$

因此

$$D^{-1} = \begin{pmatrix} A^{-1} & 0 \\ -B^{-1}CA^{-1} & B^{-1} \end{pmatrix}$$

请读者思考如何使用初等变换方法来求上述矩阵的逆.另外，请读者自己求解以下三个矩阵的逆矩阵：

$$\begin{pmatrix} A & C \\ 0 & B \end{pmatrix}, \quad \begin{pmatrix} 0 & A \\ B & C \end{pmatrix}, \quad \begin{pmatrix} C & A \\ B & 0 \end{pmatrix}$$

特别地，当子块 $C=0$ 时，有

$$\begin{pmatrix} A & 0 \\ 0 & B \end{pmatrix}^{-1} = \begin{pmatrix} A^{-1} & 0 \\ 0 & B^{-1} \end{pmatrix}$$

我们通常称形式为

$$\begin{pmatrix} A_1 & 0 & \cdots & 0 \\ 0 & A_2 & \cdots & 0 \\ \vdots & \vdots & \ddots & \vdots \\ 0 & 0 & \cdots & A_l \end{pmatrix}$$

的矩阵为准对角矩阵，其中 A_i 是 $n_i \times n_i$ 阶矩阵($i=1,2,\cdots,l$)，显然，准对角矩阵包括对角矩阵作为特殊情形.如果子块 $A_1, A_2, \cdots, A_l$ 都是可逆矩阵，那么

$$\begin{pmatrix} A_1 & 0 & \cdots & 0 \\ 0 & A_2 & \cdots & 0 \\ \vdots & \vdots & \ddots & \vdots \\ 0 & 0 & \cdots & A_l \end{pmatrix}^{-1} = \begin{pmatrix} A_1^{-1} & 0 & \cdots & 0 \\ 0 & A_2^{-1} & \cdots & 0 \\ \vdots & \vdots & \ddots & \vdots \\ 0 & 0 & \cdots & A_l^{-1} \end{pmatrix}$$

另外，对于两个有相同分块的准对角矩阵

$$A=\begin{pmatrix}A_1 & 0 & \cdots & 0\\ 0 & A_2 & \cdots & 0\\ \vdots & \vdots & \ddots & \vdots\\ 0 & 0 & \cdots & A_l\end{pmatrix},\quad B=\begin{pmatrix}B_1 & 0 & \cdots & 0\\ 0 & B_2 & \cdots & 0\\ \vdots & \vdots & \ddots & \vdots\\ 0 & 0 & \cdots & B_l\end{pmatrix}$$

如果它们相应的分块是同阶的,不难验证有

$$AB=\begin{pmatrix}A_1B_1 & 0 & \cdots & 0\\ 0 & A_2B_2 & \cdots & 0\\ \vdots & \vdots & \ddots & \vdots\\ 0 & 0 & \cdots & A_lB_l\end{pmatrix}$$

$$A+B=\begin{pmatrix}A_1+B_1 & 0 & \cdots & 0\\ 0 & A_2+B_2 & \cdots & 0\\ \vdots & \vdots & \ddots & \vdots\\ 0 & 0 & \cdots & A_l+B_l\end{pmatrix}$$

它们还是准对角矩阵.

附 录

证明矩阵的初等变换不改变矩阵的秩.

证明 这里以行变换为代表进行证明,考察三种变换.设原始的矩阵为 A,且 $R(A)=r$,则 A 中至少存在某个 r 阶子式不为零,且任意大于和等于 $r+1$ 阶子式为零,经过变换后的矩阵为 B,现考察矩阵 B 的任意一个 $r+1$ 阶子式,为便于说明,设 $B=\begin{pmatrix}B_{11} & B_{12} & B_{13}\\ B_{21} & V_{r+1} & B_{23}\\ B_{31} & B_{32} & B_{33}\end{pmatrix}$,其中 V_{r+1} 为 $r+1$ 阶矩阵,是我们考察的对象,为了说明变换前后对应关系,设 $A=\begin{pmatrix}A_{11} & A_{12} & A_{13}\\ A_{21} & V_{r+1}^* & A_{23}\\ A_{31} & A_{32} & A_{33}\end{pmatrix}$,其中 V_{r+1}^* 与 V_{r+1} 对应.首先考虑换行变换,则对于换行变换可能有三种情况.第一种情况是换行不涉及矩阵 A 的子式 V_{r+1}^*,则换行前后有 $V_{r+1}^*=V_{r+1}$;第二种情况是换行是在子式 V_{r+1}^* 内部进行的,则根据行列式性质有 $|V_{r+1}^*|=-|V_{r+1}|$;第三种情况是将 V_{r+1}^* 中的某行被 A_{11} 或者 A_{31} 所在的行中的某行替换,则此时 V_{r+1} 一定对应 A

中的另一个 $r+1$ 阶子式，因此上述三种情况都有 $|V_{r+1}|=0$，所以换行变换不会增加矩阵的秩. 对于数乘变换，只有两种可能，第一种是数乘没有发生在 V_{r+1}^* 中，此时有 $V_{r+1}^*=V_{r+1}$；第二种情况是数乘发生在 V_{r+1}^* 中，此时 V_{r+1} 中必有某行是 V_{r+1}^* 中对应行的常数倍，根据行列式性质和 $R(A)=r$，此时有 $|V_{r+1}|=0$，因此无论哪种情况，数乘变换不会使秩增加. 最后考察行的数乘和的变换，这可以分为四种情况，第一种情况是数乘和变换不涉及矩阵 A 的子式 V_{r+1}^*，则变换前后有 $V_{r+1}^*=V_{r+1}$；第二种情况是变换在子式 V_{r+1}^* 内部进行，则根据定理 1.8 有 $|V_{r+1}^*|=|V_{r+1}|$；第三种情况是将 A_{11} 或者 A_{31} 所在的行中的某行乘以常数 c 加到 V_{r+1}^* 中的某行，则根据行列式的可加性，此时必有 $|V_{r+1}|=|V_{r+1}^*|+c|V_{r+1}^{\cdot}|$，其中 $V_{r+1}^{\cdot}$ 是 A 中的另一个 $r+1$ 阶子式；第四种情况是把 V_{r+1}^* 中某行乘以常数 c 加到 A_{11} 或者 A_{31} 所在的行中的某行，此时有 $V_{r+1}^*=V_{r+1}$. 以上四种情况都有 $|V_{r+1}|=0$，因此这种行变换也不会增加矩阵的秩，因此，我们有 $R(B)\leqslant R(A)=r$；另一方面，也可以实施反变换把 B 变成 A，从而有 $R(B)\geqslant R(A)=r$，因此有 $R(B)=R(A)=r$ 成立，即初等行变换不改变矩阵的秩，对列变换也可类似证明，因此结论成立.

习 题 2

A 组

一、计算题

1. 完成下列矩阵运算：

(1) $A=\begin{pmatrix}1&0&2\\-1&2&4\\3&1&1\end{pmatrix}$，$B=\begin{pmatrix}2&1\\-1&3\\0&3\end{pmatrix}$，求 $(2E-A^{\mathrm{T}})B$.

(2) $A=\begin{pmatrix}1&0&2\\1&-2&0\end{pmatrix}$，$B=\begin{pmatrix}2&1&2\\0&1&0\\0&0&2\end{pmatrix}$，$C=\begin{pmatrix}-6&1\\2&2\\-4&2\end{pmatrix}$，计算 $BA^{\mathrm{T}}+C$.

(3) $A=\begin{pmatrix}-13&-6&-3\\-4&-2&-1\\2&1&1\end{pmatrix}$，$B=\begin{pmatrix}0&1&2\\1&1&4\\2&-1&0\end{pmatrix}$，求 A^{-1}，B^{-1}.

(4) $A=\begin{pmatrix}1&0&-2\\1&-2&0\end{pmatrix}$, $B=\begin{pmatrix}6&3\\1&2\\4&1\end{pmatrix}$,计算$(AB)^{-1}$.

(5) 设矩阵 $A=\begin{pmatrix}1&1\\0&-2\\2&0\end{pmatrix}$, $B=\begin{pmatrix}1&2&-3\\0&-1&2\end{pmatrix}$,计算$(BA)^{-1}$.

(6) 已知 $AP=PB$,其中 $B=\begin{pmatrix}1&0&0\\0&0&0\\0&0&-1\end{pmatrix}$, $P=\begin{pmatrix}1&2&3\\0&1&2\\0&0&1\end{pmatrix}$,求 A 与 A^{100}.

(7) $A=\begin{pmatrix}2&0\\0&1\end{pmatrix}$, $B=\begin{pmatrix}-1&1\\2&5\end{pmatrix}$,求 $B^2-A^2(B^{-1}A)^{-1}$.

(8) $B=\begin{pmatrix}1\\2\\3\end{pmatrix}$, $C=(1,2,1)$, $A=BC$. 求 A^{50}.

(9) 设矩阵 $P=\begin{pmatrix}-1&-4\\1&1\end{pmatrix}$, $D=\begin{pmatrix}-1&0\\0&2\end{pmatrix}$,矩阵 A 由等式 $P^{-1}AP=D$ 确定,试求 A^5.

2. 利用待定方法解下列矩阵方程:

(1) $\begin{pmatrix}-2&-3\\3&4\end{pmatrix}X=\begin{pmatrix}-1\\2\end{pmatrix}$.　　(2) $X\begin{pmatrix}1&2\\3&5\end{pmatrix}=\begin{pmatrix}1&-1\\2&0\end{pmatrix}$.

3. 根据矩阵的关系用待定方法完成下列运算:

(1) 已知三阶矩阵 A,B 满足方程 $AB=5B-4E$,其中 $B=\begin{pmatrix}1&-2&0\\1&2&0\\0&0&2\end{pmatrix}$,求矩阵 A.

(2) 设矩阵 $C=A^{-1}B^{\mathrm T}(B^{-1}+E)^{\mathrm T}-A^{-1}$,试化简 C 的表达式,并求矩阵 C,其中

$$A=\begin{pmatrix}1&1&1\\1&2&0\\2&3&2\end{pmatrix},\quad B=\begin{pmatrix}1&0&0\\2&1&0\\0&2&1\end{pmatrix}.$$

(3) 已知矩阵 $A=\begin{pmatrix}4&2&3\\1&1&0\\-1&2&3\end{pmatrix}$,设 $AX=A+2X$,求 X.

4. 用求逆的方法解下列未知矩阵 X:

(1) $X\begin{pmatrix}2&1&-1\\2&1&0\\1&-1&1\end{pmatrix}=\begin{pmatrix}1&-1&3\\4&3&2\end{pmatrix}$;

(2) $\begin{pmatrix}1&4\\-1&2\end{pmatrix}X\begin{pmatrix}2&0\\-1&1\end{pmatrix}=\begin{pmatrix}3&1\\0&-1\end{pmatrix}$;

(3) $\begin{pmatrix}1&-2&0\\4&-2&-1\\-3&1&2\end{pmatrix}X=\begin{pmatrix}-1&4\\2&5\\1&-3\end{pmatrix}$;

(4) $\begin{pmatrix}1&2&3\\2&2&1\\3&4&3\end{pmatrix}X\begin{pmatrix}2&1\\5&3\end{pmatrix}=\begin{pmatrix}1&3\\2&0\\3&1\end{pmatrix}$;

(5) $\begin{pmatrix}1&1&-1\\0&2&2\\1&-1&0\end{pmatrix}X=\begin{pmatrix}1&-1&1\\1&1&0\\2&1&4\end{pmatrix}$;

(6) $\begin{pmatrix}0&1&0\\1&0&0\\0&0&1\end{pmatrix}X\begin{pmatrix}1&0&0\\0&0&1\\0&1&0\end{pmatrix}=\begin{pmatrix}1&-4&3\\2&0&-1\\1&-2&0\end{pmatrix}$.

5. 根据矩阵的关系用求逆方法完成下列运算：

(1) 已知矩阵 X 满足 $AXB=C$，其中 $A=\begin{pmatrix}-1&0&0\\0&5&3\\0&2&1\end{pmatrix}$，$B=\begin{pmatrix}-2&-3\\3&5\end{pmatrix}$，$C=\begin{pmatrix}2&3\\1&2\\-1&-2\end{pmatrix}$，求矩阵 X.

(2) 设 $AX+B=X$，其中 $A=\begin{pmatrix}0&1&0\\-1&1&1\\-1&0&-1\end{pmatrix}$，$B=\begin{pmatrix}1&-1\\2&0\\5&-3\end{pmatrix}$，求 X.

(3) 设矩阵 $A=\begin{pmatrix}3&0&0\\0&1&-1\\0&1&4\end{pmatrix}$，$B=\begin{pmatrix}3&6\\1&1\\2&-3\end{pmatrix}$，且满足 $AX=2X+B$，求矩阵 X.

6. 根据条件计算矩阵行列式：

(1) 设

$$A=\begin{pmatrix}1&2&-1\\3&-1&2\\0&2&0\end{pmatrix},\quad B=\begin{pmatrix}1&-5&7\\-5&2&3\\7&3&-1\end{pmatrix}$$

计算$|(2A-B)^{\mathrm{T}}+B|$，$|A^3-A|$.

(2) 设A为三阶方阵，A^*为A的伴随矩阵，A^{T}为A的转置矩阵，A^{-1}为A的逆矩阵，若行列式$|A|=4$，求行列式$\left|\left(\frac{1}{2}A^{\mathrm{T}}\right)^{-1}-(3A^*)^{\mathrm{T}}\right|$，$\left|\left(\frac{1}{2}A\right)^*\right|$的值.

7. 验证下列结论是否正确：

设$A=\begin{pmatrix}1&2\\1&3\end{pmatrix}$，$B=\begin{pmatrix}1&0\\1&2\end{pmatrix}$，问：

(1) $AB=BA$吗？为什么？

(2) $(A+B)^2=A^2+2AB+B^2$吗？为什么？

(3) $(A+B)(A-B)=A^2-B^2$吗？为什么？

8. 求下列矩阵的逆矩阵：

(1) $\begin{pmatrix}1&2&-1\\3&4&-2\\5&-4&1\end{pmatrix}$；　(2) $\begin{pmatrix}1&0&0&0\\1&2&0&0\\2&1&3&0\\1&2&1&4\end{pmatrix}$；

(3) $\begin{pmatrix}5&2&0&0\\2&1&0&0\\0&0&8&3\\0&0&5&2\end{pmatrix}$；　(4) $\begin{pmatrix}a_1&0&\cdots&0\\0&a_2&\cdots&0\\\vdots&\vdots&\ddots&\vdots\\0&0&\cdots&a_n\end{pmatrix}(a_1a_2\cdots a_n\neq0)$.

9. 化下列矩阵为标准型：

(1) $\begin{pmatrix}1&0&2&-1\\2&0&3&1\\3&0&4&-3\end{pmatrix}$；　(2) $\begin{pmatrix}0&2&-3&1\\0&3&-4&3\\0&4&-7&-1\end{pmatrix}$；

(3) $\begin{pmatrix}1&-1&3&-4&3\\3&-3&5&-4&1\\2&-2&3&-2&0\\3&-3&4&-2&-1\end{pmatrix}$；　(4) $\begin{pmatrix}2&3&1&-3&-7\\1&2&0&-2&-4\\3&-2&8&3&0\\2&-3&7&4&3\end{pmatrix}$.

10. 求下列矩阵的秩：

(1) $\begin{pmatrix}3&1&0&2\\1&-1&2&-1\\1&3&-4&4\end{pmatrix}$；　(2) $\begin{pmatrix}3&2&-1&-3&-1\\2&-1&3&1&-3\\7&0&5&-1&-8\end{pmatrix}$；

(3) $\begin{pmatrix}2&1&8&3&7\\2&-3&0&7&-5\\3&-2&5&8&0\\1&0&3&2&0\end{pmatrix}$.

二、证明题

1. 设 n 阶方阵 $A=E-\alpha\alpha^{\mathrm{T}}$，其中 $\alpha\neq 0$ 是 n 维列向量，证明：

(1) $A^2=A$ 的充要条件为 $\alpha^{\mathrm{T}}\alpha=1$； (2) 当 $\alpha^{\mathrm{T}}\alpha=1$ 时，矩阵 A 不可逆.

2. 设 n 阶方阵 A 满足 $A^2-A-2E=0$，证明：

(1) 矩阵 A 可逆； (2) 矩阵 $A-2E$ 与 $A+E$ 不同时可逆.

3. 如果 $A=\frac{1}{2}(B+E)$，证明：$A^2=A$ 的充要条件是 $B^2=E$.

4. 设矩阵 A 可逆，证明：其伴随矩阵 A^* 也可逆，且 $(A^*)^{-1}=(A^{-1})^*$.

5. 设矩阵 A,B 及 $A+B$ 都可逆，证明：$A^{-1}+B^{-1}$ 也可逆，并求其逆矩阵.

6. 若方阵 A 满足 $A^2+2A-4E=0$，证明 $A-E$ 可逆，并求出 $A-E$ 的逆矩阵.

7. 设 $A^k=0$（k 为正整数），证明：$(E-A)^{-1}=E+A+A^2+\cdots+A^{k-1}$.

B 组

一、选择题

1. 设 A,B 为三阶矩阵，且 $|A|=2$，$|B|=3$，$|A^{-1}+B|=2$，则 $|A+B^{-1}|=$（ ）.

A. $\frac{4}{3}$　　B. 2　　C. 1　　D. 4

2. 设 A,B 均为二阶矩阵，A^*,B^* 分别为 A,B 的伴随矩阵，若 $|A|=2$，$|B|=3$，则分块矩阵 $\begin{pmatrix}0 & A\\ B & 0\end{pmatrix}$ 的伴随矩阵为（ ）.

A. $\begin{pmatrix}0 & 3B^*\\ 2A^* & 0\end{pmatrix}$　　B. $\begin{pmatrix}0 & 2B^*\\ 3A^* & 0\end{pmatrix}$

C. $\begin{pmatrix}0 & 3A^*\\ 2B^* & 0\end{pmatrix}$　　D. $\begin{pmatrix}0 & 2A^*\\ 3B^* & 0\end{pmatrix}$

3. 设矩阵 $A=\begin{pmatrix}2 & 1\\ -1 & 2\end{pmatrix}$，$E$ 为二阶单位矩阵，矩阵 B 满足 $BA=B+2E$，则 $|B|=$（ ）.

A. 0　　B. 2　　C. 1　　D. 3

4. 设 $A=\begin{pmatrix}1 & 0 & 1\\ 0 & 2 & 0\\ 1 & 0 & 1\end{pmatrix}$，且 $n\geqslant 2$，则 $A^n-2A^{n-1}=$（ ）.

A. 0 B. 2 C. 1 D. 3

5. 设矩阵 A,B 满足 $A^*BA=2BA-8E$,且 $A=\begin{pmatrix}1&0&0\\0&-2&0\\0&0&1\end{pmatrix}$,则 $B=$( ).

A. $\begin{pmatrix}2&0&0\\0&-4&0\\0&0&2\end{pmatrix}$ B. $\begin{pmatrix}2&0&0\\0&-4&0\\0&0&1\end{pmatrix}$

C. $\begin{pmatrix}2&1&0\\0&-4&0\\0&0&1\end{pmatrix}$ D. $\begin{pmatrix}2&0&0\\0&-3&0\\0&0&1\end{pmatrix}$

6. 设 A 为 n 阶非零矩阵,E 为 n 阶单位矩阵,若 $A^3=0$,则( ).

A. $E-A$ 不可逆,$E+A$ 不可逆 B. $E-A$ 不可逆,$E+A$ 可逆

C. $E-A$ 可逆,$E+A$ 可逆 D. $E-A$ 可逆,$E+A$ 不可逆

7. 设矩阵 $A=(a_{ij})_{3\times3}$ 满足 $A^*=A^{\mathrm{T}}$,其中 A^* 是 A 的伴随矩阵,A^{T} 为 A 的转置矩阵.若 a_{11},a_{12},a_{13} 为三个相等的正数,则 a_{11} 为( )

A. $\dfrac{\sqrt{3}}{3}$ B. 3 C. $\dfrac{1}{3}$ D. $\sqrt{3}$

8. 设三阶矩阵 $A=\begin{pmatrix}a&b&b\\b&a&b\\b&b&a\end{pmatrix}$,若 A 的伴随矩阵的秩为1,则必有( ).

A. $a=b$ 或 $a+2b=0$ B. $a=b$ 或 $a+2b\neq0$

C. $a\neq b$ 且 $a+2b=0$ D. $a\neq b$ 且 $a+2b\neq0$

9. 设 n 阶矩阵 $A=\begin{pmatrix}1&a&a&\cdots&a\\a&1&a&\cdots&a\\a&a&1&\cdots&a\\\vdots&\vdots&\vdots&\ddots&\vdots\\a&a&a&\cdots&1\end{pmatrix}$,若 $R(A)=n-1$,则 a 必为( ).

A. 1 B. $\dfrac{1}{1-n}$ C. -1 D. $\dfrac{1}{n-1}$

10. 设矩阵 $A=\begin{pmatrix}k&1&1&1\\1&k&1&1\\1&1&k&1\\1&1&1&k\end{pmatrix}$,且 $R(A)=3$,则 $k=$( ).

A. -3 B. 1 C. 6 D. 2

11. 设矩阵 $A=\begin{pmatrix}0&1&0&0\\0&0&1&0\\0&0&0&1\\0&0&0&0\end{pmatrix}$，则 A^3 的秩为（　　）.

A. 0　　B. 1　　C. 6　　D. 2

12. 设 n 维向量 $\alpha=(a,0,\cdots,0,a)^{\mathrm{T}}$，$a<0$；$E$ 为 n 阶单位矩阵，矩阵 $A=E-\alpha\alpha^{\mathrm{T}}$，$B=E+\frac{1}{a}\alpha\alpha^{\mathrm{T}}$，其中 A 的逆矩阵为 B，则 $a=$（　　）.

A. 3　　B. 1　　C. 6　　D. -1

13. 设 A,B 为同阶可逆矩阵，则（　　）.

A. $AB=BA$

B. 存在可逆矩阵 P，使 $P^{-1}AP=B$

C. 存在可逆矩阵 C，使 $C^{\mathrm{T}}AC=B$

D. 存在可逆矩阵 P,Q，使 $PAQ=B$

14. 设 n 阶矩阵 A 与 B 等价，则必有（　　）.

A. 当 $|A|=a(a\neq0)$ 时，$|B|=a$

B. 当 $|A|=a(a\neq0)$ 时，$|B|=-a$

C. 当 $|A|\neq0$ 时，$|B|=0$

D. 当 $|A|=0$ 时，$|B|=0$

15. 设 A 为三阶矩阵，若将 A 的第二行加到第一行得 B，再将 B 的第一列的 (-1) 倍加到第二列得 C，记 $P=\begin{pmatrix}1&1&0\\0&1&0\\0&0&1\end{pmatrix}$，则（　　）.

A. $C=P^{-1}AP$　　B. $C=PAP^{-1}$　　C. $C=P^{\mathrm{T}}AP$　　D. $C=PAP^{\mathrm{T}}$

16. 设 A,P 均为三阶矩阵，P^{T} 为 P 的转置矩阵，且 $P^{\mathrm{T}}AP=\begin{pmatrix}1&0&0\\0&1&0\\0&0&2\end{pmatrix}$，若 $P=(\alpha_1,\alpha_2,\alpha_3)$，$Q=(\alpha_1+\alpha_2,\alpha_2,\alpha_3)$，则 $Q^{\mathrm{T}}AQ$ 为（　　）.

A. $\begin{pmatrix}2&1&0\\1&1&0\\0&0&2\end{pmatrix}$　　B. $\begin{pmatrix}1&1&0\\1&2&0\\0&0&2\end{pmatrix}$　　C. $\begin{pmatrix}2&0&0\\0&1&0\\0&0&2\end{pmatrix}$　　D. $\begin{pmatrix}1&0&0\\0&2&0\\0&0&2\end{pmatrix}$

17. 设 $A=\begin{pmatrix}a_{11}&a_{12}&a_{13}&a_{14}\\a_{21}&a_{22}&a_{23}&a_{24}\\a_{31}&a_{32}&a_{33}&a_{34}\\a_{41}&a_{42}&a_{43}&a_{44}\end{pmatrix}$，$B=\begin{pmatrix}a_{14}&a_{13}&a_{12}&a_{11}\\a_{24}&a_{23}&a_{22}&a_{21}\\a_{34}&a_{33}&a_{32}&a_{31}\\a_{44}&a_{43}&a_{42}&a_{41}\end{pmatrix}$，

$$P_1=\begin{pmatrix}0&0&0&1\\0&1&0&0\\0&0&1&0\\1&0&0&0\end{pmatrix},P_2=\begin{pmatrix}1&0&0&0\\0&0&1&0\\0&1&0&0\\0&0&0&1\end{pmatrix}$$，其中 A 可逆，则 B^{-1} 为(　　).

A. $A^{-1}P_1P_2$　　B. $P_1A^{-1}P_2$　　C. $P_1P_2A^{-1}$　　D. $P_2A^{-1}P_1$

18. 设 $A=(a_{ij})$ 是三阶非零矩阵，$|A|$ 为其行列式，A_{ij} 为元素 a_{ij} 的代数余子式，且满足 $A_{ij}+a_{ij}=0(i,j=1,2,3)$，则 $|A|$ 为(　　).

A. -1　　B. 1　　C. 0　　D. 2

19. 设 A,B 为 n 阶矩阵，记 $R(X)$ 为矩阵 X 的秩，(X,Y) 表示分块矩阵，则(　　).

A. $R(A,AB)=R(A)$　　B. $R(A,BA)=R(A)$

C. $R(A,B)=\max(R(A),R(B))$　　D. $R(A,B)=R(A^{\mathrm{T}},B^{\mathrm{T}})$

二、计算与证明题

1. 设 $A=\begin{pmatrix}\lambda&1&0\\0&\lambda&1\\0&0&\lambda\end{pmatrix}$，求 A^k.

2. 设 A 为 n 阶非奇异矩阵，α 为 n 维列向量，b 为常数，记分块矩阵 $P=\begin{pmatrix}E&0\\-\alpha^{\mathrm{T}}A^*&|A|\end{pmatrix}$，$Q=\begin{pmatrix}A&\alpha\\\alpha^{\mathrm{T}}&b\end{pmatrix}$，其中 A^* 为 A 的伴随矩阵，E 为 n 阶单位矩阵：

(1) 计算并化简 PQ；

(2) 证明矩阵 Q 可逆的充要条件是 $\alpha^{\mathrm{T}}A^{-1}\alpha\neq b$.

3. 设 m 次多项式 $f(x)=a_0+a_1x+a_2x^2+\cdots+a_mx^m$，记

$$f(A)=a_0E+a_1A+a_2A^2+\cdots+a_mA^m$$

$f(A)$ 称为方阵 A 的 m 次多项式.

(1) 设 $\Lambda=\begin{pmatrix}\lambda_1&0\\0&\lambda_2\end{pmatrix}$，证明：$\Lambda^k=\begin{pmatrix}\lambda_1^k&0\\0&\lambda_2^k\end{pmatrix}$，$f(\Lambda)=\begin{pmatrix}f(\lambda_1)&0\\0&f(\lambda_2)\end{pmatrix}$.

(2) 设 $A=P\Lambda P^{-1}$，证明：$A^k=P\Lambda^kP^{-1}$，$f(A)=Pf(\Lambda)P^{-1}$.

4. 设 n 阶矩阵 A 的伴随矩阵为 A^*，证明：

(1) 若 $|A|=0$，则 $|A^*|=0$；　　(2) $|A^*|=|A|^{n-1}$.

5. 设 n 阶矩阵 A 的伴随矩阵为 A^*，证明：$R(A^*)=\begin{cases}n,R(A)=n\\1,R(A)=n-1.\\0,R(A)<n-1\end{cases}$

第3章　线性方程组

线性方程组的研究起源于古代中国，中国数学经典著作《九章算术》中“方程术”解三元线性方程组的方法是世界上最早、最完整的线性方程组解法，其中所采用的“遍乘直除”方法本质上相当于现代的对方程组的增广矩阵实行初等行变换来消去未知量的方法，即高斯消元法，但每次都是对各个未知数重复进行高斯消元操作，这就是“遍乘”的本意. 为改进该方法，大约在公元263年，刘徽在《九章算术注》一书中提出了线性方程组的“互乘相消法”，这与现代的高斯消元法操作完全相同；另外，他还解释了“互乘相消法”不改变原方程组解的原理，指出当线性方程组中方程个数小于未知数的个数时，线性方程组的解不唯一等论述. 公元1247年，秦九韶在其著作《数书九章》中将解线性方程组的“直除法”改进为“互乘法”，使线性方程组理论又增加了新内容，至此，用初等方法解线性方程组理论已由我国数学家基本创立完成.

在西方，线性方程组的研究可以追溯到17世纪后期莱布尼茨的工作. 大约1678年，德国数学家莱布尼兹首次开始线性方程组的研究，他采用行列式的方法研究线性方程组的解，即克莱姆法则，他也对消元解法做了一些探讨. 1729年，麦克劳林首次以行列式为工具解含有2个、3个、4个未知数的线性方程组，但对由4个未知数组成的方程组，由于对四阶行列式的展开式中各项符号的确定没有给出一个明确的规则，因此未能进一步研究该理论，但本质上采用了后来的克莱姆法则方法. 1750年，克莱姆在他的代表作《线性代数分析导言》中，创立了克莱姆法则，用它解含有5个未知数、5个方程的线性方程组，但遗憾的是，他没有从理论上证明克莱姆法则的合理性，直到1815年才被柯西证明. 麦克劳林和克莱姆的不足主要是当时的行列式理论还没有完全建立起来，使得他们不能正式使用行列式这一工具来解线性方程组. 1764年，法国数学家贝祖用行列式建立了线性方程组解的一般理论，证明了含有 n 个未知数、n 个方程的齐次线性方程组有非零解的条件是系数行列式等于零，同时还提出了解高次方程组的消元方法. 1801年高斯出版了《算术研究》，对前人的研究系统地进行了归纳和推广，这其中就包含了著名的高斯消元法解方程组思想. 1867年，道奇森在他的著作《行列式初等理论》中证明了含有 n 个未知数、m 个方程的一般线性方程组有解的充要条件，该条件就是系数矩阵和增广矩阵有相同的非零子式，即系数矩阵和增广矩阵有相同的秩，尽管当时还没有提出矩阵秩的概念．随后，费罗贝尼乌斯在 1879 年提出矩阵秩的概念，并以此为基础，指出如果一个由 n 个未知数、m 个方程组成的方程组的秩为 r，就可以找到含 $n-r$ 个线性无关的解集，这初步得到了线性方程组解的结构，进一步完善了史密斯线性方程组解的理论．

线性方程组的应用非常广泛，例如在代数理论中，借助于线性方程组可以判断向量组是否线性相关，可以求矩阵的特征向量等；在其他学科，如几何、物理、化学、经济、生物等，线性方程组也有着广泛的应用，这里仅举一例加以说明．

【例 3.1】 现有木工、电工和油漆工各一名，三人商定互相装修他们自己的房子，并约定如下：① 每人总共工作 10 天(包括给自己家干活在内)；② 每人工资约定在 60～80 元之间；③ 每人日工资应使得每人的总收入和总支出相等．表 3.1 是他们协商后制定的工作天数分配方案，请根据这些信息计算出他们每人应得的工资．

表 3.1　三个工人工作天数分配表

天数	木工	电工	油漆工
在木工家工作天数	2	1	6
在电工家工作天数	4	5	1
在油漆工家工作天数	4	4	3

分析　设 (x_1, x_2, x_3) 分别表示木工、电工和油漆工的日工资，则对木工而言，在 10 天内的收入为 $10x_1$，而支出为 $2x_1+x_2+6x_3$，根据木工的收支平衡得到等式为

$$2x_1 + x_2 + 6x_3 = 10x_1$$

类似地，对电工和油漆工分别得到收支平衡等式为

$$4x_1 + 5x_2 + x_3 = 10x_2$$

$$4x_1 + 4x_2 + 3x_3 = 10x_3$$

由此得到木工、电工和油漆工收支平衡的线性方程组为

$$\begin{cases} 2x_1 + x_2 + 6x_3 = 10x_1 \\ 4x_1 + 5x_2 + x_3 = 10x_2 \\ 4x_1 + 4x_2 + 3x_3 = 10x_3 \end{cases}$$

化简得

$$\begin{cases} -8x_1 + x_2 + 6x_3 = 0 \\ 4x_1 - 5x_2 + x_3 = 0 \\ 4x_1 + 4x_2 - 7x_3 = 0 \end{cases}$$

显然，这是一个三元齐次线性方程组，计算表明其系数矩阵行列式值为 0，从而克莱姆法则失效，但根据定理 1.12 可知，该齐次线性方程组一定有非零解，如

何得到满足条件的解构成了本章的学习内容.

本章将学习如何利用行列式与矩阵这两个工具来求解线性方程组,同时本章也是第 4 章求矩阵特征向量的基础,因此是承前启后的一章.首先 3.1 节介绍线性方程组解的条件与判断;其次,为了表示无穷解的情况,3.2 节将介绍向量及其线性关系;3.3 节将研究内容拓展到两个向量组之间关系的研究;3.4 节重点讨论线性方程组解的结构.

3.1 线性方程组的消元解法及解存在的条件

3.1.1 线性方程组与消元解法

在第 1 章中给出了 n 个方程、n 个未知数的线性方程组形式,这里给出一般的形式,考察有 m 个方程、n 个未知数构成的线性方程组如下:

$$\begin{cases} a_{11}x_1 + a_{12}x_2 + \cdots + a_{1n}x_n = b_1 \\ a_{21}x_1 + a_{22}x_2 + \cdots + a_{2n}x_n = b_2 \\ \cdots \\ a_{m1}x_1 + a_{m2}x_2 + \cdots + a_{mn}x_n = b_m \end{cases} \tag{3.1}$$

令

$$A = \begin{pmatrix} a_{11} & a_{12} & \cdots & a_{1n} \\ a_{21} & a_{22} & \cdots & a_{2n} \\ \vdots & \vdots & \ddots & \vdots \\ a_{m1} & a_{m2} & \cdots & a_{mn} \end{pmatrix}, \quad X = \begin{pmatrix} x_1 \\ x_2 \\ \vdots \\ x_n \end{pmatrix}, \quad b = \begin{pmatrix} b_1 \\ b_2 \\ \vdots \\ b_m \end{pmatrix}$$

则线性方程组可以用矩阵表示为

$$AX = b \tag{3.2}$$

求解线性方程组的常用解法是消元法,为了说明这个过程,考察如下的例子:

【例 3.2】 求解线性方程组

$$\begin{cases} 3x_1 - x_2 + 5x_3 = 2 \\ x_1 - x_2 + 2x_3 = 1 \\ x_1 - 2x_2 - x_3 = 5 \end{cases}$$

解 首先交换第一、第三两个方程的位置,结果如下:

$$\begin{cases} x_1 - 2x_2 - x_3 = 5 \\ x_1 - x_2 + 2x_3 = 1 \\ 3x_1 - x_2 + 5x_3 = 2 \end{cases}$$

第一个方程乘以(-1)加到第二个方程，第一个方程乘以(-3)加到第三个方程，得

$$\begin{cases} x_1-2x_2-3x_3=5 \\ x_2+3x_3=-4 \\ 5x_2+8x_3=-13 \end{cases}$$

第二个方程乘以(-5)加到第三个方程得

$$\begin{cases} x_1-2x_2-x_3=5 \\ x_2+3x_3=-4 \\ -7x_3=7 \end{cases}$$

第三个方程乘以$\left(-\frac{1}{7}\right)$得 $x_3=-1$，再代入第二个方程，求出 $x_2=-1$，最后代到第一个方程求出 $x_1=2$. 这样就得到了上述方程组的解为

$$\begin{cases} x_1=2 \\ x_2=-1 \\ x_3=-1 \end{cases}$$

以上求解过程是逐步消除方程组中未知数个数直到只有一个未知数，然后逐步返代回去进而求出方程组的解. 以下使用矩阵来表示这个过程.

3.1.2　消元解法与矩阵实现

定义 3.1　称由线性方程组中的系数矩阵 A 和向量 b 构成的矩阵 $\bar{A}=(A\,|\,b)$ 为线性方程组的增广矩阵.

根据上述定义，例 3.2 的增广矩阵为

$$\bar{A}=(A\,|\,b)=\left(\begin{array}{ccc|c} 3 & -1 & 5 & 2 \\ 1 & -1 & 2 & 1 \\ 1 & -2 & -1 & 5 \end{array}\right)$$

则上述消元解法的过程对应增广矩阵进行操作如下：

$$\bar{A}=\left(\begin{array}{ccc|c} 3 & -1 & 5 & 2 \\ 1 & -1 & 2 & 1 \\ 1 & -2 & -1 & 5 \end{array}\right)\to\left(\begin{array}{ccc|c} 1 & -2 & -1 & 5 \\ 1 & -1 & 2 & 1 \\ 3 & -1 & 5 & 2 \end{array}\right)\to\left(\begin{array}{ccc|c} 1 & -2 & -1 & 5 \\ 0 & 1 & 3 & -4 \\ 0 & 5 & 8 & -13 \end{array}\right)$$

$$\to\left(\begin{array}{ccc|c} 1 & -2 & -1 & 5 \\ 0 & 1 & 3 & -4 \\ 0 & 0 & -7 & 7 \end{array}\right)\to\left(\begin{array}{ccc|c} 1 & -2 & -1 & 5 \\ 0 & 1 & 3 & -4 \\ 0 & 0 & 1 & -1 \end{array}\right)\to\left(\begin{array}{ccc|c} 1 & -2 & -1 & 5 \\ 0 & 1 & 0 & -1 \\ 0 & 0 & 1 & -1 \end{array}\right)$$

$$\to\left(\begin{array}{ccc|c} 1 & -2 & 0 & 4 \\ 0 & 1 & 0 & -1 \\ 0 & 0 & 1 & -1 \end{array}\right)\to\left(\begin{array}{ccc|c} 1 & 0 & 0 & 2 \\ 0 & 1 & 0 & -1 \\ 0 & 0 & 1 & -1 \end{array}\right)$$

上述过程表明:例3.2的消元解法完全等价于对增广矩阵进行初等行变换,而且变换到任何步骤所对应的线性方程组与原始方程组是等价的,这个结论对一般的线性方程组(3.1)也是成立的.但需要说明的是:有时候需要对增广矩阵使用初等列变换,但仅限于互换某两列这种变换,同时注意方程组中未知数的顺序的相应变换,具体参考下面的例3.3.

3.1.3 线性方程组解的判定条件

为了考察线性方程组解的判定条件,先看如下两个例子:

【例3.3】 求解线性方程组

$$\begin{cases}2x_1+x_2-x_3+x_4=1\\4x_1+2x_2-2x_3+x_4=2\\2x_1+x_2-x_3-x_4=1\end{cases}$$

解 首先对线性方程组采用增广矩阵进行矩阵初等行变换过程如下:

$$(A\mid b)=\left(\begin{array}{cccc|c}2&1&-1&1&1\\4&2&-2&1&2\\2&1&-1&-1&1\end{array}\right)\to\left(\begin{array}{cccc|c}2&1&-1&1&1\\0&0&0&-1&0\\0&0&0&-2&0\end{array}\right)$$

$$\to\left(\begin{array}{cccc|c}2&1&-1&1&1\\0&0&0&1&0\\0&0&0&0&0\end{array}\right)\to\left(\begin{array}{cccc|c}1&1/2&-1/2&0&1/2\\0&0&0&1&0\\0&0&0&0&0\end{array}\right)$$

显然,此时有 $R(A)=2$,但左上角并非为二阶单位矩阵,如果将第二列和第四列对调,则有

$$\left(\begin{array}{cccc|c}1&1/2&-1/2&0&1/2\\0&0&0&1&0\\0&0&0&0&0\end{array}\right)\to\left(\begin{array}{cccc|c}1&0&-1/2&1/2&1/2\\0&1&0&0&0\\0&0&0&0&0\end{array}\right)$$

不过,要注意未知数的顺序,现在未知数向量变为 $X=(x_1,x_4,x_3,x_2)^{\mathrm{T}}$,此时该方程组的等价形式为

$$\begin{cases}x_1-\dfrac{1}{2}x_3+\dfrac{1}{2}x_2=\dfrac{1}{2}\\x_4=0\end{cases}$$

在这个方程组中,可以把 x_2,x_3 看做自由未知变量,即它们的值可以任意给定,如果取 $x_2=c_1,x_3=c_2$,则 x_1 的取值为 $x_1=\frac{1}{2}-\frac{1}{2}c_1+\frac{1}{2}c_2$,所以方程组的解为

$$\begin{cases} x_1 = \dfrac{1}{2} + \dfrac{1}{2}c_2 - \dfrac{1}{2}c_1 \\ x_2 = c_1 \\ x_3 = c_2 \\ x_4 = 0 \end{cases}$$

其中,c_1,c_2 为任意实数.因此该方程组有无穷多组解.

此外,这个例题表明,为了将系数矩阵 A 的左上角化为单位矩阵,有时候需要进行适当的换列变换.

【例 3.4】 求解线性方程组

$$\begin{cases} x_1 - 2x_2 + x_3 + x_4 = 1 \\ x_1 - 2x_2 + x_3 - x_4 = -1 \\ x_1 - 2x_2 + x_3 - 5x_4 = 5 \end{cases}$$

解 对增广矩阵进行变换过程如下:

$$(A \mid b) = \left(\begin{array}{cccc|c} 1 & -2 & 1 & 1 & 1 \\ 1 & -2 & 1 & -1 & -1 \\ 1 & -2 & 1 & -5 & 5 \end{array}\right) \to \left(\begin{array}{cccc|c} 1 & -2 & 1 & 1 & 1 \\ 0 & 0 & 0 & -2 & -2 \\ 0 & 0 & 0 & -6 & 4 \end{array}\right)$$

$$\to \left(\begin{array}{cccc|c} 1 & -2 & 1 & 1 & 1 \\ 0 & 0 & 0 & 1 & 1 \\ 0 & 0 & 0 & 0 & 10 \end{array}\right)$$

此方程组无解.这是因为最后的增广矩阵的第三行对应方程为

$$0 \times x_1 + 0 \times x_2 + 0 \times x_3 + 0 \times x_4 = 10$$

显然没有一组实数能够满足这个方程.

仔细观察例 3.2、例 3.3,有 $R(A) = R(\bar{A})$,此时方程组有解,但对于例 3.4 有 $R(A) = 2 \neq R(\bar{A}) = 3$,此时非齐次线性方程组无解;进一步观察,对于例 3.2 有 $R(A) = R(\bar{A}) = 3 = n$,此时非齐次线性方程组有唯一解,而对于例 3.3 有 $R(A) = R(\bar{A}) = 3 < n = 4$ 成立,此时有非齐次线性方程组无穷多解.对一般线性方程组(3.1)有如下定理:

定理 3.1 对于非齐次线性方程组 $AX = b$,增广矩阵为 $\bar{A} = (A \mid b)$,则齐次线性方程组解的判别依据为:若 $R(A) = R(\bar{A})$,则方程组有解,若 $R(A) \neq R(\bar{A})$,则方程组无解,进一步地,当 $R(A) = R(\bar{A}) = n$ 时有唯一解,而当 $R(A) = R(\bar{A}) < n$ 时有无穷多解.

证明 对于

$$(A|b)=\left(\begin{array}{cccc|c} a_{11} & a_{12} & \cdots & a_{1n} & b_1 \\ a_{21} & a_{22} & \cdots & a_{2n} & b_2 \\ \vdots & \vdots & \ddots & \vdots & \vdots \\ a_{m1} & a_{m2} & \cdots & a_{mn} & b_m \end{array}\right)$$

不失一般性,假设 $R(A)=r$,如果有 $R(A)=r<n$,则通过矩阵初等行变换可能配合适当的列变换(同时对应的未知数也要作相应调整),系数矩阵 A 总可以化为如下的形式:

$$A=\begin{pmatrix} a_{11} & a_{12} & \cdots & a_{1r} & a_{1r+1} & \cdots & a_{1n} \\ a_{21} & a_{22} & \cdots & a_{2r} & a_{2r+1} & \cdots & a_{2n} \\ \vdots & \vdots & \ddots & \vdots & \vdots & \ddots & \vdots \\ a_{r1} & a_{r2} & \cdots & a_{rr} & a_{rr+1} & \cdots & a_{rn} \\ a_{r+11} & a_{r+12} & \cdots & a_{r+1r} & a_{r+1r+1} & \cdots & a_{r+1n} \\ \vdots & \vdots & \ddots & \vdots & \vdots & \ddots & \vdots \\ a_{m1} & a_{m2} & \cdots & a_{mr} & a_{mr+1} & \cdots & a_{mn} \end{pmatrix}$$

$$\rightarrow\begin{pmatrix} 1 & 0 & \cdots & 0 & c_{1r+1} & \cdots & c_{1n} \\ 0 & 1 & \cdots & 0 & c_{2r+1} & \cdots & c_{2n} \\ \vdots & \vdots & \ddots & \vdots & \vdots & \ddots & \vdots \\ 0 & 0 & \cdots & 1 & c_{rr+1} & \cdots & c_{rn} \\ 0 & 0 & \cdots & 0 & 0 & \cdots & 0 \\ \vdots & \vdots & \ddots & \vdots & \vdots & \ddots & \vdots \\ 0 & 0 & \cdots & 0 & 0 & \cdots & 0 \end{pmatrix}$$

如果 $R(A)=r=n$,则通过矩阵初等行变换,系数矩阵 A 总可以化为如下的形式:

$$A=\begin{pmatrix} a_{11} & a_{12} & \cdots & a_{1n-1} & a_{1n} \\ a_{21} & a_{22} & \cdots & a_{2n-1} & a_{2n} \\ \vdots & \vdots & \ddots & \vdots & \vdots \\ a_{n1} & a_{n2} & \cdots & a_{nn-1} & a_{nn} \\ a_{n+11} & a_{n+12} & \cdots & a_{n+1n-1} & a_{n+1n} \\ \vdots & \vdots & \ddots & \vdots & \vdots \\ a_{m1} & a_{m2} & \cdots & a_{mn-1} & a_{mn} \end{pmatrix}\rightarrow\begin{pmatrix} 1 & 0 & \cdots & 0 & 0 \\ 0 & 1 & \cdots & 0 & 0 \\ \vdots & \vdots & \ddots & \vdots & \vdots \\ 0 & 0 & \cdots & 0 & 1 \\ 0 & 0 & \cdots & 0 & 0 \\ \vdots & \vdots & \ddots & \vdots & \vdots \\ 0 & 0 & \cdots & 0 & 0 \end{pmatrix}$$

在对系数矩阵 A 进行变换时,向量 b 也作了相应的变换,设最后的 b 为 b^*,得

$$b=\begin{pmatrix} b_1 \\ b_2 \\ \vdots \\ b_m \end{pmatrix} \to b^*=\begin{pmatrix} b_1^* \\ b_2^* \\ \vdots \\ b_m^* \end{pmatrix}$$

从而有

$$(A\mid b)=\left(\begin{array}{ccccccc|c} a_{11} & a_{12} & \cdots & a_{1r} & a_{1r+1} & \cdots & a_{1n} & b_1 \\ a_{21} & a_{22} & \cdots & a_{2r} & a_{2r+1} & \cdots & a_{2n} & b_2 \\ \vdots & \vdots & \ddots & \vdots & \vdots & \ddots & \vdots & \vdots \\ a_{r1} & a_{r2} & \cdots & a_{rr} & a_{rr+1} & \cdots & a_{rn} & b_r \\ a_{r+11} & a_{r+12} & \cdots & a_{r+1r} & a_{r+1r+1} & \cdots & a_{r+1n} & b_{r+1} \\ \vdots & \vdots & \ddots & \vdots & \vdots & \ddots & \vdots & \vdots \\ a_{m1} & a_{m2} & \cdots & a_{mr} & a_{mr+1} & \cdots & a_{mn} & b_m \end{array}\right)$$

$$\to\left(\begin{array}{ccccccc|c} 1 & 0 & \cdots & 0 & c_{1r+1} & \cdots & c_{1n} & b_1^* \\ 0 & 1 & \cdots & 0 & c_{2r+1} & \cdots & c_{2n} & b_2^* \\ \vdots & \vdots & \ddots & \vdots & \vdots & \ddots & \vdots & \vdots \\ 0 & 0 & \cdots & 1 & c_{rr+1} & \cdots & c_{rn} & b_r^* \\ 0 & 0 & \cdots & 0 & 0 & \cdots & 0 & b_{r+1}^* \\ \vdots & \vdots & \ddots & \vdots & \vdots & \ddots & \vdots & \vdots \\ 0 & 0 & \cdots & 0 & 0 & \cdots & 0 & b_m^* \end{array}\right)$$

$$\to\left(\begin{array}{ccccccc|c} 1 & 0 & \cdots & 0 & c_{1r+1} & \cdots & c_{1n} & b_1^* \\ 0 & 1 & \cdots & 0 & c_{2r+1} & \cdots & c_{2n} & b_2^* \\ \vdots & \vdots & \ddots & \vdots & \vdots & \ddots & \vdots & \vdots \\ 0 & 0 & \cdots & 1 & c_{rr+1} & \cdots & c_{rn} & b_r^* \\ 0 & 0 & \cdots & 0 & 0 & \cdots & 0 & b_{r+1}^* \\ \vdots & \vdots & \ddots & \vdots & \vdots & \ddots & \vdots & \vdots \\ 0 & 0 & \cdots & 0 & 0 & \cdots & 0 & 0 \end{array}\right) \tag{3.3}$$

或者有

$$A=\left(\begin{array}{ccccc|c} a_{11} & a_{12} & \cdots & a_{1n-1} & a_{1n} & b_1 \\ a_{21} & a_{22} & \cdots & a_{2n-1} & a_{2n} & b_2 \\ \vdots & \vdots & \ddots & \vdots & \vdots & \vdots \\ a_{n1} & a_{n2} & \cdots & a_{nn-1} & a_{nn} & b_n \\ a_{n+11} & a_{n+12} & \cdots & a_{n+1n-1} & a_{n+1n} & b_{n+1} \\ \vdots & \vdots & \ddots & \vdots & \vdots & \vdots \\ a_{m1} & a_{m2} & \cdots & a_{mn-1} & a_{mn} & b_m \end{array}\right)$$

$$
\rightarrow \left(\begin{array}{ccccc|c} 1 & 0 & \cdots & 0 & 0 & b_1^* \\ 0 & 1 & \cdots & 0 & 0 & b_2^* \\ \vdots & \vdots & \ddots & \vdots & \vdots & \vdots \\ 0 & 0 & \cdots & 0 & 1 & b_n^* \\ 0 & 0 & \cdots & 0 & 0 & b_{n+1}^* \\ \vdots & \vdots & \ddots & \vdots & \vdots & \vdots \\ 0 & 0 & \cdots & 0 & 0 & b_m^* \end{array}\right) \rightarrow \left(\begin{array}{ccccc|c} 1 & 0 & \cdots & 0 & 0 & b_1^* \\ 0 & 1 & \cdots & 0 & 0 & b_2^* \\ \vdots & \vdots & \ddots & \vdots & \vdots & \vdots \\ 0 & 0 & \cdots & 0 & 1 & b_n^* \\ 0 & 0 & \cdots & 0 & 0 & b_{n+1}^* \\ \vdots & \vdots & \ddots & \vdots & \vdots & \vdots \\ 0 & 0 & \cdots & 0 & 0 & 0 \end{array}\right) \tag{3.4}
$$

如果式(3.3)中有 $b_{r+1}^* \neq 0$,则该方程为一个矛盾方程,且此时还有 $R(\bar{A}) = r+1$;类似地,如果式(3.4)中有 $b_{n+1}^* \neq 0$,则该方程也为一个矛盾方程,且此时还有 $R(\bar{A}) = n+1$,所以方程组有解的条件必然是 $R(A) = R(\bar{A})$.进一步地,如果式(3.3)中有 $b_{r+1}^* = 0$,此时未知数 $x_{r+1}, x_{r+2}, \cdots, x_n$ 可以自由取值,因此对应无穷解;如果式(3.4)中有 $b_{n+1}^* = 0$,则根据克莱姆法则知道,方程组只有唯一解,因此上述定理得证.

齐次线性方程组是非齐次线性方程组的特例,因此定理 3.1 也适用于齐次线性方程组,于是有定理 3.2.

定理 3.2 对于齐次线性方程组 $AX = 0$,增广矩阵为 $\bar{A} = (A \mid 0)$,则线性方程组解的判定依据为:若 $R(A) = n$,则方程组有唯一解,且为零解,而当 $R(A) < n$ 时,方程组有无穷多解,且有非零解.

证明 由于齐次线性方程组的增广矩阵为 $\bar{A} = (A \mid 0)$,始终满足秩条件 $R(\bar{A}) = R(A)$,因此齐次线性方程组始终有解.若 $R(A) = n$,此时不妨假设矩阵 A 的前 n 行子块构成 n 阶非零子式,则对矩阵 A 进行分块,把齐次线性方程组变为

$$
\begin{pmatrix} A_1 \\ A_2 \end{pmatrix} X = 0
$$

其中 A_1 为 n 阶非零子式,则由 $A_1 X = 0$ 和克莱姆法则知道方程组有唯一解 $X = 0$,且 $X = 0$ 也满足 $A_2 X = 0$,所以 $X = 0$ 是齐次线性方程组的唯一解.如果 $R(A) = r < n$,不妨设矩阵 A 的前 r 行和前 r 列构成非零子式,此时将齐次线性方程组分块为

$$
\begin{pmatrix} A_{11} & A_{12} \\ A_{21} & A_{22} \end{pmatrix} \begin{pmatrix} x_1 \\ x_2 \end{pmatrix} = \begin{pmatrix} 0 \\ 0 \end{pmatrix}
$$

由定理 3.1 的证明过程可以知道,系数矩阵可以变换为

$$
\begin{pmatrix} A_{11} & A_{12} \\ A_{21} & A_{22} \end{pmatrix} \rightarrow \begin{pmatrix} E_r & C \\ 0 & 0 \end{pmatrix}
$$

从而齐次线性方程组变换为

$$E_r x_1 + C x_2 = 0$$

此时 x_2 可以自由取值，因此为无穷解，而 $x_1 = -Cx_2$ 也随之确定，只要 x_2 不取零，则该齐次线性方程组就有非零解. 因此定理得证.

【例 3.5】 已知下列齐次线性方程组

$$\begin{cases} x_1 + x_2 + kx_3 = 0 \\ -x_1 + kx_2 + x_3 = 0 \\ x_1 - x_2 + 2x_3 = 0 \end{cases}$$

试分析 k 的取值与方程组解的关系.

解 由于该齐次线性方程组满足 $m=n=3$，系数矩阵为方阵，可以考虑通过行列式来讨论 k 的取值与系数矩阵的秩和方程组解的关系. 容易得到

$$|A| = \begin{vmatrix} 1 & 1 & k \\ -1 & k & 1 \\ 1 & -1 & 2 \end{vmatrix} = (4-k)(k+1)$$

当 $|A| = (4-k)(k+1) = 0$，即 $k=-1$ 或者 $k=4$ 时，有 $R(A)=2<3$，此时方程组有无穷解；当 $k \neq -1$ 且 $k \neq 4$ 时，有 $R(A)=3$，此时方程组只有零解.

式(3.3)、式(3.4)中可能存在多余的零行，例如，例 3.3 就属于这种情况，此时这些行对应的方程为恒等方程，要解释为什么原始方程组中暗含着恒等方程以及如何将无穷解的形式表示出来，这些都需要使用线性相关与线性组合的知识，这正是下节要分析的内容.

3.2　向量及其相关性

3.2.1　向量与矩阵的向量含义

定义 3.2 称由 n 个数构成的有序对 $\alpha = (a_1, a_2, \cdots, a_i, \cdots, a_n)$ 为向量，其中 a_i 为向量的第 i 个分量，分量的个数称为向量的维数.

显然，向量为矩阵的一种特例，只有一行的矩阵为行向量，只有一列的矩阵为列向量. 因此，矩阵的运算规则与相关性质同样适用于向量的加、减、乘、数乘等运算. 这里需要特别指出的是，列向量乘行向量始终可乘，结果为一个矩阵，行向量乘列向量要满足条件，即维数相等，相乘的结果为一个数.

考察矩阵

$$A=\begin{pmatrix} a_{11} & a_{12} & \cdots & a_{1n} \\ a_{21} & a_{22} & \cdots & a_{2n} \\ \vdots & \vdots & \ddots & \vdots \\ a_{m1} & a_{m2} & \cdots & a_{mn} \end{pmatrix}$$

如果按列进行分块，令 $\alpha_j=(a_{1j},a_{2j},\cdots,a_{mj})^{\mathrm{T}}$，$j=1,2,\cdots,n$，则 $A=(\alpha_1,\alpha_2,\cdots,\alpha_n)$，这时 A 可以看成由 n 个 m 维列向量构成；如果按行进行分块，令 $\alpha_i=(a_{i1},a_{i2},\cdots,a_{in})$，$i=1,2,\cdots,m$，则 $A=\begin{pmatrix}\alpha_1\\ \alpha_2\\ \vdots\\ \alpha_m\end{pmatrix}$，这时 A 可以看成由 m 个 n 维行向量构成.如果采用列分块方式来表示齐次线性方程组(3.1)，则有

$$(\alpha_1,\alpha_2,\cdots,\alpha_n)\begin{pmatrix}x_1\\ x_2\\ \vdots\\ x_n\end{pmatrix}=b$$

或者表示为

$$x_1\alpha_1+x_2\alpha_2+\cdots+x_n\alpha_n=b \tag{3.5}$$

从而式(3.1)、式(3.2)、式(3.5)从三种不同的角度给出了非齐次线性方程组的表示形式.类似地，对应的齐次线性方程组可以表示为

$$x_1\alpha_1+x_2\alpha_2+\cdots+x_n\alpha_n=0 \tag{3.6}$$

3.2.2 向量的线性组合

定义 3.3 由 n 个 m 维列向量 $\alpha_1,\alpha_2,\cdots,\alpha_n$ 构成的一个组称为向量组.

在以后提到向量组时，通常不再提及向量的维数.从定义可以看出，矩阵 $A_{m\times n}$ 既可以看成由 n 个 m 维列向量构成的列向量组，也可以看成由 m 个 n 维行向量构成的行向量组.

定义 3.4 给定一个向量组为 $\alpha_1,\alpha_2,\cdots,\alpha_n$ 和一个向量 β，如果存在一组实数 $k_1,k_2,\cdots,k_n$ 使得表达式

$$k_1\alpha_1+k_2\alpha_2+\cdots+k_n\alpha_n=\beta \tag{3.7}$$

成立，则称向量 β 可以由向量组 $\alpha_1,\alpha_2,\cdots,\alpha_n$ 线性表示，或称向量 β 是向量组 $\alpha_1,\alpha_2,\cdots,\alpha_n$ 的线性组合.

对比式(3.5)和式(3.7)可以看出，是否存在实数 $k_1,k_2,\cdots,k_n$ 等价于非齐次方程组(3.5)是否有解，根据定理 3.1 的结论，因此有如下的判定定理：

定理 3.3 向量 β 可由向量组 $\alpha_1,\alpha_2,\cdots,\alpha_n$ 线性表示的充要条件为

$$R(\alpha_1,\alpha_2,\cdots,\alpha_n) = R(\alpha_1,\alpha_2,\cdots,\alpha_n \mid \beta)$$

关于向量的线性表示有些特殊情况，以推论形式总结如下：

推论 1　对于任意向量 $\alpha=(a_1,a_2,\cdots,a_n)^T$，都可以由向量组

$$e_1 = (1,0,\cdots,0)^T,\quad e_2 = (0,1,\cdots,0)^T,\quad \cdots,\quad e_n = (0,0,\cdots,1)^T$$

线性表示，且表示形式为 $\alpha = a_1e_1 + a_2e_2 + \cdots + a_ne_n$.

推论 2　零向量是任何一组同维向量的线性组合，因为至少有组合系数都为 0 的情况存在.

推论 3　向量组中的任何一个向量都可以由该向量组线性表示，因为至少存在其本身的系数为 1 而其他系数为 0 的组合系数.

【例 3.6】　设 $\beta=(0,4,2)^T$，$\alpha_1=(1,2,3)^T$，$\alpha_2=(2,3,1)^T$，$\alpha_3=(3,1,2)^T$，问 β 能否由 $\alpha_1,\alpha_2,\alpha_3$ 线性表示？

解　设 $\beta=k_1\alpha_1+k_2\alpha_2+k_3\alpha_3$，其中 k_1,k_2,k_3 为一组实数，则有

$$\begin{cases} k_1 + 2k_2 + 3k_3 = 0 \\ 2k_1 + 3k_2 + k_3 = 4 \\ 3k_1 + k_2 + 2k_3 = 2 \end{cases}$$

仿照例 3.2 解法得唯一解：$k_1=1$，$k_2=1$，$k_3=-1$，所以 β 能由 $\alpha_1,\alpha_2,\alpha_3$ 唯一地线性表示，且 $\beta=\alpha_1+\alpha_2-\alpha_3$.

【例 3.7】　已知列向量组 $\alpha_1,\alpha_2,\alpha_3,\alpha_4$ 与向量 β 如下：

$$\alpha_1 = (1,0,0,3)^T,\quad \alpha_2 = (1,1,-1,2)^T,\quad \alpha_3 = (1,2,a-3,1)^T$$

$$\alpha_4 = (1,2,-2,a)^T,\quad \beta = (0,1,b,-1)^T$$

试讨论参数 a,b 的取值与 β 是否可由向量组 $\alpha_1,\alpha_2,\alpha_3,\alpha_4$ 线性表示的关系.

解　将向量组 $\alpha_1,\alpha_2,\alpha_3,\alpha_4$ 与向量 β 组合成增广矩阵，并进行初等行变换，其结果如下：

$$\left(\begin{array}{cccc|c} 1 & 1 & 1 & 1 & 0 \\ 0 & 1 & 2 & 2 & 1 \\ 0 & -1 & a-3 & -2 & b \\ 3 & 2 & 1 & a & -1 \end{array}\right) \rightarrow \left(\begin{array}{cccc|c} 1 & 0 & -1 & -1 & -1 \\ 0 & 1 & 2 & 2 & 1 \\ 0 & 0 & a-1 & 0 & b+1 \\ 0 & 0 & 0 & a-1 & 0 \end{array}\right)$$

显然当 $a\neq1$，$b\in\mathbf{R}$ 时有 $R(\alpha_1,\alpha_2,\alpha_3,\alpha_4)=R(\alpha_1,\alpha_2,\alpha_3,\alpha_4 \mid \beta)=4=n$，此时 β 可以由向量组 $\alpha_1,\alpha_2,\alpha_3,\alpha_4$ 线性表示且表示唯一.

当 $a=1$ 时有 $R(\alpha_1,\alpha_2,\alpha_3,\alpha_4)=2$，这时进一步有：

当 $b+1\neq0$ 时有 $R(\alpha_1,\alpha_2,\alpha_3,\alpha_4 \mid \beta)=3$，显然向量 β 不可以由向量组 $\alpha_1,\alpha_2,\alpha_3,\alpha_4$ 线性表示.

当 $b+1=0$ 时有 $R(\alpha_1,\alpha_2,\alpha_3,\alpha_4 \mid \beta)=2=R(\alpha_1,\alpha_2,\alpha_3,\alpha_4)<n=4$，此时向量 β 不但可以由向量组 $\alpha_1,\alpha_2,\alpha_3,\alpha_4$ 线性表示，而且线性表示不唯一.

3.2.3 向量的线性相关与线性无关

定义 3.5 给定非零向量组为 $\alpha_1,\alpha_2,\cdots,\alpha_n$，如果存在一组不全为零的实数 $k_1,k_2,\cdots,k_n$ 使得表达式

$$k_1\alpha_1 + k_2\alpha_2 + \cdots + k_n\alpha_n = 0 \tag{3.8}$$

成立，则称向量组 $\alpha_1,\alpha_2,\cdots,\alpha_n$ 线性相关. 如果当且仅当实数 $k_1 = k_2 = \cdots = k_n = 0$ 时，式(3.8)成立，则称列向量组 $\alpha_1,\alpha_2,\cdots,\alpha_n$ 线性无关.

对比式(3.6)和式(3.8)可以看出，判断向量组 $\alpha_1,\alpha_2,\cdots,\alpha_n$ 是否线性相关，等价于齐次线性方程组(3.6)是否有非零解，判断它们是否线性无关等价于齐次线性方程组(3.6)是否只有零解，因此根据定理 3.2 的结论，有如下的判定定理：

定理 3.4 向量组 $\alpha_1,\alpha_2,\cdots,\alpha_n$ 线性相关的充要条件为

$$R(\alpha_1,\alpha_2,\cdots,\alpha_n) < n$$

而线性无关的充要条件为

$$R(\alpha_1,\alpha_2,\cdots,\alpha_n) = n$$

关于线性相关也有些特殊情况，以推论形式总结如下：

推论 1 若矩阵 $A_{n\times n}$ 的列向量组 $\alpha_1,\alpha_2,\cdots,\alpha_n$ 线性相关，则一定有 $|A_{n\times n}|=0$；若列向量组 $\alpha_1,\alpha_2,\cdots,\alpha_n$ 线性无关，则一定有 $|A_{n\times n}|\neq 0$.

推论 2 若向量的维数小于向量组中向量的个数时，该向量组一定线性相关.

推论 3 若向量组中含有零向量，则该向量组一定线性相关.

推论 4 若向量组中有部分向量线性相关，则整个向量组一定线性相关.

推论 5 若向量组整体线性无关，则部分向量组也一定线性无关.

推论 6 若向量组线性无关，即使增加其维数，所得到的向量组仍然线性无关.

证明 若矩阵 $A_{n\times n}$ 的列向量组 $\alpha_1,\alpha_2,\cdots,\alpha_n$ 线性相关，则有 $R(A_{n\times n})<n$，根据秩的定义知道，矩阵 $A_{n\times n}$ 的 n 阶子式一定为零，这个 n 阶子式是唯一的，也就是矩阵行列式 $|A_{n\times n}| = 0$. 若列向量组 $a_1,a_2,\cdots,a_n$ 线性无关，则 $R(a_1,a_2,\cdots,a_n)=n$，根据秩的定义，一定存在某个 n 阶子式非零，这个子式就是矩阵行列式 $|A_{n\times n}|$，因此 $|A_{n\times n}|\neq 0$，故推论 1 得证.

设向量组可以表示为 $A_{m\times n}=(a_1,a_2,\cdots,a_n)$，其中向量的维数小于向量组中向量的个数，可以等价地表示为 $m<n$. 对于任意非零矩阵 $A_{m\times n}$，总有 $R(A_{m\times n})\leqslant\min(m,n)=m<n$，由定理 3.4 知道，该向量组线性相关，因此推论 2 得证.

假设某个向量组为 $\alpha_1,\alpha_2,\cdots,0,\cdots,\alpha_n$，则一定存在一组实数 $k_1,k_2,\cdots,$

$k_i,\cdots,k_n$ 使得

$$k_1\alpha_1 + k_2\alpha_2 + \cdots + k_i \times 0 + \cdots + k_n\alpha_n = 0$$

其中有 $k_1 = k_2 = \cdots = k_n = 0$，而 $k_i \neq 0$，根据线性相关的定义知该向量组一定线性相关，因此推论3得证.

假设向量组为 $\alpha_1,\alpha_2,\cdots,a_s,\cdots,\alpha_n$，不妨设前 s 个向量线性相关，则存在一组不完全为零的实数 $k_1,k_2,\cdots,k_s$ 使得

$$k_1\alpha_1 + k_2\alpha_2 + \cdots + k_s a_s = 0$$

则进一步有

$$k_1\alpha_1 + k_2\alpha_2 + \cdots + k_s a_s + 0 \times a_{s+1} + \cdots + 0 \times a_n = 0$$

根据向量组线性相关的定义知道，向量组 $\alpha_1,\alpha_2,\cdots,a_s,\cdots,\alpha_n$ 线性相关，因此推论4得证. 由于推论5是推论4的逆否命题，因此推论5也自然成立.

设向量组可以表示为 $A_{m\times n} = (a_1,a_2,\cdots,a_n)$，由于向量组线性无关，因此根据定理3.4知道，$R(A_{m\times n}) = n$，此时增加维数变为 $\begin{pmatrix} A_{m\times n} \\ B_{l\times n} \end{pmatrix}$，由于其列秩已经达到上限，所以 $R\begin{pmatrix} A_{m\times n} \\ B_{l\times n} \end{pmatrix} = n$，所以 $l + m$ 维的列向量组仍然线性无关，故推论6得证.

【例 3.8】 考察例3.7中向量组 $\alpha_1,\alpha_2,\alpha_3,\alpha_4$ 之间的线性相关性.

解 根据例3.7的分析结果，显然当 $a \neq 1$ 时有 $R(\alpha_1,\alpha_2,\alpha_3,\alpha_4) = 4 = n$，此时向量组 $\alpha_1,\alpha_2,\alpha_3,\alpha_4$ 线性无关；当 $a = 1$ 时有 $R(\alpha_1,\alpha_2,\alpha_3,\alpha_4) = 2 < n = 4$，此时向量组 $\alpha_1,\alpha_2,\alpha_3,\alpha_4$ 线性相关.

最后给出由线性相关导出的线性组合定理.

定理 3.5 若向量组 $\alpha_1,\alpha_2,\cdots,\alpha_n$ 线性相关，则至少存在一个向量，它是其余向量的线性表示.

定理 3.6 若向量组 $\alpha_1,\alpha_2,\cdots,\alpha_n$ 线性无关，而向量组 $\alpha_1,\alpha_2,\cdots,\alpha_n,\beta$ 线性相关，则向量 β 可由向量组 $\alpha_1,\alpha_2,\cdots,\alpha_n$ 线性表示，且表示形式唯一.

定理3.5是显然的，只要某个向量前的系数不为零，则该向量就可以由剩余向量线性表示. 现给出定理3.6的证明. 首先，向量组 $\alpha_1,\alpha_2,\cdots,\alpha_n$ 线性无关，则由定理3.4知 $R(\alpha_1,\alpha_2,\cdots,\alpha_n) = n$；而向量组 $\alpha_1,\alpha_2,\cdots,\alpha_n,\beta$ 线性相关，则由定理3.4知 $R(\alpha_1,\alpha_2,\cdots,\alpha_n,\beta) \leqslant n$. 而另一方面有

$$n = R(\alpha_1,\alpha_2,\cdots,\alpha_n) \leqslant R(\alpha_1,\alpha_2,\cdots,\alpha_n \mid \beta) \leqslant n$$

所以 $R(\alpha_1,\alpha_2,\cdots,\alpha_n \mid \beta) = n$，从而得到

$$R(\alpha_1,\alpha_2,\cdots,\alpha_n) = R(\alpha_1,\alpha_2,\cdots,\alpha_n \mid \beta) = n$$

第一个等号表明向量 β 可由向量组 $\alpha_1,\alpha_2,\cdots,\alpha_n$ 线性表示，根据定理3.1知，第二个等号表明这种表示形式是唯一的.

下面我们再给出一种根据向量之间线性相关和线性组合的定义结合反证法给出证明.由于 $\alpha_1,\alpha_2,\cdots,\alpha_n,\beta$ 线性相关,则存在一组不完全为零的实数 $k_1,k_2,\cdots,k_n,k_{n+1}$,使得下式成立:

$$k_1\alpha_1 + k_2\alpha_2 + \cdots + k_n\alpha_n + k_{n+1}\beta = 0$$

只要上式中的 $k_{n+1}\neq 0$,则向量 β 可由向量组 $\alpha_1,\alpha_2,\cdots,\alpha_n$ 线性表示.采用反证法,假设 $k_{n+1}=0$,那么上式就变为

$$k_1\alpha_1 + k_2\alpha_2 + \cdots + k_n\alpha_n = 0$$

由于 $\alpha_1,\alpha_2,\cdots,\alpha_n$ 线性无关,因此必有 $k_1=k_2=\cdots=k_n=0$ 成立,从而有 $k_1=k_2=\cdots=k_n=k_{n+1}=0$,这表明向量组 $\alpha_1,\alpha_2,\cdots,\alpha_n,\beta$ 线性无关,这与定理的条件相矛盾,因此 $k_{n+1}\neq 0$,所以向量 β 可由向量组 $\alpha_1,\alpha_2,\cdots,\alpha_n$ 线性表示,即存在一组实数 $l_1,l_2,\cdots,l_n$ 使得下式成立:

$$\beta = l_1\alpha_1 + l_2\alpha_2 + \cdots + l_n\alpha_n$$

假设还存在另一组实数 $t_1,t_2,\cdots,t_n$,使得下式成立:

$$\beta = t_1\alpha_1 + t_2\alpha_2 + \cdots + t_n\alpha_n$$

将两式相减得

$$(l_1 - t_1)\alpha_1 + (l_2 - t_2)\alpha_2 + \cdots + (l_n - t_n)\alpha_n = 0$$

考虑到 $\alpha_1,\alpha_2,\cdots,\alpha_n$ 线性无关,因此必有 $l_i - t_i = 0(i=1,2,\cdots,n)$,即 $l_i = t_i(i=1,2,\cdots,n)$成立,即上述两种表示是相同的,这就证明了表示的唯一性.

有了线性组合的知识,现在可以解释为什么有的线性方程组经过初等行变换会出现恒等方程,如果将增广矩阵按行来划分,将这些行向量形成向量组,则一定有某些行是其他行的线性组合,或者说有些方程可以由其他方程来生成.向量与向量组之间的线性关系很容易拓展到两个向量组的情形,下节将介绍相关的内容.

3.3 向量组之间的关系与极大线性无关组

有时候需要考察一个向量组与另一个向量组之间的表示关系,这仍然是建立在一个向量与一个向量组之间关系基础之上的.

3.3.1 向量组之间的线性表示

定义 3.6 给定向量组 $A=(\alpha_1,\alpha_2,\cdots,\alpha_t)$和向量组 $B=(\beta_1,\beta_2,\cdots,\beta_s)$,如果向量组 A 中的每个向量都可以由向量组 B 线性表示,则称向量组 A 可以由向

量组B线性表示,即

$$\alpha_i = k_{1i}\beta_1 + k_{2i}\beta_2 + \cdots + k_{si}\beta_s \quad (i = 1,2,\cdots,t) \tag{3.9}$$

如果向量组B还可以由向量组A线性表示,则称向量组A与向量组B可以互相表示或等价.

显然,向量组A可以由向量组B表示,则根据定理3.3,有

$$R(\beta_1,\beta_2,\cdots,\beta_s) = R(\beta_1,\beta_2,\cdots,\beta_s \mid \alpha_i) \quad (i = 1,2,\cdots,t) \tag{3.10}$$

从而可以得到如下的判定定理:

定理3.7　若向量组$A=(\alpha_1,\alpha_2,\cdots,\alpha_t)$可以由向量组$B=(\beta_1,\beta_2,\cdots,\beta_s)$线性表示,则一定有$R(B)=R(B|A)$.

证明　由式(3.10)知

$$\begin{aligned} R(\beta_1,\beta_2,\cdots,\beta_s) &= R(\beta_1,\beta_2,\cdots,\beta_s \mid \alpha_1) \\ &= R(\beta_1,\beta_2,\cdots,\beta_s \mid \alpha_2) \\ &= \cdots \\ &= R(\beta_1,\beta_2,\cdots,\beta_s \mid \alpha_t) \end{aligned}$$

结合式(3.9)有

$$\begin{aligned} R(B|A) &= R(\beta_1,\beta_2,\cdots,\beta_s \mid \alpha_1,\alpha_2,\cdots,\alpha_t) \\ &= R(\beta_1,\beta_2,\cdots,\beta_s \mid k_{11}\beta_1 + k_{21}\beta_2 + \cdots + k_{s1}\beta_s,\cdots,k_{1t}\beta_1 \\ &\quad + k_{2t}\beta_2 + \cdots + k_{st}\beta_s) \\ &= R(B \mid 0,0,\cdots,0) \\ &= R(B) \end{aligned}$$

说明　这里使用了初等列变换把右边的向量组A化为都为零向量的列向量组.

推论1　若向量组$A=(\alpha_1,\alpha_2,\cdots,\alpha_t)$可以由向量组$B=(\beta_1,\beta_2,\cdots,\beta_s)$线性表示,则一定有$R(A)\leqslant R(B)$.

推论2　如果向量组A与向量组B可以互相表示,则有$R(A)=R(B)$.

这里简要说明推论2,当向量组A与向量组B可以互相表示时有

$$\left.\begin{aligned} R(B) &= R(B|A) \\ R(A) &= R(A|B) \end{aligned}\right\} \Rightarrow R(A) = R(B)$$

附录中给出了使用极大线性无关组以及线性表示的传递性来证明这个结论.

进一步地,若在向量组中引入线性相关与线性无关因素,则由如下定理:

定理3.8　若向量组$A=(\alpha_1,\alpha_2,\cdots,\alpha_t)$可以由向量组$B=(\beta_1,\beta_2,\cdots,\beta_s)$线性表示,且$t>s$,则向量组$A=(\alpha_1,\alpha_2,\cdots,\alpha_t)$线性相关.

证明　向量组$A=(\alpha_1,\alpha_2,\cdots,\alpha_t)$可以由向量组$B=(\beta_1,\beta_2,\cdots,\beta_s)$线性表示,根据定理3.7有$R(B)=R(B|A)$.而$R(A)\leqslant R(B|A)=R(B)\leqslant s<t\Rightarrow R(A)<t$,根据定理3.4知向量组$A=(\alpha_1,\alpha_2,\cdots,\alpha_t)$线性相关.

由这个定理可以得到如下的推论：

推论1 若向量组 $A=(\alpha_1,\alpha_2,\cdots,\alpha_t)$ 可以由向量组 $B=(\beta_1,\beta_2,\cdots,\beta_s)$ 线性表示，而向量组 $A=(\alpha_1,\alpha_2,\cdots,\alpha_t)$ 线性无关，则 $t\leqslant s$.

推论2 若向量组 $A=(\alpha_1,\alpha_2,\cdots,\alpha_t)$ 与向量组 $B=(\beta_1,\beta_2,\cdots,\beta_s)$ 可以互相线性表示，且它们都线性无关，则 $t=s$.

推论1显然是定理3.8的逆否命题，因此为真.推论2可由推论1得到.如果考察多个向量组，则向量组的表示之间具有传递性.下面以定理的形式给出结论.

定理3.9 若向量组 $A=(\alpha_1,\alpha_2,\cdots,\alpha_t)$ 可以由向量组 $B=(\beta_1,\beta_2,\cdots,\beta_s)$ 线性表示，而向量组 $B=(\beta_1,\beta_2,\cdots,\beta_s)$ 又可以由向量组 $C=(\gamma_1,\gamma_2,\cdots,\gamma_l)$ 线性表示，则向量组 $A=(\alpha_1,\alpha_2,\cdots,\alpha_t,)$ 可以由向量组 $C=(\gamma_1,\gamma_2,\cdots,\gamma_l)$ 线性表示.

证明 由于向量组 $A=(\alpha_1,\alpha_2,\cdots,\alpha_t)$ 可以由向量组 $B=(\beta_1,\beta_2,\cdots,\beta_s)$ 线性表示，整合式(3.9)得到

$$(\alpha_1,\alpha_2,\cdots,\alpha_t)=(\beta_1,\beta_2,\cdots,\beta_s)\begin{pmatrix}k_{11}&k_{12}&\cdots&k_{1t}\\k_{21}&k_{22}&\cdots&k_{2t}\\\vdots&\vdots&\ddots&\vdots\\k_{s1}&k_{s2}&\cdots&k_{st}\end{pmatrix}\tag{3.11}$$

而向量组 $B=(\beta_1,\beta_2,\cdots,\beta_s)$ 又可以由向量组 $C=(\gamma_1,\gamma_2,\cdots,\gamma_l)$ 线性表示，类似地，有

$$(\beta_1,\beta_2,\cdots,\beta_s)=(\gamma_1,\gamma_2,\cdots,\gamma_l)\begin{pmatrix}w_{11}&w_{12}&\cdots&w_{1s}\\w_{21}&w_{22}&\cdots&w_{2s}\\\vdots&\vdots&\ddots&\vdots\\w_{l1}&w_{l2}&\cdots&w_{ls}\end{pmatrix}\tag{3.12}$$

联立式(3.11)和式(3.12)有

$$\begin{aligned}(\alpha_1,\alpha_2,\cdots,\alpha_t)&=(\gamma_1,\gamma_2,\cdots,\gamma_l)\begin{pmatrix}w_{11}&w_{12}&\cdots&w_{1s}\\w_{21}&w_{22}&\cdots&w_{2s}\\\vdots&\vdots&\ddots&\vdots\\w_{l1}&w_{l2}&\cdots&w_{ls}\end{pmatrix}\begin{pmatrix}k_{11}&k_{12}&\cdots&k_{1t}\\k_{21}&k_{22}&\cdots&k_{2t}\\\vdots&\vdots&\ddots&\vdots\\k_{s1}&k_{s2}&\cdots&k_{st}\end{pmatrix}\\&=(\gamma_1,\gamma_2,\cdots,\gamma_l)\begin{pmatrix}v_{11}&v_{12}&\cdots&v_{1t}\\v_{21}&v_{22}&\cdots&v_{2t}\\\vdots&\vdots&\ddots&\vdots\\v_{l1}&v_{l2}&\cdots&v_{lt}\end{pmatrix}\end{aligned}\tag{3.13}$$

其中

$$v_{ij}=\sum_{h=1}^{s}w_{ih}k_{hj}\quad(i=1,2,\cdots,l;j=1,2,\cdots,t)$$

因此结论得证.

3.3.2 向量组的极大线性无关组与秩

定义 3.7 如果向量组 $a_1,a_2,\cdots,a_s$ 中存在某 r 个向量 $a_{i_1},a_{i_2},\cdots,a_{i_r}$ 是线性无关的,而任意等于和超过 $r+1$ 个向量线性相关,则称 $a_{i_1},a_{i_2},\cdots,a_{i_r}$ 是该向量组 $a_1,a_2,\cdots,a_s$ 的一个极大线性无关组.

一个向量组可能存在多个极大线性无关组,即一个向量组的极大线性无关组可能不唯一.

定义 3.8 称向量组中极大线性无关组所包括向量的个数为该向量组的秩.

由于矩阵可以分块成为列向量组,因此根据矩阵秩的定义可以看出,向量组的秩就是向量组构成的矩阵的秩,因此有:

推论 1 可以通过对向量组实行初等变换来计算向量组的秩,同时构成最大非零子式所在的列向量就是向量组的一个极大线性无关组.

推论 2 向量组秩是唯一的,但极大线性无关组可以不唯一.

推论 3 向量组与其极大线性无关组之间可以互相线性表示.

推论 4 当向量组存在多个极大线性无关组时,这些极大线性无关组可以互相线性表示.

前两个推论是显然的,对于推论 3,为方便叙述,设向量组

$$A=(a_1,a_2,\cdots,a_r,\cdots,a_s)$$

前 r 个向量 $a_1,a_2,\cdots,a_r$ 构成一个极大线性无关组,记为向量组

$$B=(a_1,a_2,\cdots,a_r)$$

则向量组

$$A=(a_1,a_2,\cdots,a_r,\cdots,a_s)$$

中的前 r 个向量显然可以由向量组

$$B=(a_1,a_2,\cdots,a_r)$$

表示,剩下的向量以 a_s 为代表说明.根据向量组极大线性无关组的定义,向量组 $(a_1,a_2,\cdots,a_r,a_s)$ 线性相关,而向量组

$$B=(a_1,a_2,\cdots,a_r)$$

线性无关,根据定理 3.6 知,向量 a_s 可以由向量组

$$B = (a_1, a_2, \cdots, a_r)$$

线性表示,因此向量组

$$A = (a_1, a_2, \cdots, a_r, \cdots, a_s)$$

能由极大线性无关组表示.反过来,极大线性无关组

$$B = (a_1, a_2, \cdots, a_r)$$

可以由向量组

$$A = (a_1, a_2, \cdots, a_r, \cdots, a_s)$$

线性表示是显然的,因此推论3得证.推论4可以由向量组线性表示的传递性得到证明.

【例3.9】 求向量组 $\alpha_1 = (1,-1,2,1,0)^T$, $\alpha_2 = (2,-2,4,-2,0)^T$, $\alpha_3 = (3,0,6,-1,1)^T$, $\alpha_4 = (0,3,0,0,1)^T$ 的秩及一个极大线性无关组,并把其余向量用此极大线性无关组线性表示.

解 以向量组构造矩阵 $A = (a_1, a_2, a_3, a_4)$,并对其实行初等行变换,过程为

$$A = \begin{pmatrix} 1 & 2 & 3 & 0 \\ -1 & -2 & 0 & 3 \\ 2 & 4 & 6 & 0 \\ 1 & -2 & -1 & 0 \\ 0 & 0 & 1 & 1 \end{pmatrix} \to \begin{pmatrix} 1 & 2 & 3 & 0 \\ 0 & 1 & 1 & 0 \\ 0 & 0 & 1 & 1 \\ 0 & 0 & 0 & 0 \\ 0 & 0 & 0 & 0 \end{pmatrix} \to \begin{pmatrix} 1 & 0 & 0 & -1 \\ 0 & 1 & 0 & -1 \\ 0 & 0 & 1 & 1 \\ 0 & 0 & 0 & 0 \\ 0 & 0 & 0 & 0 \end{pmatrix}$$

因为 $R(A)=3$,所以 $R(A)=R(a_1,a_2,a_3,a_4)=3$,且相应地有 $R(a_1,a_2,a_3)=3$,所以 a_1,a_2,a_3 是 a_1,a_2,a_3,a_4 的极大线性无关组,仿照例3.1可得 $a_4 = -a_1-a_2+a_3$.请读者思考其他的极大线性无关组及其对应的线性表示.

极大线性无关组的引入为表达线性方程组的无穷解提供了思路,设想当线性方程组存在无穷解时,如果把这些解向量看成是一个大型的向量组,则只要找到了一个极大线性无关组,则剩下的任何一个解向量都可以由该极大线性无关组来生成,从而达到表示无穷组解的目的,下节内容将通过极大线性无关组的变体——基础解系来解决无穷组解的表示问题.

3.4　线性方程组解的结构

3.4.1　齐次线性方程组解的特点

对于齐次线性方程组 $A_{m\times n}X=0$ 而言,其解有下列性质:

(1) 由于 $R(A|0)=R(A)$恒成立,所以它至少有零解;

(2) 若 ν_1,ν_2 是 $A_{m\times n}X=0$ 的解,则 $\nu_1+\nu_2$ 也是其解;

(3) 若 ν_1 是 $A_{m\times n}X=0$ 的解,则对于任意实数 k_1,$k_1\nu_1$ 也是其解;

(4) 若 $\nu_1,\nu_2,\cdots,\nu_s$ 是 $A_{m\times n}X=0$ 的解,则对于任意实数 $k_1,k_2,\cdots,k_s$,$k_1\nu_1+k_2\nu_2+\cdots+k_s\nu_s$ 也是其解;

(5) 如果 $A_{m\times n}X=0$ 有非零解,则一定有无穷组解.

证明　性质(1)由定理3.2可以直接证明,因此性质(1)成立;由于 ν_1,ν_2 是 $A_{m\times n}X=0$ 的解,则根据解的定义有 $A\nu_1=0,A\nu_2=0$ 成立,因此 $A(\nu_1+\nu_2)=A\nu_1+A\nu_2=0$ 也成立,因此 $\nu_1+\nu_2$ 也是解,故性质(2)得证;若 ν_1 是 $A_{m\times n}X=0$ 的解,则 $Ak_1\nu_1=k_1A\nu_1=k_1\times 0=0$,因此 $k_1\nu_1$ 也是解,故性质(3)也成立;若 $\nu_1,\nu_2,\cdots,\nu_s$ 是 $A_{m\times n}X=0$ 的解,由性质(3)知道 $k_i\nu_i$ 也是解,再由性质(2)知道 $k_1\nu_1+k_2\nu_2+\cdots+k_s\nu_s$ 也是其解,故性质(4)也成立;性质(5)也可以由定理3.2得证.

3.4.2　齐次线性方程组解的基础解系

定义3.9　如果 $\nu_1,\nu_2,\cdots,\nu_s$ 是齐次线性方程组 $A_{m\times n}X=0$ 所有解向量组中的一个极大线性无关组,那么称 $\nu_1,\nu_2,\cdots,\nu_s$ 是齐次线性方程组 $A_{m\times n}X=0$ 的一个基础解系,即所有其他的解均可以由 $\nu_1,\nu_2,\cdots,\nu_s$ 线性表示.

显然,如何找出齐次线性方程组 $A_{m\times n}X=0$ 的基础解系是得到其所有解的核心问题,下面的定理给出了解的存在性判断与结构问题.

定理3.10　如果齐次线性方程组 $A_{m\times n}X=0$ 的系数矩阵 $A_{m\times n}$ 满足 $R(A_{m\times n})=r<n$,则方程组存在基础解系,而且基础解系中包含有 $n-r$ 个解向量;或者等价地说,齐次线性方程组解向量的极大线性无关组含有 $n-r$ 个向量.

证明　由于基础解系只存在于无穷解的情况,所以必须满足条件 $R(A_{m\times n})=r<n$.其次要证明的是要找到一组解向量,它们是线性无关的,且有 $n-r$ 个解向量,最后还要证明线性无关的向量个数最多只有 $n-r$ 个.根据定理3.1的结

论有

$$A=\begin{pmatrix} a_{11} & a_{12} & \cdots & a_{1r} & a_{1r+1} & \cdots & a_{1n} \\ a_{21} & a_{22} & \cdots & a_{2r} & a_{2r+1} & \cdots & a_{2n} \\ \vdots & \vdots & \ddots & \vdots & \vdots & \ddots & \vdots \\ a_{r1} & a_{r2} & \cdots & a_{rr} & a_{rr+1} & \cdots & a_{rn} \\ a_{r+11} & a_{r+12} & \cdots & a_{r+1r} & a_{r+1r+1} & \cdots & a_{r+1n} \\ \vdots & \vdots & \ddots & \vdots & \vdots & \ddots & \vdots \\ a_{m1} & a_{m2} & \cdots & a_{mr} & a_{mr+1} & \cdots & a_{mn} \end{pmatrix}$$

$$\to\begin{pmatrix} 1 & 0 & \cdots & 0 & c_{1r+1} & \cdots & c_{1n} \\ 0 & 1 & \cdots & 0 & c_{2r+1} & \cdots & c_{2n} \\ \vdots & \vdots & \ddots & \vdots & \vdots & \ddots & \vdots \\ 0 & 0 & \cdots & 1 & c_{rr+1} & \cdots & c_{rn} \\ 0 & 0 & \cdots & 0 & 0 & \cdots & 0 \\ \vdots & \vdots & \ddots & \vdots & \vdots & \ddots & \vdots \\ 0 & 0 & \cdots & 0 & 0 & \cdots & 0 \end{pmatrix}$$

此时得到的同解方程组为

$$\begin{cases} x_1 = -c_{1r+1}x_{r+1} - c_{1r+2}x_{r+2} - \cdots - c_{1n}x_n \\ x_2 = -c_{2r+1}x_{r+1} - c_{2r+2}x_{r+2} - \cdots - c_{2n}x_n \\ \cdots \\ x_r = -c_{rr+1}x_{r+1} - c_{rr+2}x_{r+2} - \cdots - c_{rn}x_n \end{cases} \tag{3.14}$$

令$(x_{r+1},x_{r+2},\cdots,x_n)^{\mathrm{T}}$分别取$(1,0,0,\cdots,0)^{\mathrm{T}},(0,1,0,\cdots,0)^{\mathrm{T}},\cdots,(0,0,0,\cdots,1)^{\mathrm{T}}$，则可以得到 $n-r$ 个解为

$$\xi_1=\begin{pmatrix} -c_{1r+1} \\ -c_{2r+1} \\ \vdots \\ -c_{rr+1} \\ 1 \\ 0 \\ \vdots \\ 0 \end{pmatrix},\quad \xi_2=\begin{pmatrix} -c_{1r+2} \\ -c_{2r+2} \\ \vdots \\ -c_{rr+2} \\ 0 \\ 1 \\ \vdots \\ 0 \end{pmatrix},\quad \cdots,\quad \xi_{n-r}=\begin{pmatrix} -c_{1n} \\ -c_{2n} \\ \vdots \\ -c_{rn} \\ 0 \\ 0 \\ \vdots \\ 1 \end{pmatrix}$$

显然 $n-r$ 个 $n-r$ 维向量构成的向量组$\begin{pmatrix} 1 \\ 0 \\ 0 \\ \vdots \\ 0 \end{pmatrix},\begin{pmatrix} 0 \\ 1 \\ 0 \\ \vdots \\ 0 \end{pmatrix},\cdots,\begin{pmatrix} 0 \\ 0 \\ 0 \\ \vdots \\ 1 \end{pmatrix}$是线性无关的，再

根据定理 3.4 的推论 6 知,扩维后的向量组 $\xi_1,\xi_2,\cdots,\xi_{n-r}$ 也是线性无关的.假设线性方程组的任意一组解为 $(d_1,d_2,\cdots,d_r,d_{r+1},d_{r+2},\cdots,d_n)^{\mathrm{T}}$,则由式(3.14)得到

$$\xi=\begin{pmatrix}d_1\\d_2\\\vdots\\d_r\\d_{r+1}\\d_{r+2}\\\vdots\\d_n\end{pmatrix}=\begin{pmatrix}-c_{1r+1}d_{r+1}-c_{1r+2}d_{r+2}-\cdots-c_{1n}d_n\\-c_{2r+1}d_{r+1}-c_{2r+2}d_{r+2}-\cdots-c_{2n}d_n\\\vdots\\-c_{rr+1}d_{r+1}-c_{rr+2}d_{r+2}-\cdots-c_{rn}d_n\\d_{r+1}\\d_{r+2}\\\vdots\\d_n\end{pmatrix}$$

$$=d_{r+1}\begin{pmatrix}-c_{1r+1}\\-c_{2r+1}\\\vdots\\-c_{rr+1}\\1\\0\\\vdots\\0\end{pmatrix}+d_{r+2}\begin{pmatrix}-c_{1r+2}\\-c_{2r+2}\\\vdots\\-c_{rr+2}\\0\\1\\\vdots\\0\end{pmatrix}+\cdots+d_n\begin{pmatrix}-c_{1n}\\-c_{2n}\\\vdots\\-c_{rn}\\0\\0\\\vdots\\1\end{pmatrix}$$

$$=d_{r+1}\xi_1+d_{r+2}\xi_2+\cdots+d_n\xi_{n-r}$$

从而 ξ 可由 $\xi_1,\xi_2,\cdots,\xi_{n-r}$ 线性表示,$\xi_1,\xi_2,\cdots,\xi_{n-r}$ 为一个基础解系,其他任意一组解都可以由其线性组合而得到,从而线性无关向量的数目达到上限,定理得证.

【例 3.10】 给出例 3.3 对应的齐次线性方程组的解.

解　根据前面的计算有

$$A=\begin{pmatrix}2&1&-1&1\\4&2&-2&1\\2&1&-1&-1\end{pmatrix}\rightarrow\begin{pmatrix}2&1&-1&1\\0&0&0&-1\\0&0&0&-2\end{pmatrix}$$

$$\rightarrow\begin{pmatrix}2&1&-1&1\\0&0&0&1\\0&0&0&0\end{pmatrix}\rightarrow\begin{pmatrix}1&1/2&-1/2&0\\0&0&0&1\\0&0&0&0\end{pmatrix}$$

显然,此时有 $R(A)=2$,而 $n=4$,从而存在基础解系,且解向量极大线性无关组中含有 $n-R(A)=4-2=2$ 个解向量.考虑到左上角并非为二阶单位矩阵,此时

通过将第二列和第四列对调有

$$\begin{pmatrix} 1 & 1/2 & -1/2 & 0 \\ 0 & 0 & 0 & 1 \\ 0 & 0 & 0 & 0 \end{pmatrix} \to \begin{pmatrix} 1 & 0 & -1/2 & 1/2 \\ 0 & 1 & 0 & 0 \\ 0 & 0 & 0 & 0 \end{pmatrix}$$

不过要注意未知数的顺序，现在未知数向量变为$(x_1,x_4,x_3,x_2)^{\mathrm{T}}$，方程的通解为

$$X=\begin{pmatrix} x_1 \\ x_4 \\ x_3 \\ x_2 \end{pmatrix}=c_1\begin{pmatrix} 1/2 \\ 0 \\ 1 \\ 0 \end{pmatrix}+c_2\begin{pmatrix} -1/2 \\ 0 \\ 0 \\ 1 \end{pmatrix}\quad (c_i\in\mathbf{R},i=1,2)$$

【例 3.11】 给出下列齐次线性方程组的解：

$$\begin{cases} x_1-2x_2+x_3-x_4+x_5=0 \\ 2x_1+x_2-x_3+2x_4-3x_5=0 \\ 3x_1-2x_2-x_3+x_4-2x_5=0 \\ 2x_1-5x_2+x_3-2x_4+2x_5=0 \end{cases}$$

解 对齐次线性方程组的系数矩阵进行初等行变换得到

$$\begin{pmatrix} 1 & -2 & 1 & -1 & 1 \\ 2 & 1 & -1 & 2 & -3 \\ 3 & -2 & -1 & 1 & -2 \\ 2 & -5 & 1 & -2 & 2 \end{pmatrix}\to\begin{pmatrix} 1 & 0 & 0 & 1/2 & -7/8 \\ 0 & 1 & 0 & 1/2 & -5/8 \\ 0 & 0 & 1 & -1/2 & 5/8 \\ 0 & 0 & 0 & 0 & 0 \end{pmatrix}$$

从而有解 $X=c_1\begin{pmatrix} -1/2 \\ -1/2 \\ 1/2 \\ 1 \\ 0 \end{pmatrix}+c_2\begin{pmatrix} 7/8 \\ 5/8 \\ -5/8 \\ 0 \\ 1 \end{pmatrix}\quad (c_i\in\mathbf{R},i=1,2)$

最后给出例 3.1 的求解过程. 对其系数矩阵进行初等行变换得到

$$\begin{pmatrix} -8 & 1 & 6 \\ 4 & -5 & 1 \\ 4 & 4 & -7 \end{pmatrix}\to\begin{pmatrix} 4 & 4 & -7 \\ 4 & -5 & 1 \\ -8 & 1 & 6 \end{pmatrix}\to\begin{pmatrix} 1 & 0 & -31/36 \\ 0 & 1 & -8/9 \\ 0 & 0 & 0 \end{pmatrix}$$

从而有解为 $X=\begin{pmatrix} x_1 \\ x_2 \\ x_3 \end{pmatrix}=c\begin{pmatrix} 31/36 \\ 8/9 \\ 1 \end{pmatrix}$，$(c\in\mathbf{R})$. 根据事先约定的工资范围，取 $c=72$，得到工资为

$$X=(x_1,x_2,x_3)^{\mathrm{T}}=(62,64,72)^{\mathrm{T}}$$

3.4.3 非齐次线性方程组解的特点

定义 3.10 称非齐次线性方程组 $A_{m\times n}X=b$ 对应的齐次线性方程组 $A_{m\times n}X=0$为其导出组.

非齐次线性方程组与导出组的解有如下关系：

(1) 若 μ 是非齐次线性方程组 $A_{m\times n}X=b$ 的一个解，而 ν 是其导出组 $A_{m\times n}X=0$ 的一个解，则 $\mu+\nu$ 也是非齐次方程组 $A_{m\times n}X=b$ 的一个解；

(2) 若 μ_1,μ_2 是非齐次线性方程组 $A_{m\times n}X=b$ 的两个解，则 $\mu_1-\mu_2$ 是其导出组 $A_{m\times n}X=0$ 的解.

证明 (1) μ 是非齐次线性方程组 $A_{m\times n}X=b$ 的一个解，因此有 $A_{m\times n}\mu=b$ 成立，ν 是其导出组 $A_{m\times n}X=0$ 的一个解，因此有 $A_{m\times n}\nu=0$ 成立，从而有

$$A_{m\times n}(\mu+\nu)=A_{m\times n}\mu+A_{m\times n}\nu=b+0=b$$

所以 $\mu+\nu$ 也是非齐次线性方程组 $A_{m\times n}X=b$ 的一个解，故结论成立.

(2) μ_1,μ_2 是非齐次线性方程组 $A_{m\times n}X=b$ 的两个解，则 $A_{m\times n}\mu_1=A_{m\times n}\mu_2=b$ 成立，从而

$$A_{m\times n}(\mu_1-\mu_2)=A_{m\times n}\mu_1-A_{m\times n}\mu_2=b-b=0$$

所以 $\mu_1-\mu_2$ 是其导出组 $A_{m\times n}X=0$ 的解，故结论成立.

下面的定理给出了求解非齐次线性方程组的方法.

定理 3.11 若 μ 是非齐次线性方程组 $A_{m\times n}X=b$ 的一个特解，而 ν 是其导出组 $A_{m\times n}X=0$ 的一个基础解系，则 $A_{m\times n}X=b$ 的全部解(通解)可以表示为 $\mu+\nu$. 进一步地，若 $\nu=k_1\nu_1+k_2\nu_2+\cdots+k_{n-r}\nu_{n-r}$，则 $X=k_1\nu_1+k_2\nu_2+\cdots+k_{n-r}\nu_{n-r}+\mu$ 为非齐次线性方程组的通解，这里 $k_1,k_2,\cdots,k_{n-r}$为任意实数.

证明 令 $\xi=u+\nu$，则有 $A\xi=A(u+\nu)=Au+A\nu=Au=b$，因此 $u+\nu$ 是非齐次线性方程组的解. 假设非齐次线性方程组的另一个任意解为 η，则 $\gamma=\eta-u$ 显然为 $A_{m\times n}X=0$ 的一个解，所以 $\eta=\gamma+u$ 也是非齐次线性方程组的解，从而 $\xi=u+\nu$ 为非齐次线性方程组的一般解或通解.

需要指出的是：虽然该定理要求分别求出非齐次线性方程组的一个特解和导出组的通解，实际上这两个步骤在对增广矩阵实行初等行变换时可以同时得到. 由式(3.3)得

$$(A\,|\,b)\rightarrow\left(\begin{array}{cccccccc|c}
1 & 0 & \cdots & 0 & c_{1r+1} & \cdots & c_{1n} & b_1^* \\
0 & 1 & \cdots & 0 & c_{2r+1} & \cdots & c_{2n} & b_2^* \\
\vdots & \vdots & \ddots & \vdots & \vdots & \ddots & \vdots & \vdots \\
0 & 0 & \cdots & 1 & c_{rr+1} & \cdots & c_{rn} & b_r^* \\
0 & 0 & \cdots & 0 & 0 & \cdots & 0 & 0 \\
\vdots & \vdots & \ddots & \vdots & \vdots & \ddots & \vdots & \vdots \\
0 & 0 & \cdots & 0 & 0 & \cdots & 0 & 0
\end{array}\right)$$

其一组特解为 $\mu=(b_1^*,b_2^*,\cdots,b_r^*,0,\cdots,0)^{\mathrm{T}}$.

【例 3.12】 给出例 3.3 的非齐次线性方程组的通解.

解 根据前面的计算有

$$(A\mid b)=\left(\begin{array}{cccc|c}2&1&-1&1&1\\4&2&-2&1&2\\2&1&-1&-1&1\end{array}\right)\to\left(\begin{array}{cccc|c}2&1&-1&1&1\\0&0&0&-1&0\\0&0&0&-2&0\end{array}\right)$$

$$\to\left(\begin{array}{cccc|c}1&1/2&-1/2&0&1/2\\0&0&0&1&0\\0&0&0&0&0\end{array}\right)$$

显然有特解 $\mu=(1/2,0,0,0)^{\mathrm{T}}$,由例 3.9 知道齐次线性方程组的解为

$$\nu=\begin{pmatrix}x_1\\x_4\\x_3\\x_2\end{pmatrix}=c_1\begin{pmatrix}1/2\\0\\1\\0\end{pmatrix}+c_2\begin{pmatrix}-1/2\\0\\0\\1\end{pmatrix}\quad(c_i\in\mathbf{R},i=1,2)$$

从而该非齐次线性方程组的通解为

$$X=\begin{pmatrix}x_1\\x_2\\x_3\\x_4\end{pmatrix}=\mu+\nu=\begin{pmatrix}1/2\\0\\0\\0\end{pmatrix}+c_1\begin{pmatrix}1/2\\0\\1\\0\end{pmatrix}+c_2\begin{pmatrix}-1/2\\1\\0\\0\end{pmatrix}\quad(c_i\in\mathbf{R},i=1,2)$$

【例 3.13】 求出下列非齐次线性方程组的解:

$$\begin{cases}x_1+5x_2-x_3-x_4=-1\\x_1-2x_2+x_3+3x_4=3\\3x_1+8x_2-x_3+x_4=1\\x_1-9x_2+3x_3+7x_4=7\end{cases}$$

解 对增广矩阵进行初等行变化得到

$$\left(\begin{array}{cccc|c}1&5&-1&-1&-1\\1&-2&1&3&3\\3&8&-1&1&1\\1&-9&3&7&7\end{array}\right)\to\left(\begin{array}{cccc|c}1&0&3/7&13/7&13/7\\0&1&-2/7&-4/7&-4/7\\0&0&0&0&0\\0&0&0&0&0\end{array}\right)$$

从而得到特解为 $\mu=\begin{pmatrix}13/7\\-4/7\\0\\0\end{pmatrix}$,而导出组的解为

$$\nu = c_1\begin{pmatrix}-3/7\\2/7\\1\\0\end{pmatrix} + c_2\begin{pmatrix}-13/7\\4/7\\0\\1\end{pmatrix}$$

从而得到非齐次线性方程组的所有解为

$$X = \begin{pmatrix}13/7\\-4/7\\0\\0\end{pmatrix} + c_1\begin{pmatrix}-3/7\\2/7\\1\\0\end{pmatrix} + c_2\begin{pmatrix}-13/7\\4/7\\0\\1\end{pmatrix}\quad (c_i \in \mathbf{R}, i = 1,2)$$

【例 3.14】 已知非齐次线性方程组为

$$\begin{cases}(2-\lambda)x_1 + 2x_2 - 2x_3 = 1\\2x_1 + (5-\lambda)x_2 - 4x_3 = 2\\-2x_1 - 4x_2 + (5-\lambda)x_3 = -\lambda - 1\end{cases}$$

则当参数 λ 为何值时,方程组有唯一解、无解和无穷解,当有无穷解时,给出解的表达式.

解　该方程组的一个明显特点是未知数的个数与方程的个数相等,且未知参数 λ 位于系数矩阵中,此时可以采用系数行列式的取值情况来找出 λ 的取值与解的关系,因为

$$\begin{aligned}|A| = \begin{vmatrix}2-\lambda & 2 & -2\\2 & 5-\lambda & -4\\-2 & -4 & 5-\lambda\end{vmatrix} &= \begin{vmatrix}2-\lambda & 2 & -2\\2 & 5-\lambda & -4\\0 & 1-\lambda & 1-\lambda\end{vmatrix}\\&= (1-\lambda)\begin{vmatrix}2-\lambda & 2 & -2\\2 & 5-\lambda & -4\\0 & 1 & 1\end{vmatrix}\\&= (1-\lambda)\begin{vmatrix}2-\lambda & 4 & -2\\2 & 9-\lambda & -4\\0 & 0 & 1\end{vmatrix}\\&= -(\lambda-1)^2(\lambda-10)\end{aligned}$$

(1) 当且仅当 $\lambda \neq 1$ 且 $\lambda \neq 10$ 时,方程组有唯一解.

(2) 当 $\lambda = 1$ 时

$$\left(\begin{array}{ccc|c}1 & 2 & -2 & 1\\2 & 4 & -4 & 2\\-2 & -4 & 4 & -2\end{array}\right) \to \left(\begin{array}{ccc|c}1 & 2 & -2 & 1\\0 & 0 & 0 & 0\\0 & 0 & 0 & 0\end{array}\right)$$

从而得到特解为 $\mu=\begin{pmatrix}1\\0\\0\end{pmatrix}$，导出组的基础解系为 $\nu=c_1\begin{pmatrix}-2\\1\\0\end{pmatrix}+c_2\begin{pmatrix}2\\0\\1\end{pmatrix}$，从而通解为

$$X=\begin{pmatrix}1\\0\\0\end{pmatrix}+c_1\begin{pmatrix}-2\\1\\0\end{pmatrix}+c_2\begin{pmatrix}2\\0\\1\end{pmatrix}\quad(c_i\in\mathbf{R},i=1,2)$$

(3) 当 $\lambda=10$ 时

$$\left(\begin{array}{ccc|c}-8&2&-2&1\\2&-5&-4&2\\-2&-4&-5&-11\end{array}\right)\to\left(\begin{array}{ccc|c}1&0&1/2&0\\0&1&1&0\\0&0&0&1\end{array}\right)$$

从而不满足解存在的条件，故此时方程组无解.

当含有未知参数且方程的个数与未知数的个数不相等时，只能通过对增广矩阵进行初等行变换，然后根据解存在的条件来找出未知参数的取值与方程组解的关系.

【例 3.15】 已知非齐次线性方程组为

$$\begin{cases}x_1+x_2+x_3+x_4+x_5=a\\3x_1+2x_2+x_3+x_4-3x_5=0\\x_2+2x_3+2x_4+6x_5=b\\5x_1+4x_2+3x_3+3x_4-x_5=2\end{cases}$$

讨论参数 a,b 取什么值时方程组有解.

解 对线性方程组的增广矩阵进行初等行变换，结果如下：

$$(A|b)=\left(\begin{array}{ccccc|c}1&1&1&1&1&a\\3&2&1&1&-3&0\\0&1&2&2&6&b\\5&4&3&3&-1&2\end{array}\right)\to\left(\begin{array}{ccccc|c}1&1&1&1&1&a\\0&-1&-2&-2&-6&-3a\\0&1&2&2&6&b\\0&-1&-2&-2&-6&2-5a\end{array}\right)$$

$$\to\left(\begin{array}{ccccc|c}1&1&1&1&1&a\\0&-1&-2&-2&-6&-3a\\0&0&0&0&0&b-3a\\0&0&0&0&0&2-2a\end{array}\right)\to\left(\begin{array}{ccccc|c}1&0&-1&-1&-5&-2a\\0&1&2&2&6&3a\\0&0&0&0&0&b-3a\\0&0&0&0&0&2-2a\end{array}\right)$$

从而当且仅当 $a=1,b=3$ 时方程组有解，此时的一个特解为 $\mu=\begin{pmatrix}-2\\3\\0\\0\\0\end{pmatrix}$，而对应导出组的解为

$$\nu = c_1\begin{pmatrix}1\\-2\\1\\0\\0\end{pmatrix}+c_2\begin{pmatrix}1\\-2\\0\\1\\0\end{pmatrix}+c_3\begin{pmatrix}5\\-6\\0\\0\\1\end{pmatrix}$$

从而非齐次线性方程组的所有解为

$$X = c_1\begin{pmatrix}1\\-2\\1\\0\\0\end{pmatrix}+c_2\begin{pmatrix}1\\-2\\0\\1\\0\end{pmatrix}+c_3\begin{pmatrix}5\\-6\\0\\0\\1\end{pmatrix}+\begin{pmatrix}-2\\3\\0\\0\\0\end{pmatrix}\quad (c_i\in\mathbf{R}, i=1,2,3)$$

说明 这种使用对增广矩阵进行初等变换的方法，当然也适用于未知数的个数与方程个数相等的情况，下面的例题就说明了这点.

【例 3.16】 考察未知的系数 a,b 取什么值时有唯一解、无解和无穷多解，当存在无穷多解时给出解的表达式.

$$\begin{cases}ax_1+bx_2+2x_3=1\\(b-1)x_2+x_3=0\\ax_1+bx_2+(1-b)x_3=3-2b\end{cases}$$

解 对增广矩阵实行初等行变换过程如下：

$$\left(\begin{array}{ccc|c}a & b & 2 & 1\\0 & b-1 & 1 & 0\\a & b & 1-b & 3-2b\end{array}\right)\to\left(\begin{array}{ccc|c}a & b & 2 & 1\\0 & b-1 & 1 & 0\\0 & 0 & -(1+b) & 2(1-b)\end{array}\right)$$

(1) 当 $a\neq 0, b\neq \pm 1$ 时，满足 $R(A)=R(\bar{A})=3=n$，因此方程组有唯一解.

(2) 当 $a=0$ 时,有 $R(A)\leqslant 2$,此时若行列式

$$\begin{vmatrix} b & 2 & 1 \\ b-1 & 1 & 0 \\ 0 & -(1+b) & 2(1-b) \end{vmatrix} = (b-1)(b-5)$$

不为零,即若 $b\neq 1$ 且 $b\neq 5$ 时,则有 $R(A)\leqslant 2<3=R(\bar{A})$,此时无解.

(3) 当 $a=0$ 时,若 $b=1$,则有 $R(A)=R(\bar{A})$,此时有

$$\left(\begin{array}{ccc|c} a & b & 2 & 1 \\ 0 & b-1 & 1 & 0 \\ a & b & 1-b & 3-2b \end{array}\right) \to \left(\begin{array}{ccc|c} 0 & 1 & 2 & 1 \\ 0 & 0 & 1 & 0 \\ 0 & 0 & -2 & 0 \end{array}\right) \to \left(\begin{array}{ccc|c} 0 & 1 & 0 & 1 \\ 0 & 0 & 1 & 0 \\ 0 & 0 & 0 & 0 \end{array}\right)$$

此时有 $X=\begin{pmatrix}1\\0\\0\end{pmatrix}+c_1\begin{pmatrix}1\\0\\0\end{pmatrix}$,$(c_1\in\mathbf{R})$.

(4) 当 $a=0$ 时,若 $b=5$,则有 $R(A)=R(\bar{A})$,此时有

$$\left(\begin{array}{ccc|c} a & b & 2 & 1 \\ 0 & b-1 & 1 & 0 \\ a & b & 1-b & 3-2b \end{array}\right) \to \left(\begin{array}{ccc|c} a & b & 2 & 1 \\ 0 & b-1 & 1 & 0 \\ 0 & 0 & -(1+b) & 2(1-b) \end{array}\right)$$

$$\to \left(\begin{array}{ccc|c} 0 & 0 & 0 & 0 \\ 0 & 1 & 0 & -1/3 \\ 0 & 0 & 1 & 4/3 \end{array}\right)$$

导出组的通解为 $c_2\begin{pmatrix}1\\0\\0\end{pmatrix}$,非齐次线性方程组的一个通解为 $\begin{pmatrix}0\\-1/3\\4/3\end{pmatrix}$,从而此时非齐次线性方程组的通解为

$$X=\begin{pmatrix}0\\-1/3\\4/3\end{pmatrix}+c_2\begin{pmatrix}1\\0\\0\end{pmatrix}\quad(c_2\in\mathbf{R})$$

附　　录

证明:如果向量组 A 与向量组 B 可以互相线性表示,则有 $R(A)=R(B)$.

证明　不妨假设向量组 $A=(a_1,a_2,\cdots,a_{r_1},\cdots,a_m)$ 满足 $R(A)=r_1$，为方便起见，且不失一般性，设其一个极大线性无关组为 $a_1,a_2,\cdots,a_{r_1}$. 同样设向量组 $B=(b_1,b_2,\cdots,b_{r_2},\cdots,b_l)$ 满足 $R(B)=r_2$，不失一般性，设其对应一个极大线性无关组为 $b_1,b_2,\cdots,b_{r_2}$. 首先，由于向量组与其极大线性无关组可以互相表示，则 $a_1,a_2,\cdots,a_{r_1}$ 可以由向量组 $A=(a_1,a_2,\cdots,a_{r_1},\cdots,a_m)$ 线性表示，而向量组 $A=(a_1,a_2,\cdots,a_{r_1},\cdots,a_m)$ 也可以由向量组 $B=(b_1,b_2,\cdots,b_{r_2},\cdots,b_l)$ 线性表示，根据线性表示的传递性，则子向量组 $a_1,a_2,\cdots,a_{r_1}$ 也可以由向量组 $B=(b_1,b_2,\cdots,b_{r_2},\cdots,b_l)$ 线性表示；另一方面，我们还有向量组 $B=(b_1,b_2,\cdots,b_{r_2},\cdots,b_l)$ 也可以由子向量组 $b_1,b_2,\cdots,b_{r_2}$ 线性表示，从而子向量组 $a_1,a_2,\cdots,a_{r_1}$ 也可以由子向量组 $b_1,b_2,\cdots,b_{r_2}$ 线性表示，根据定理3.7推论1有 $r_1=R(a_1,a_2,\cdots,a_{r_1})\leqslant R(b_1,b_2,\cdots,b_{r_2})=r_2$；同样根据向量组表示的传递性，我们可以类似得到子向量组 $b_1,b_2,\cdots,b_{r_2}$ 也可以由子向量组 $a_1,a_2,\cdots,a_{r_1}$ 线性表示，则有 $r_2=R(b_1,b_2,\cdots,b_{r_2})\leqslant R(a_1,a_2,\cdots,a_{r_1})=r_1$ 成立；从而有 $r_1=R(A)=R(B)=r_2$ 成立.

习　题　3

A　组

一、选择题

1. 下列命题中错误的是(　　).
   A. 含有一个零向量的向量组线性相关
   B. 由三个二维向量组成的向量组线性相关
   C. 由一个非零向量组成的向量组线性相关
   D. 两个成比例的向量组成的向量组线性相关

2. 已知向量组 $\alpha_1,\alpha_2,\alpha_3$ 线性无关，$\alpha_1,\alpha_2,\alpha_3,\beta$ 线性相关，则(　　).
   A. α_1 必能由 α_2,α_3,β 线性表示　　B. α_2 必能由 α_1,α_3,β 线性表示
   C. α_3 必能由 α_1,α_2,β 线性表示　　D. β 必能由 $\alpha_1,\alpha_2,\alpha_3$ 线性表示

3. 设 $\alpha_1,\alpha_2,\alpha_3,\alpha_4$ 是三维实向量，则(　　).
   A. $\alpha_1,\alpha_2,\alpha_3,\alpha_4$ 一定线性无关　　B. α_1 一定可由 $\alpha_2,\alpha_3,\alpha_4$ 线性表示
   C. $\alpha_1,\alpha_2,\alpha_3,\alpha_4$ 一定线性相关　　D. $\alpha_1,\alpha_2,\alpha_3$ 一定线性无关

4. 向量组 $\alpha_1,\alpha_2,\alpha_3,\cdots,\alpha_s(s\geqslant 2)$的秩不为零的充要条件是(　　).

A. $\alpha_1,\alpha_2,\alpha_3,\cdots,\alpha_s$ 中没有线性相关的部分组

B. $\alpha_1,\alpha_2,\alpha_3,\cdots,\alpha_s$ 中至少有一个非零向量

C. $\alpha_1,\alpha_2,\alpha_3,\cdots,\alpha_s$ 全是非零向量

D. $\alpha_1,\alpha_2,\alpha_3,\cdots,\alpha_s$ 全是零向量

5. 设有向量组 $\alpha_1,\alpha_2,\alpha_3,\alpha_4$,其中 $\alpha_1,\alpha_2,\alpha_3$ 线性无关,则(　　).

A. α_1,α_3 线性无关　　B. $\alpha_1,\alpha_2,\alpha_3,\alpha_4$ 线性无关

C. $\alpha_1,\alpha_2,\alpha_3,\alpha_4$ 线性相关　　D. $\alpha_2,\alpha_3,\alpha_4$ 线性无关

6. 设向量组 $\alpha_1,\alpha_2,\alpha_3,\alpha_4$ 线性相关,则向量组中(　　).

A. 必有一个向量可以表示为其余向量的线性组合

B. 必有两个向量可以表示为其余向量的线性组合

C. 必有三个向量可以表示为其余向量的线性组合

D. 每一个向量都可以表示为其余向量的线性组合

7. 设 $\alpha_1,\alpha_2,\alpha_3,\alpha_4$ 是一个四维向量组,若已知 α_4 可以用 $\alpha_1,\alpha_2,\alpha_3$ 线性表示,且表示法唯一,则向量组 $\alpha_1,\alpha_2,\alpha_3,\alpha_4$ 的秩为(　　).

A. 1　　B. 2　　C. 3　　D. 4

8. 设 A,B 分别为 $m\times n$ 阶和 $m\times k$ 阶矩阵,向量组(Ⅰ)是由 A 的列向量构成的向量组,向量组(Ⅱ)是由(A,B)的列向量构成的向量组,则必有(　　).

A. 若(Ⅰ)线性无关,则(Ⅱ)线性无关

B. 若(Ⅰ)线性无关,则(Ⅱ)线性相关

C. 若(Ⅱ)线性无关,则(Ⅰ)线性无关

D. 若(Ⅱ)线性无关,则(Ⅰ)线性相关

9. 设向量 $\alpha_1=(a_1,b_1,c_1)^{\mathrm{T}},\alpha_2=(a_2,b_2,c_2)^{\mathrm{T}},\beta_1=(a_1,b_1,c_1,d_1)^{\mathrm{T}},\beta_2=(a_2,b_2,c_2,d_2)^{\mathrm{T}}$,下列命题中正确的是(　　).

A. 若 α_1,α_2 线性相关,则必有 β_1,β_2 线性相关

B. 若 α_1,α_2 线性无关,则必有 β_1,β_2 线性无关

C. 若 β_1,β_2 线性相关,则必有 α_1,α_2 线性无关

D. 若 β_1,β_2 线性无关,则必有 α_1,α_2 线性相关

10. 设 A 为 $m\times n(m\neq n)$阶矩阵,则齐次线性方程组 $AX=0$ 只有零解的充要条件是 A 的秩(　　).

A. 小于 m　　B. 等于 m　　C. 小于 n　　D. 等于 n

11. 设 $R(A_{4\times 6})=2$,则齐次线性方程组 $AX=0$ 的基础解系中所含向量的个数是(　　).

A. 1　　B. 2　　C. 3　　D. 4

12. 设 $\alpha_1,\alpha_2,\alpha_3$ 是齐次线性方程组 $AX=0$ 的一个基础解系,则下列解向量

组中,可以作为该方程组基础解系的是(　　).

A. $\alpha_1,\alpha_2,\alpha_1+\alpha_2$　　B. $\alpha_1,\alpha_2,\alpha_1-\alpha_2$

C. $\alpha_1+\alpha_2,\alpha_2+\alpha_3,\alpha_1+\alpha_3$　　D. $\alpha_1-\alpha_2,\alpha_2-\alpha_3,\alpha_3-\alpha_1$

13. 设 $m\times n$ 阶矩阵 A 的秩 $R(A)=n-3$, $n>3$, $\alpha_1,\alpha_2,\alpha_3$ 是齐次线性方程组 $AX=0$ 的三个线性无关的解向量,则方程组 $AX=0$ 的基础解系为(　　).

A. $\alpha_1,\alpha_2,\alpha_1+\alpha_2$　　B. $\alpha_2,\alpha_3,\alpha_3-\alpha_2$

C. $\alpha_1-\alpha_2,\alpha_2-\alpha_3,\alpha_3-\alpha_1$　　D. $\alpha_1,\alpha_1+\alpha_2,\alpha_1+\alpha_2+\alpha_3$

14. 已知 $\begin{pmatrix}1\\2\\-1\end{pmatrix}$, $\begin{pmatrix}2\\3\\1\end{pmatrix}$ 是齐次线性方程组 $AX=0$ 的两个解,则矩阵 A 为(　　).

A. $(5,-3,-1)$　　B. $\begin{pmatrix}5&-3&1\\2&1&1\end{pmatrix}$

C. $\begin{pmatrix}1&2&-3\\2&-1&7\end{pmatrix}$　　D. $\begin{pmatrix}1&2&-1\\-1&2&-2\\-5&3&1\end{pmatrix}$

15. 设 μ_1,μ_2 是非齐次线性方程组 $AX=b$ 的两个解,则以下结论正确的是(　　).

A. $\mu_1+\mu_2$ 是 $AX=b$ 的解　　B. $\mu_1-\mu_2$ 是 $AX=b$ 的解

C. $k\mu_1(k\neq1)$是 $AX=b$ 的解　　D. $\mu_1-\mu_2$ 是 $AX=0$ 的解

二、计算题

1. 求向量组 $\alpha_1=(1,2,3,4)^{\mathrm{T}}$, $\alpha_2=(0,-1,2,3)^{\mathrm{T}}$, $\alpha_3=(2,3,8,11)^{\mathrm{T}}$, $\alpha_4=(2,3,6,8)^{\mathrm{T}}$ 的秩.

2. 设向量组 $\alpha_1=(1,3,0,5)^{\mathrm{T}}$, $\alpha_2=(1,2,1,4)^{\mathrm{T}}$, $\alpha_3=(1,1,2,3)^{\mathrm{T}}$, $\alpha_4=(1,0,3,k)^{\mathrm{T}}$,确定 k 的值使向量组 $\alpha_1,\alpha_2,\alpha_3,\alpha_4$ 的秩为 2,并求该向量组的一个极大线性无关组.

3. 求齐次线性方程组 $\begin{cases}x_1+x_2+x_3+x_4=0\\x_1+2x_2+4x_3+4x_4=0\\2x_1+3x_2+5x_3+5x_4=0\end{cases}$ 的一个基础解系.

4. 求齐次线性方程组 $\begin{cases}2x_1-3x_2+x_3+5x_4=0\\-3x_1+x_2+2x_3-4x_4=0\\-x_1-2x_2+3x_3+x_4=0\end{cases}$ 的一个基础解系及其通解.

5. 求非齐次线性方程组

$$\begin{cases} x_1 + x_2 - 3x_3 - x_4 = 1 \\ 3x_1 - x_2 - 3x_3 + 4x_4 = 4 \\ x_1 + 5x_2 - 9x_3 - 8x_4 = 0 \end{cases}$$

的通解.

6. 设三元齐次线性方程组

$$\begin{cases} ax_1 + x_2 + x_3 = 0 \\ x_1 + ax_2 + x_3 = 0 \\ x_1 + x_2 + ax_3 = 0 \end{cases}$$

(1) 确定当 a 为何值时,方程组有非零解;

(2) 当方程组有非零解时,求出它的基础解系和全部解.

7. 已知非齐次线性方程组

$$\begin{cases} x_1 + x_2 + 2x_3 = 3 \\ x_1 + ax_2 + x_3 = 2 \\ x_1 + x_2 + ax_3 = 2 \end{cases}$$

(1) 讨论当 a 为何值时,方程组有唯一解;

(2) 当 a 为何值时,方程组有无穷解,当方程组有无穷多个解时,求出其通解;

(3) 当 a 为何值时,方程组无解.

8. 已知非齐次线性方程组

$$\begin{cases} x_1 + x_2 + \lambda x_3 = -2 \\ x_1 + \lambda x_2 + x_3 = -2 \\ \lambda x_1 + x_2 + x_3 = \lambda - 3 \end{cases}$$

(1) 讨论 λ 为何值时,方程组有唯一解;

(2) λ 为何值时,方程组无解;

(3) 当 λ 为何值时,方程组有无穷解,在方程组有无穷多个解时,求出方程组的通解(要求用其一个特解和导出组的基础解系表示).

三、证明题

1. 已知向量组 $\alpha_1,\alpha_2,\alpha_3,\alpha_4$ 线性无关,证明:$\alpha_1+\alpha_2,\alpha_2+\alpha_3,\alpha_3+\alpha_4,\alpha_4-\alpha_1$ 线性无关.

2. 设向量组 $\alpha_1,\alpha_2,\alpha_3$ 线性无关,且 $\beta=k_1\alpha_1+k_2\alpha_2+k_3\alpha_3$. 证明:若 $k_1\neq 0$,则向量组 β,α_2,α_3 也线性无关.

3. 若向量组 $\alpha_1,\alpha_2,\cdots,\alpha_n$ 线性无关,而 $\beta_1=\alpha_1+\alpha_n,\beta_2=\alpha_1+\alpha_2,\beta_3=\alpha_2+\alpha_3,\cdots,\beta_n=\alpha_{n-1}+\alpha_n$,则向量组 $\beta_1,\beta_2,\cdots,\beta_n$ 线性无关的充要条件是 n 为奇数.

4. 设 $\alpha_1,\alpha_2,\alpha_3$ 是齐次线性方程组 $AX=0$ 的一个基础解系. 证明: α_1, $\alpha_1-\alpha_2,\alpha_2-\alpha_3$ 也是 $AX=0$ 的基础解系.

5. 若 $R(A_{n\times n})=r<n$, 证明: $R(A)+R(A^*)\leqslant n$, 其中 A^* 为 A 的伴随矩阵.

B　组

一、选择题

1. 设向量组 $A=(\alpha_1,\alpha_2,\cdots,\alpha_r)$ 可由向量组 $B=(\beta_1,\beta_2,\cdots,\beta_s)$ 线性表示, 下列命题正确的是(　　).

A. 若向量组 A 线性无关, 则 $r\leqslant s$

B. 若向量组 A 线性相关, 则 $r>s$

C. 若向量组 B 线性无关, 则 $r\leqslant s$

D. 若向量组 B 线性相关, 则 $r>s$

2. 设向量组 $\alpha_1,\alpha_2,\alpha_3$ 线性无关, 则下列向量组线性相关的是(　　).

A. $\alpha_1-\alpha_2,\alpha_2-\alpha_1,\alpha_3-\alpha_1$　　B. $\alpha_2-\alpha_1,\alpha_2+\alpha_3,\alpha_3+\alpha_1$

C. $\alpha_1-2\alpha_2,\alpha_2-2\alpha_3,\alpha_3-2\alpha_1$　　D. $\alpha_1+2\alpha_2,\alpha_2+2\alpha_3,\alpha_3+2\alpha_1$

3. 设向量组 $\alpha_1,\alpha_2,\alpha_3$ 线性无关, 则下列向量组中, 线性无关的是(　　).

A. $\alpha_1+\alpha_2,\alpha_2+\alpha_3,\alpha_3-\alpha_1$

B. $\alpha_1+\alpha_2,\alpha_2+\alpha_3,\alpha_1+2\alpha_2+\alpha_3$

C. $\alpha_1+2\alpha_2,2\alpha_2+3\alpha_3,3\alpha_3+\alpha_1$

D. $\alpha_1+\alpha_2+\alpha_3,2\alpha_1-3\alpha_2+2\alpha_3,3\alpha_1+5\alpha_2-5\alpha_3$

4. 设 $\alpha_1,\alpha_2,\cdots,\alpha_5$ 均为 n 维列向量, A 是 $m\times n$ 矩阵, 下列正确的是(　　).

A. 若 $\alpha_1,\alpha_2,\cdots,\alpha_5$ 线性相关, 则 $A\alpha_1,A\alpha_2,\cdots,A\alpha_5$ 线性相关

B. 若 $\alpha_1,\alpha_2,\cdots,\alpha_5$ 线性相关, 则 $A\alpha_1,A\alpha_2,\cdots,A\alpha_5$ 线性无关

C. 若 $\alpha_1,\alpha_2,\cdots,\alpha_5$ 线性无关, 则 $A\alpha_1,A\alpha_2,\cdots,A\alpha_5$ 线性相关

D. 若 $\alpha_1,\alpha_2,\cdots,\alpha_5$ 线性无关, 则 $A\alpha_1,A\alpha_2,\cdots,A\alpha_5$ 线性无关

5. 设 $\alpha_1,\alpha_2,\cdots,\alpha_s$ 均为 n 维向量, 下列结论中不正确的是(　　).

A. 若对于任意一组不全为零的数 $k_1,k_2,\cdots,k_s$, 都有 $k_1\alpha_1+k_2\alpha_2+\cdots+k_s\alpha_s\neq 0$, 则 $\alpha_1,\alpha_2,\cdots,\alpha_s$ 线性无关

B. 若 $\alpha_1,\alpha_2,\cdots,\alpha_s$ 线性相关, 则对于任意一组不全为零的数 $k_1,k_2,\cdots,k_s$, 都有 $k_1\alpha_1+k_2\alpha_2+\cdots+k_s\alpha_s=0$

C. $\alpha_1,\alpha_2,\cdots,\alpha_s$ 线性无关的充要条件是此向量组的秩为 s

D. $\alpha_1,\alpha_2,\cdots,\alpha_s$ 线性无关的必要条件是其中任意两个向量线性无关

6. 设向量 β 可以由向量组 $\alpha_1,\alpha_2,\cdots,\alpha_m$ 线性表示,但不能由向量组 $A=(\alpha_1,\alpha_2,\cdots,\alpha_{m-1})$ 线性表示,另记向量组 $B=(\alpha_1,\alpha_2,\cdots,\alpha_{m-1},\beta)$,则(　　).

A. α_m 不能由向量组 A 表示,也不能由向量组 B 表示

B. α_m 不能由向量组 A 表示,但能由向量组 B 表示

C. α_m 能由向量组 A 表示,也能由向量组 B 表示

D. α_m 能由向量组 A 表示,但不能由向量组 B 表示

7. 设 n 阶矩阵 A 的伴随矩阵 $A^*\neq 0$,若 ξ_1,ξ_2,ξ_3,ξ_4 是非齐次线性方程组 $AX=b$ 的互不相等的解,则对应的齐次线性方程组 $Ax=0$ 的基础解系(　　).

A. 不存在　　B. 仅含一个非零解向量

C. 含有两个线性无关的解向量　　D. 含有三个线性无关的解向量

8. A 是 $m\times n$ 阶矩阵,B 是 $n\times m$ 阶矩阵,则齐次线性方程组 $(AB)X=0$ (　　).

A. 当 $n>m$ 时仅有零解　　B. 当 $n>m$ 时必有非零解

C. 当 $m>n$ 时仅有零解　　D. 当 $m>n$ 时必有非零解

9. A 是 $n\times n$ 阶矩阵,α 是 n 维列向量,若 $R\left[\begin{pmatrix} A & \alpha \\ \alpha^{\mathrm{T}} & 0 \end{pmatrix}\right]=R(A)$,则线性方程组(　　).

A. $AX=\alpha$ 必有无穷解　　B. $AX=\alpha$ 必有唯一解

C. $\begin{pmatrix} A & \alpha \\ \alpha^{\mathrm{T}} & 0 \end{pmatrix}\begin{pmatrix} X \\ y \end{pmatrix}=0$ 仅有零解　　D. $\begin{pmatrix} A & \alpha \\ \alpha^{\mathrm{T}} & 0 \end{pmatrix}\begin{pmatrix} X \\ y \end{pmatrix}=0$ 必有非零解

10. 设 $\alpha_1,\alpha_2,\alpha_3$ 是四元非齐次线性方程组 $AX=b$ 的三个解向量,$R(A)=3$,$\alpha_1=(1,2,3,4)^{\mathrm{T}}$,$\alpha_2+\alpha_3=(0,1,2,3)^{\mathrm{T}}$,$c\in\mathbf{R}$,则非齐次线性方程组 $AX=b$ 的通解为(　　).

A. $(1,2,3,4)^{\mathrm{T}}+c(1,1,1,1)^{\mathrm{T}}$　　B. $(1,2,3,4)^{\mathrm{T}}+c(0,1,2,3)^{\mathrm{T}}$

C. $(1,2,3,4)^{\mathrm{T}}+c(2,3,4,5)^{\mathrm{T}}$　　D. $(1,2,3,4)^{\mathrm{T}}+c(3,4,5,6)^{\mathrm{T}}$

11. 若齐次线性方程组 $\begin{cases}\lambda x_1+x_2+\lambda^2x_3=0\\ x_1+\lambda x_2+x_3=0\\ x_1+x_2+\lambda x_3=0\end{cases}$ 的系数矩阵为 A,存在三阶矩阵 B 不等于零,使得 $AB=0$,则(　　).

A. $\lambda=-2,|B|=0$　　B. $\lambda=-2,|B|\neq 0$

C. $\lambda=1,|B|=0$　　D. $\lambda=1,|B|\neq 0$

12. A 为 n 阶实矩阵,A^{T} 为 A 的转置,对于齐次线性方程组:(1) $Ax=0$;(2) $A^{\mathrm{T}}Ax=0$,必有(　　).

A. (1)和(2)同解　　B. (2)的解是(1)的解,反之不成立

C. (1)的解与(2)的解没有关系　　D. (1)的解是(2)的解，反之不成立

13. 设 A,B,C 均为 n 阶矩阵，若 $AB=C$，且 B 可逆，则（　　）.

A. 矩阵 C 的行向量组与矩阵 A 的行向量组等价

B. 矩阵 C 的列向量组与矩阵 A 的列向量组等价

C. 矩阵 C 的行向量组与矩阵 B 的行向量组等价

D. 矩阵 C 的列向量组与矩阵 B 的列向量组等价

14. 设 A 是四阶矩阵，A^* 是 A 的伴随矩阵，若线性方程组 $AX=0$ 的基础解系中只有 2 个向量，则 A^* 的秩是（　　）.

A. 0　　B. 1　　C. 2　　D. 3

15. $A=\begin{pmatrix}1&0&-1\\1&1&-1\\0&1&a^2-1\end{pmatrix}$，$b=\begin{pmatrix}0\\1\\a\end{pmatrix}$，$AX=b$ 有无穷多解，则 $a=$（　　）.

A. 0　　B. 1　　C. -1　　D. 2

16. 设矩阵 $A=\begin{pmatrix}1&0&1\\1&1&2\\0&1&1\end{pmatrix}$，$\alpha_1,\alpha_2,\alpha_3$ 为线性无关的三维向量，则向量组 $A\alpha_1,A\alpha_2,A\alpha_3$ 的秩为（　　）.

A. 0　　B. 1　　C. 2　　D. 3

17. 设矩阵 $A=\begin{pmatrix}1&1&1\\1&2&a\\1&4&a^2\end{pmatrix}$，$b=\begin{pmatrix}1\\d\\d^2\end{pmatrix}$，若集合 $\Omega=\{1,2\}$，则线性方程组 $AX=b$ 有无穷多解的充分必要条件是（　　）.

A. $a\notin\Omega,d\notin\Omega$　　B. $a\notin\Omega,d\in\Omega$

C. $a\in\Omega,d\notin\Omega$　　D. $a\in\Omega,d\in\Omega$

18. 设 $\alpha_1,\alpha_2,\alpha_3$ 是三维向量，则对任意的常数 k,j，向量 $\alpha_1+k\alpha_3,\alpha_2+l\alpha_3$ 线性无关是向量 $\alpha_1,\alpha_2,\alpha_3$ 线性无关的（　　）.

A. 必要而非充分条件　　B. 充分而非必要条件

C. 充分必要条件　　D. 非充分非必要条件

二、计算题

1. 设向量组 $\alpha_1=(a,2,10)^{\mathrm T}$，$\alpha_2=(-2,1,5)^{\mathrm T}$，$\alpha_3=(-1,1,4)^{\mathrm T}$，$\beta=(1,b,c)^{\mathrm T}$，则当 a,b,c 满足什么条件时：

(1) β 可以由 $\alpha_1,\alpha_2,\alpha_3$ 线性表示，且表示唯一；

(2) β 不可以由 $\alpha_1,\alpha_2,\alpha_3$ 线性表示；

(3) β 可以由 $\alpha_1,\alpha_2,\alpha_3$ 线性表示，且表示不唯一，并求出此时的一般表示式.

2. 设 $\alpha_1=(1,2,0)^{\mathrm{T}}$，$\alpha_2=(1,a+2,-3a)^{\mathrm{T}}$，$\alpha_3=(-1,-b-2,a+2b)^{\mathrm{T}}$，$\beta=(1,3,-3)^{\mathrm{T}}$，试讨论当 a,b 为何值时：

(1) β 不能由 $\alpha_1,\alpha_2,\alpha_3$ 线性表示；

(2) β 可由 $\alpha_1,\alpha_2,\alpha_3$ 唯一地线性表示，并求出表示式；

(3) β 可由 $\alpha_1,\alpha_2,\alpha_3$ 线性表示，但表示式不唯一，并求出表示式.

3. 设四维向量组 $\alpha_1=(1+a,1,1,1)^{\mathrm{T}}$，$\alpha_2=(2,2+a,2,2)^{\mathrm{T}}$，$\alpha_3=(3,3,3+a,3)^{\mathrm{T}}$，$\alpha_4=(4,4,4,4+a)^{\mathrm{T}}$，问 a 为何值时 $\alpha_1,\alpha_2,\alpha_3,\alpha_4$ 线性相关？当 $\alpha_1,\alpha_2,\alpha_3,\alpha_4$ 线性相关时，求其一个极大线性无关组，并将其余向量用该极大线性无关组线性表示.

4. 设 $A=\begin{pmatrix}1&-1&-1\\-1&1&1\\0&-4&-2\end{pmatrix}$，$\zeta_1=\begin{pmatrix}-1\\1\\-2\end{pmatrix}$.

(1) 求满足 $A\zeta_2=\zeta_1$，$A^2\zeta_3=\zeta_1$ 的所有向量 ζ_2,ζ_3；

(2) 对(1)中的任一向量 ζ_2,ζ_3，证明：ζ_1,ζ_2,ζ_3 线性无关.

5. 设齐次线性方程组

$$\begin{cases}ax_1+bx_2+bx_3+\cdots+bx_n=0\\bx_1+ax_2+bx_3+\cdots+bx_n=0\\\cdots\\bx_1+bx_2+bx_3+\cdots+ax_n=0\end{cases}$$

其中 $a\neq0,b\neq0,n\geqslant2$，试讨论 a,b 为何值时，方程组仅有零解、无穷多解. 当存在无穷多解时，使用基础解系表示全部解.

6. 已知齐次线性方程组

$$\begin{cases}(a_1+b)x_1+a_2x_2+a_3x_3+\cdots+a_nx_n=0\\a_1x_1+(a_2+b)x_2+a_3x_3+\cdots+a_nx_n=0\\a_1x_1+a_2x_2+(a_3+b)x_3+\cdots+a_nx_n=0\\\cdots\\a_1x_1+a_2x_2+a_3x_3+\cdots+(a_n+b)x_n=0\end{cases}$$

其中 $\sum_{i=1}^{n}a_i\neq0$. 试讨论 $a_1,a_2,\cdots,a_n$ 和 b 满足何种关系时：

(1) 方程组仅有零解；

(2) 方程组有非零解. 在有非零解时，求此方程组的一个基础解系.

7. 已知下列两个齐次线性方程组

$$\begin{cases}x_1+2x_2+3x_3=0\\2x_1+3x_2+5x_3=0,\\x_1+x_2+ax_3=0\end{cases}\quad\begin{cases}x_1+bx_2+cx_3=0\\2x_1+b^2x_2+(c+1)x_3=0\end{cases}$$

同解,求 a,b,c 的值.

8. 设线性方程组

$$\begin{cases} x_1 + x_2 + x_3 = 0 \\ x_1 + 2x_2 + ax_3 = 0 \\ x_1 + 4x_2 + a^2 x_3 = 0 \end{cases}$$

与方程

$$x_1 + 2x_2 + x_3 = a - 1$$

有公共解,求 a 的值及所有公共解.

9. 设 $A=\begin{pmatrix} \lambda & 1 & 1 \\ 0 & \lambda-1 & 0 \\ 1 & 1 & \lambda \end{pmatrix}$,$b=\begin{pmatrix} a \\ 1 \\ 1 \end{pmatrix}$,已知非齐次线性方程组 $AX=b$ 存在两个不同的解.

(1) 求 λ,a 的值;

(2) 求方程组 $AX=b$ 的通解.

10. 设矩阵 $A=\begin{pmatrix} 2a & 1 & & \\ a^2 & 2a & \ddots & \\ & \ddots & \ddots & 1 \\ & & a^2 & 2a \end{pmatrix}_{n\times n}$,且矩阵 A 满足方程 $AX=b$,其中 $X=(x_1,\cdots,x_n)^{\mathrm{T}}$,$b=(1,0,\cdots,0)^{\mathrm{T}}$.

(1) 求行列式 $|A|$;

(2) a 为何值,方程组有唯一解、有无穷多解? 并求无穷解.

11. 设 $A=\begin{pmatrix} 1 & a \\ 1 & 0 \end{pmatrix}$,$B=\begin{pmatrix} 0 & 1 \\ 1 & b \end{pmatrix}$,问当 a,b 为何值时,存在矩阵 C,使得 $AC-CA=B$,并求出所有矩阵 C.

12. 已知向量组(Ⅰ)

$$\alpha_1=\begin{pmatrix} 1 \\ 1 \\ 4 \end{pmatrix},\alpha_2=\begin{pmatrix} 1 \\ 0 \\ 4 \end{pmatrix},\alpha_3=\begin{pmatrix} 1 \\ 1 \\ a^2+3 \end{pmatrix}$$

与向量组(Ⅱ)

$$\beta_1=\begin{pmatrix} 1 \\ 1 \\ a+3 \end{pmatrix},\beta_2=\begin{pmatrix} 0 \\ 2 \\ 1-a \end{pmatrix},\beta_3=\begin{pmatrix} 1 \\ 3 \\ a^2+3 \end{pmatrix}$$

等价,求 a 的取值,并将 β_3 用 $\alpha_1,\alpha_2,\alpha_3$ 线性表示.

13. 设矩阵 $A=\begin{pmatrix} 1 & 1 & 1-a \\ 1 & 0 & a \\ a+1 & 1 & a+1 \end{pmatrix}$,$\beta=\begin{pmatrix} 0 \\ 1 \\ 2a-2 \end{pmatrix}$,且 $AX=\beta$ 无解.

(1) 求 a 的值；

(2) 求方程 $A^{\mathrm{T}}AX = A^{\mathrm{T}}\beta$ 的通解.

14. 设矩阵 $A = \begin{pmatrix} 1 & -2 & 3 & -4 \\ 0 & 1 & -1 & 1 \\ 1 & 2 & 0 & -3 \end{pmatrix}$，$E$ 为三阶单位矩阵.

(1) 求方程组 $AX=0$ 的一个基础解系；

(2) 求满足 $AB=E$ 的所有矩阵 B.

15. 设矩阵 $A=(\alpha_1,\alpha_2,\alpha_3)$ 有三个不同的特征值，且 $\alpha_3 = 2\alpha_1+\alpha_2$.

(1) 证明 $R(A)=2$；

(2) 若 $\beta=\alpha_1+\alpha_2+\alpha_3$，求方程组 $AX=\beta$ 的通解.

16. 已知 a 是常数，且矩阵 $A = \begin{pmatrix} 1 & 2 & a \\ 1 & 3 & 0 \\ 2 & 7 & -a \end{pmatrix}$ 可经初等变换化为矩阵 $B = \begin{pmatrix} 1 & a & 2 \\ 0 & 1 & 1 \\ -1 & 1 & 1 \end{pmatrix}$.

(1) 求 a；

(2) 求满足 $AP=B$ 的可逆矩阵 P.

第 4 章　相似矩阵与矩阵对角化

我们在第 3 章中介绍矩阵在线性方程组求解中的应用，为介绍矩阵在后面二次型中的应用，本章将学习矩阵的特征根与相似变换等相关内容. 其大部分内容起源于化二次型为标准型理论中，例如特征方程首先由欧拉在 1748 年研究三个未知数构成二次型标准型中被隐含地提出，最终由拉格朗日在关于线性微分方程的著作中正式提出，并用于求解六阶矩阵的特征根，而特征根的概念是由拉普拉斯在 1772 年提出. 在达朗贝尔从 1743 年到 1758 年的微分方程组研究著作中，还涉及了特征向量的求解问题. 1815 年，柯西进一步研究了达朗贝尔的微分方程组，由此孕育了对称矩阵、特征方程、正交变换等相关概念，并于 1829 年得到了利用正交变换化二次型为标准型的过程. 1829 年至 1830 年，柯西第一次证明了实对称矩阵的特征根是实数，该结论后来也被西尔维斯特、雅可比、布克亥姆所证实. 布查德特(Borchardt)于 1846 年证明了 A^n 的特征根等于 A 特征根的 n 次方，1878 年西尔维斯特给出了矩阵 A^{-1}特征根等于 A 特征根倒数的结论，并得到了关于矩阵 A 的函数 $f(A)$ 的特征根为 A 的特征根 λ 的函数 $f(\lambda)$，该结论后来被弗罗伯纽斯于 1896 年进一步推广到多个可交换矩阵的场合. 1883 年，西尔维斯特还得出矩阵 AB 与矩阵 BA 有相同特征根的结论. 在矩阵对角化方面，除了柯西的正交变换化实对称矩阵为对角阵化理论之外，1854 年约当指出，如果矩阵 A 的特征根互异，则可以通过线性变换把矩阵 A 进行对角化，且对角阵的元素即为所求的特征根. 他在 1870 年又指出，用相似矩阵和特征方程的概念证明了矩阵可化为标准型，即所谓的矩阵约当标准化问题.

矩阵的特征根与对角化理论有着广泛的应用，这里我们仍以第 2 章的例 2.1 为例来说明其一个应用.

【例 4.1】 根据例 2.1，现在要预测当 n 趋于无穷时，从事农业、工业、商业的人数发展趋势，即求下列矩阵的极限.

$$\lim_{n\to\infty} w_n = \lim_{n\to\infty}\begin{pmatrix}0.7 & 0.2 & 0.1\\0.2 & 0.7 & 0.1\\0.1 & 0.1 & 0.8\end{pmatrix}^n\begin{pmatrix}25\\15\\10\end{pmatrix}$$

为得到第 n 年后从事农业、工业、商业的人数发展趋势，需要求矩阵 A^n 的取值，我们将在本章利用矩阵对角化理论来计算其稳定态势.

本章主要介绍方阵特征值与特征向量的概念,相似矩阵及其对角化条件、实对称矩阵特征值及其对角化的特点.本章的结论将在第5章二次型理论中有着更广泛的应用.

4.1 矩阵特征值与特征向量

4.1.1 矩阵特征值与特征向量的定义

定义4.1 设 A 是 n 阶方阵,如果存在某个数 λ 和与数 λ 相对应的 n 维非零列向量 x,使关系式

$$Ax = \lambda x \tag{4.1}$$

成立,则称数 λ 为方阵 A 的一个特征值或特征根,称非零向量 x 为 A 的对应于特征值 λ 的特征向量.

从这个定义可以看出,矩阵 A 的特征值可能并不唯一,而且特征向量与特征值相对应,但一定为非零向量.下面来讨论如何求方阵 A 的特征值与相应的特征向量.式(4.1)可改写为

$$(A - \lambda E)x = 0 \tag{4.2}$$

这是 n 个未知数与 n 个方程组成的齐次线性方程组,由第3章内容知,它有非零解(要求特征向量 $x \neq 0$)的充要条件是系数矩阵行列式满足条件

$$|A - \lambda E| = 0 \tag{4.3}$$

即

$$\begin{vmatrix} a_{11} - \lambda & a_{12} & \cdots & a_{1n} \\ a_{21} & a_{22} - \lambda & \cdots & a_{2n} \\ \vdots & \vdots & \ddots & \vdots \\ a_{n1} & a_{n2} & \cdots & a_{nn} - \lambda \end{vmatrix} = 0$$

上式是以 λ 为未知数的一元 n 次方程,称为方阵 A 的特征方程,其左端 $|A - \lambda E|$ 是 λ 的 n 次多项式,记作 $f(\lambda)$,称为方阵 A 的特征多项式.而 A 的特征值就是特征方程的解(根),因此也称特征值为特征根.

由于一元 n 次方程在复数范围内恒有解,其根的个数等于方程的次数(重根按重数计算),所以 n 阶方阵 A 有 n 个特征值.但是,如果仅限于讨论实数域上方阵 A 的特征值和特征向量,则方阵 A 可能没有特征值或特征值个数小于 n.考虑到这个原因,我们将不讨论方阵 A 存在复特征值和复特征向量的情形.

由上述讨论可得到方阵 A 的特征值与特征向量的求解过程如下:

(1) 求特征方程 $|A-\lambda E|=0$ 的 n 个根 $\lambda_1,\lambda_2,\cdots,\lambda_n$(其中可能有重根),它们是 A 的全部特征值;

(2) 对每一特征值 λ_i,解齐次线性方程组 $(A-\lambda_i E)x=0$,其所有非零解即为 A 的对应于 λ_i 的特征向量.

【例 4.2】 求矩阵 $A=\begin{pmatrix}4 & -1\\ -1 & 4\end{pmatrix}$ 的特征值与特征向量.

解 矩阵 A 的特征方程为

$$|A-\lambda E|=\begin{vmatrix}4-\lambda & -1\\ -1 & 4-\lambda\end{vmatrix}=(\lambda-3)(\lambda-5)=0$$

所以 A 的特征值为 $\lambda_1=3,\lambda_2=5$.

对于特征值 $\lambda_1=3$,解齐次线性方程组 $(A-3E)x=0$.由

$$A-3E=\begin{pmatrix}1 & -1\\ -1 & 1\end{pmatrix}\to\begin{pmatrix}1 & -1\\ 0 & 0\end{pmatrix}$$

得基础解系 $p_1=\begin{pmatrix}1\\1\end{pmatrix}$,所以 A 的对应于 $\lambda_1=3$ 的全部特征向量为 $c_1p_1(c_1\neq0)$.

对于特征值 $\lambda_2=5$,解齐次线性方程组 $(A-5E)x=0$.由

$$A-5E=\begin{pmatrix}-1 & -1\\ -1 & -1\end{pmatrix}\to\begin{pmatrix}1 & 1\\ 0 & 0\end{pmatrix}$$

得基础解系 $p_2=\begin{pmatrix}-1\\1\end{pmatrix}$,所以 A 的对应于 $\lambda_2=5$ 的全部特征向量为 $c_2p_2(c_2\neq0)$.

【例 4.3】 求矩阵 $A=\begin{pmatrix}1 & 3 & 3\\ 3 & 1 & 3\\ 3 & 3 & 1\end{pmatrix}$ 的特征值与特征向量.

解 矩阵 A 的特征方程为

$$|A-\lambda E|=\begin{vmatrix}1-\lambda & 3 & 3\\ 3 & 1-\lambda & 3\\ 3 & 3 & 1-\lambda\end{vmatrix}=-(\lambda-7)(\lambda+2)^2=0$$

所以 A 的特征值为 $\lambda_1=7,\lambda_2=\lambda_3=-2$.

对于特征值 $\lambda_1=7$,解齐次线性方程组 $(A-7E)x=0$.由

$$A-7E=\begin{pmatrix}-6 & 3 & 3\\ 3 & -6 & 3\\ 3 & 3 & -6\end{pmatrix}\to\begin{pmatrix}1 & 0 & -1\\ 0 & 1 & -1\\ 0 & 0 & 0\end{pmatrix}$$

得基础解系 $p_1=\begin{pmatrix}1\\1\\1\end{pmatrix}$,所以 A 的对应于 $\lambda_1=7$ 的全部特征向量为 $c_1p_1(c_1\neq0)$.

对于特征值 $\lambda_2=\lambda_3=-2$，解齐次线性方程组 $(A+2E)x=0$. 由

$$A+2E=\begin{pmatrix}3&3&3\\3&3&3\\3&3&3\end{pmatrix}\to\begin{pmatrix}1&1&1\\0&0&0\\0&0&0\end{pmatrix}$$

得基础解系 $p_2=\begin{pmatrix}-1\\1\\0\end{pmatrix}$，$p_3=\begin{pmatrix}-1\\0\\1\end{pmatrix}$，所以 A 的对应于 $\lambda_2=\lambda_3=-2$ 的全部特征向量为 $c_2p_2+c_3p_3$，其中 c_2,c_3 为不全为零的实数.

在例 4.3 中，特征值的重数恰好与其所对应的线性无关的特征向量的个数相等，但是一般而言，这种情况总是成立，例如下面的例子就说明了这点.

【例 4.4】 求矩阵 $A=\begin{pmatrix}-1&1&0\\-4&3&0\\1&0&3\end{pmatrix}$ 的特征值与特征向量.

解 矩阵 A 的特征方程为

$$|A-\lambda E|=\begin{vmatrix}-1-\lambda&1&0\\-4&3-\lambda&0\\1&0&3-\lambda\end{vmatrix}=-(\lambda-3)(\lambda-1)^2=0$$

所以 A 的特征值为 $\lambda_1=3$，$\lambda_2=\lambda_3=1$.

对于特征值 $\lambda_1=3$，解齐次线性方程组 $(A-3E)x=0$. 由

$$A-3E=\begin{pmatrix}-4&1&0\\-4&0&0\\1&0&0\end{pmatrix}\to\begin{pmatrix}1&0&0\\0&1&0\\0&0&0\end{pmatrix}$$

得基础解系 $p_1=\begin{pmatrix}0\\0\\1\end{pmatrix}$，所以 A 的对应于 $\lambda_1=3$ 的全部特征向量为 $c_1p_1(c_1\neq0)$.

对于特征值 $\lambda_2=\lambda_3=1$，解齐次线性方程组 $(A-E)x=0$. 由

$$A-E=\begin{pmatrix}-2&1&0\\-4&2&0\\1&0&2\end{pmatrix}\to\begin{pmatrix}1&0&2\\0&1&4\\0&0&0\end{pmatrix}$$

得基础解系 $p_2=\begin{pmatrix}-2\\-4\\1\end{pmatrix}$，所以 A 的对应于 $\lambda_2=\lambda_3=1$ 的全部特征向量为 $c_2p_2\ (c_2\neq0)$.

可见，对应于 A 的二重特征值 $\lambda_2=\lambda_3=1$ 而言，基础解系中只有一个线性无关的特征向量. 一般地，我们有如下的定理：

定理 4.1　设 λ 是方阵 A 的 k 重特征值，则 A 的属于特征值为 λ 的线性无关的特征向量的个数不会超过 k 个.

这个定理的证明已超出本书的范围，这里略去，感兴趣的读者可以参考相关资料.

如果矩阵 A 的特征值为 λ，则关于矩阵 A 的函数得到的矩阵的特征值与 λ 有什么关系呢？下面的例题给出了一些有益的启示.

【例 4.5】　若 A 为可逆矩阵，设 λ 是 A 的一个特征值，证明：

(1) $\frac{1}{\lambda}$ 是 A^{-1} 的一个特征值；(2) $\frac{1}{\lambda}|A|$ 是 A^* 的一个特征值；(3) A^{T} 的特征值为 λ.

证明　(1) 设 $Ax=\lambda x$，λ 是 A 的特征值，则 $A^{-1}Ax=\lambda A^{-1}x$，即有 $A^{-1}x=\frac{1}{\lambda}x$，所以 $\frac{1}{\lambda}$ 是 A^{-1} 的一个特征值.

(2) 设 $Ax=\lambda x$，则 $A^*Ax=\lambda A^*x$，即有 $A^*x=\frac{1}{\lambda}|A|x$，所以 $\frac{1}{\lambda}|A|$ 是 A^* 的一个特征值.

(3) 由于 $|A^{\mathrm{T}}-\lambda E|=|(A-\lambda E)^{\mathrm{T}}|=|A-\lambda E|$，所以 A 与 A^{T} 有相同的特征多项式，故有相同的特征值. 但需要说明的是：虽然两者的特征值相同，但对应的特征向量未必相同.

细心的读者可能发现，该例中要求 $\lambda\neq 0$，但我们并没有直接给出这个条件，实际上这个条件是满足的，原因在定理 4.4 中.

一般地，我们有以下结论：

定理 4.2　如果矩阵 A 的特征值为 λ，设关于矩阵 A 的函数为 $f(A)$，则 $f(A)$ 的特征值为 $f(\lambda)$.

证明　不妨设函数 $f(t)=a_0+a_1t+a_2t^2+\cdots+a_mt^m$，矩阵 A 的特征值为 λ，对应的特征向量为 x，则有 $Ax=\lambda x$，从而有 $a_1Ax=a_1\lambda x$，因此 $a_1\lambda$ 是矩阵 a_1A 的特征值；类似地，有

$$
\begin{aligned}
a_2A^2x &= a_2A\lambda x = a_2\lambda Ax = a_2\lambda^2x \\
a_3A^3x &= a_3AA^2x = a_3A\lambda^2x = a_3\lambda^3x \\
&\cdots \\
a_mA^mx &= a_mAA^{m-1}x = a_mA\lambda^{m-1}x = a_m\lambda^mx
\end{aligned}
$$

从而有

$$
\begin{aligned}
f(A)x &= (a_0E+a_1A+a_2A^2+\cdots+a_mA^m)x \\
&= a_0Ex+a_1Ax+a_2A^2x+\cdots+a_mA^mx \\
&= a_0x+a_1\lambda x+a_2\lambda^2x+\cdots+a_m\lambda^mx \\
&= (a_0+a_1\lambda+a_2\lambda^2+\cdots+a_m\lambda^m)x
\end{aligned}
$$

$$= f(\lambda)x$$

故由特征值的定义知道，$f(A)$的特征值为$f(\lambda)$，因此定理 4.2 得证.

显然例 4.5 的结果正是这个定理的特殊情况，对于(1)有 $f(A)=A^{-1}$，从而有 $f(\lambda)=\lambda^{-1}$；对于(2)有 $f(A)=cA^{-1}$，从而 $f(\lambda)=c\lambda^{-1}(c=|A|)$；对于(3)有 $f(A)=A^{\mathrm{T}}$，从而有 $f(\lambda)=\lambda$.

4.1.2 矩阵特征值与特征向量的性质

根据上面关于矩阵特征值与特征向量的定义及其求法，我们可以得到：

定理 4.3 设 A 是 n 阶方阵，则 λ_0 是 A 的特征值，α 是 A 的属于 λ_0 的特征向量的充要条件是，λ_0 为特征方程 $|A-\lambda E|=0$ 的根，α 是齐次线性方程组 $(A-\lambda_0 E)x=0$的非零解.

定理 4.3 由定义 4.1 和齐次线性方程组解的性质可以得到证明. 另外还有以下推论：

推论 1 如果 α 是 A 的属于特征值 λ_0 的特征向量，则 $c\alpha$ 也是 A 的属于 λ_0 的特征向量. 即如果 $A\alpha=\lambda_0\alpha$，则 $A(c\alpha)=\lambda_0(c\alpha)$($c$ 为非零的任意常数).

推论 2 如果 α_1,α_2 都是 A 的属于特征值 λ_0 的特征向量，且 $\alpha_1+\alpha_2\neq 0$，则 $\alpha_1+\alpha_2$ 也是 A 的属于 λ_0 的特征向量. 即如果 $A\alpha_1=\lambda_0\alpha_1$，$A\alpha_2=\lambda_0\alpha_2$，则 $A(\alpha_1+\alpha_2)=\lambda_0(\alpha_1+\alpha_2)$.

推论 3 更一般地，A 的属于特征值 λ_0 的特征向量的任一非零线性组合仍是 A 的属于特征值 λ_0 的特征向量.

定理 4.4 n 阶矩阵 A 可逆的充要条件是它的任一特征值不等于零.

证明 **必要性**：设 A 可逆，则 $|A|\neq 0$，所以

$$|A-0E|=|A|\neq 0$$

即 0 不是 A 的特征值，或者说，A 的任一特征值不等于零.

充分性：设 A 的任一特征值不等于零. 假定 A 不可逆，则 $|A|=0$，于是

$$|A-0E|=|A|=0$$

所以 $\lambda=0$ 是 A 的一个特征值，与已知条件矛盾，故 A 必可逆.

接下来我们考察不同特征值对应的特征向量之间的线性关系，首先给出定理如下：

定理 4.5 设 A 为 n 阶矩阵，$\lambda_1,\lambda_2,\cdots,\lambda_m$ 是 A 的 m 个互不相同的特征值，$\alpha_1,\alpha_2,\cdots,\alpha_m$ 分别是 A 的属于特征值 $\lambda_1,\lambda_2,\cdots,\lambda_m$ 的特征向量，则 $\alpha_1,\alpha_2,\cdots,\alpha_m$ 线性无关.

证明 对互不相同的特征值的个数作数学归纳法.

当 $m=1$ 时，A 的属于特征值 λ_1 的特征向量 $\alpha_1\neq 0$，而一个非零向量 α_1 是线

性无关的，结论成立.

假设 $m=s-1$ 时，结论成立. 只需证明 $m=s$ 时，$\alpha_1,\alpha_2,\cdots,\alpha_s$ 线性无关.

设有数 $k_1,k_2,\cdots,k_s$，使

$$k_1\alpha_1+k_2\alpha_2+\cdots+k_s\alpha_s=0 \tag{4.4}$$

对上式两边同时左乘矩阵 A，注意到 $A\alpha_i=\lambda_i\alpha_i(i=1,2,\cdots,s)$，有

$$k_1\lambda_1\alpha_1+k_2\lambda_2\alpha_2+\cdots+k_s\lambda_s\alpha_s=0 \tag{4.5}$$

在式(4.4)两边乘 λ_s，得

$$k_1\lambda_s\alpha_1+k_2\lambda_s\alpha_2+\cdots+k_s\lambda_s\alpha_s=0 \tag{4.6}$$

用式(4.6)减去式(4.5)，得

$$k_1(\lambda_s-\lambda_1)\alpha_1+k_2(\lambda_s-\lambda_2)\alpha_2+\cdots+k_{s-1}(\lambda_s-\lambda_{s-1})\alpha_{s-1}=0$$

由归纳法假设知，$\alpha_1,\alpha_2,\cdots,\alpha_{s-1}$线性无关，所以有

$$k_i(\lambda_s-\lambda_i)=0\quad(i=1,2,\cdots,s-1)$$

但 $\lambda_s\neq\lambda_i(i=1,2,\cdots,s-1)$，所以必有 $k_1=k_2=\cdots=k_{s-1}=0$. 代入式(4.4)，有 $k_s\alpha_s=0$，又 $\alpha_s\neq0$，于是 $k_s=0$，即式(4.4)中有

$$k_1=k_2=\cdots=k_s=0$$

因此，$\alpha_1,\alpha_2,\cdots,\alpha_s$ 线性无关. 由数学归纳法可知，对任意正整数 m，结论均成立.

利用类似的方法，可以证明下面的定理：

定理 4.6　设 n 阶矩阵 A 互不相同的特征值为 $\lambda_1,\lambda_2,\cdots,\lambda_m$（可以存在重根），$A$ 的属于特征值 λ_i 的线性无关的特征向量为 $\alpha_{i1},\alpha_{i2},\cdots,\alpha_{is_i}$（$i=1,2,\cdots,m$），则向量组 $\alpha_{11},\alpha_{12},\cdots,\alpha_{1s_1},\alpha_{21},\alpha_{22},\cdots,\alpha_{2s_2},\cdots,\alpha_{m1},\alpha_{m2},\cdots,\alpha_{ms_m}$ 线性无关.

这个定理的证明所占篇幅较大，我们将证明过程放入附录中.

根据这一定理，对于矩阵 A 的每一个不同特征值 λ_i，可求解齐次线性方程组 $(A-\lambda_iE)x=0$，求得其基础解系，就得到 A 的对应于 λ_i 的线性无关的特征向量 $\alpha_{i1},\alpha_{i2},\cdots,\alpha_{is_i}$. 然后把它们合在一起所得到的向量组仍线性无关.

结合定理 4.5 和定理 4.6 有如下推论：

推论　矩阵 A 的各个特征值下对应的特征向量均是线性无关的.

定理 4.7　设 n 阶矩阵 $A=(a_{ij})_{m\times n}$，如果 A 的全部特征值为 $\lambda_1,\lambda_2,\cdots,\lambda_n$（其中可能有重根），则

(1) $\mathrm{tr}(A)=\sum_{i=1}^{n}a_{ii}=\sum_{i=1}^{n}\lambda_i$；　　(2) $\lambda_1\lambda_2\cdots\lambda_n=|A|$.

证明　我们先来看一个二阶矩阵的情形，也可由此理解 n 阶矩阵的证明.

设 $A=\begin{pmatrix}a_{11}&a_{12}\\a_{21}&a_{22}\end{pmatrix}$，将 A 的特征多项式记作 $f(\lambda)$，则

$$\begin{aligned}f(\lambda)&=|A-\lambda E|\\&=\begin{vmatrix}a_{11}-\lambda&a_{12}\\a_{21}&a_{22}-\lambda\end{vmatrix}\end{aligned}$$

$$= (a_{11} - \lambda)(a_{22} - \lambda) - a_{12}a_{21}$$
$$= \lambda^2 - (a_{11} + a_{22})\lambda + (a_{11}a_{22} - a_{12}a_{21})$$

注意到 λ 的二次项系数与一次项系数均产生于 $|A - \lambda E|$ 的主对角线上乘积

$$(a_{11} - \lambda)(a_{22} - \lambda)$$

之中.设 λ_1, λ_2 为 A 的特征方程 $\lambda^2 - (a_{11} + a_{22})\lambda + (a_{11}a_{22} - a_{12}a_{21}) = 0$ 的两个根,则由一元二次方程的根与系数关系(即韦达定理),有

$$\lambda_1 + \lambda_2 = a_{11} + a_{22} = \mathrm{tr}(A), \quad \lambda_1\lambda_2 = a_{11}a_{22} - a_{12}a_{21} = |A|$$

对于 n 阶矩阵 $A = (a_{ij})_{m \times n}$, A 的特征方程为 λ 的一元 n 次方程,且其 n 次项和 $n-1$ 次项的系数也产生于 $|A - \lambda E|$ 的主对角线上乘积

$$(a_{11} - \lambda)(a_{22} - \lambda)\cdots(a_{nn} - \lambda)$$

之中,因此可设 A 的特征方程为

$$\begin{aligned} f(\lambda) &= |A - \lambda E| \\ &= (-1)^n |\lambda E - A| \\ &= (-1)^n (a_n\lambda^n + a_{n-1}\lambda^{n-1} + \cdots + a_1\lambda + a_0) \\ &= (-1)^n [\lambda^n - (a_{11} + a_{22} + \cdots a_{nn})\lambda^{n-1} + \cdots + a_1\lambda + a_0] \\ &= 0 \end{aligned} \tag{4.7}$$

即

$$\lambda^n - (a_{11} + a_{22} + \cdots + a_{nn})\lambda^{n-1} + \cdots + a_1\lambda + a_0 = 0 \tag{4.8}$$

式(4.7)中常数项 $(-1)^n a_0 = f(0) = |A|$,故 $a_0 = (-1)^{-n}|A| = (-1)^n|A|$.从而若设 $\lambda_1, \lambda_2, \cdots, \lambda_n$ 为 A 的 n 个特征值,则由一元 n 次方程根与系数关系,并观察式(4.8)有

$$\lambda_1 + \lambda_2 + \cdots + \lambda_n = -\frac{a_{n-1}}{a_n} = a_{11} + a_{22} + \cdots + a_{nn}$$

$$\lambda_1\lambda_2\cdots\lambda_n = (-1)^n \frac{a_0}{a_n} = (-1)^n(-1)^n|A| = |A|$$

这一定理也进一步验证了定理 4.4 的结论,即如果 A 可逆,则特征值不能为零.

本节介绍了矩阵特征值与特征向量的定义、求法及其性质.特征向量在矩阵对角化过程中起着重要的作用,我们将在下一节予以介绍.

4.2 矩阵的相似与对角化

4.2.1 相似矩阵及其性质

定义 4.2 设 A, B 为 n 阶矩阵,如果存在一个 n 阶可逆矩阵 P,使得下列等

式成立：

$$P^{-1}AP = B \tag{4.9}$$

则称矩阵 A 与 B 相似，记作 $A\sim B$. 对 A 进行运算 $P^{-1}AP$ 称为对矩阵 A 进行相似变换，称可逆矩阵 P 为把 A 变成 B 的相似变换矩阵.

【例 4.6】 设 $A=\begin{pmatrix}2 & 1\\0 & -1\end{pmatrix}$，$P=\begin{pmatrix}1 & -2\\1 & -4\end{pmatrix}$，$Q=\begin{pmatrix}1 & 1\\0 & -3\end{pmatrix}$，试求在矩阵 P，Q 作用下与矩阵 A 相似的矩阵 B.

解 由于

$$P^{-1}AP = \begin{pmatrix}1 & -2\\1 & -4\end{pmatrix}^{-1}\begin{pmatrix}2 & 1\\0 & -1\end{pmatrix}\begin{pmatrix}1 & -2\\1 & -4\end{pmatrix}=\begin{pmatrix}7 & -20\\2 & -6\end{pmatrix}$$

所以

$$A\sim\begin{pmatrix}7 & -20\\2 & -6\end{pmatrix}=B$$

又由于

$$Q^{-1}AQ = \begin{pmatrix}1 & 1\\0 & -3\end{pmatrix}^{-1}\begin{pmatrix}2 & 1\\0 & -1\end{pmatrix}\begin{pmatrix}1 & 1\\0 & -3\end{pmatrix}=\begin{pmatrix}2 & 0\\0 & -1\end{pmatrix}$$

所以

$$A\sim\begin{pmatrix}2 & 0\\0 & -1\end{pmatrix}=B$$

由此可以看出，与矩阵 A 相似的矩阵不是唯一的，也未必是对角矩阵. 然而，对某些矩阵，如果选取适当的可逆矩阵 P，就有可能使 $P^{-1}AP$ 成为对角矩阵.

相似是同阶矩阵之间的一种重要关系，具有以下基本性质：

设矩阵 A,B,C 均为 n 阶矩阵，则

(1) 自反性：$A\sim A$；

(2) 对称性：若 $A\sim B$，则 $B\sim A$；

(3) 传递性：若 $A\sim B$ 且 $B\sim C$，则 $A\sim C$.

证明 (1) 取 $P=E$，则有 $E^{-1}AE=A$，即 $A\sim A$.

(2) 由于 $A\sim B$，故存在 n 阶可逆矩阵 P，使 $P^{-1}AP=B$. 此式亦可等价地表示为 $PBP^{-1}=A$，即 $(P^{-1})^{-1}B(P^{-1})=A$，由相似的定义知，$B\sim A$.

(3) 由于 $A\sim B$ 且 $B\sim C$，故存在 n 阶可逆矩阵 P_1,P_2，使得

$$P_1^{-1}AP_1 = B,\quad P_2^{-1}BP_2 = C$$

将第一个式子代入第二个式子，有

$$P_2^{-1}BP_2 = P_2^{-1}P_1^{-1}AP_1P_2 = (P_1P_2)^{-1}A(P_1P_2) = C$$

即 $A\sim C$.

相似的两个矩阵之间，还存在着许多共同的性质. 设 n 阶矩阵 A 与 B 相似，

则有：

定理 4.8 相似矩阵 A 与 B 有相同的特征值.

证明 由于 $A\sim B$，即存在 n 阶可逆矩阵 P，使 $P^{-1}AP=B$，则

$$\begin{aligned}|B-\lambda E| = |P^{-1}AP-\lambda E| &= |P^{-1}AP-P^{-1}\lambda EP| \\ &= |P^{-1}(A-\lambda E)P| \\ &= |P^{-1}|\cdot|A-\lambda E|\cdot|P| \\ &= |A-\lambda E|\end{aligned}$$

即 A 与 B 有相同的特征多项式，因而它们有相同的特征值，但它们的特征向量可能不同.

进一步地，结合定理 4.7，对于 $A\sim B$，我们有以下五个推论：

推论 1 $|A|=|B|$.

推论 2 $\mathrm{tr}(A)=\mathrm{tr}(B)$.

推论 3 A 与 B 具有相同的秩，即 $R(A)=R(B)$.

推论 4 A 与 B 同时可逆或同时不可逆. 当 A,B 都可逆时有 $A^{-1}\sim B^{-1}$.

推论 5 设 $f(x)$ 是 x 的 m 次多项式，则 $f(A)\sim f(B)$.

证明 推论 1 和推论 2 很容易得到；对于推论 3，$A\sim B$ 实际上是对矩阵 A 进行了特殊的初等行变换和列变换得到矩阵 B，而初等变换并不改变矩阵的秩，因此 A 与 B 有相同的秩；最后，推论 1 表明相似矩阵行列式相同，因此它们一定同时可逆或同时不可逆. 进一步地，若 A,B 都可逆，由于 $P^{-1}AP=B$，对该式两边同时取其逆，即

$$(P^{-1}AP)^{-1} = P^{-1}A^{-1}P = B^{-1}$$

从而 $A^{-1}\sim B^{-1}$.

因为 $A\sim B$，则

$$B^k = (P^{-1}AP)^k = P^{-1}AP\cdot P^{-1}AP\cdot\cdots\cdot P^{-1}AP = P^{-1}A^kP$$

设 $f(x)=a_0+a_1x+a_2x^2+\cdots+a_mx^m$，则有

$$\begin{aligned}f(B) &= a_0E+a_1B+a_2B^2+\cdots+a_mB^m \\ &= a_0P^{-1}A^0P+a_1P^{-1}AP+a_2P^{-1}A^2P+\cdots+a_mP^{-1}A^mP \\ &= P^{-1}(a_0A^0+a_1A+a_2A^2+\cdots+a_mA^m)P \\ &= P^{-1}f(A)P\end{aligned}$$

所以 $f(A)\sim f(B)$.

推论 1 和推论 2 在解题中经常被使用，例如下面的例题就利用了这些性质.

【例 4.7】 已知矩阵 $A\sim B$，其中 $A=\begin{pmatrix}2&0&0\\0&0&1\\0&1&x\end{pmatrix}$，$B=\begin{pmatrix}2&0&0\\0&3&4\\0&-2&y\end{pmatrix}$，求 x 与 y 的值.

解 由于 $A\sim B$,则由定理4.8的推论1有$|A|=|B|$,即

$$|A|=\begin{vmatrix}2&0&0\\0&0&1\\0&1&x\end{vmatrix}=-2=|B|=2\times(3y+8)\quad\Rightarrow\quad y=-3$$

又由定理4.8的推论2得到$\mathrm{tr}(A)=\mathrm{tr}(B)$,从而有

$$2+x=5+y=2\quad\Rightarrow\quad x=0$$

即当$A\sim B$时,$x=0$,$y=-3$.

4.2.2 矩阵的对角化与条件

对于一般的矩阵A,B寻找满足相似关系的可逆矩阵P有时很困难,但如果矩阵B为特殊矩阵,则这个过程就比较简单,这就是矩阵对角化的问题.

定义4.3 如果n阶矩阵A可以相似于一个n阶对角矩阵Λ,则称矩阵A可对角化,Λ称为矩阵A的相似标准型(矩阵).

本节例4.6表明,如果适当选取可逆矩阵P,则可以使$P^{-1}AP$成为对角矩阵.然而并非所有的n阶矩阵都可对角化.下面我们将讨论矩阵可以对角化的充要条件.

定理4.9 n阶矩阵A相似于n阶对角矩阵Λ的充要条件是矩阵A有n个线性无关的特征向量.

证明 **必要性**:设$A\sim\Lambda$,其中

$$\Lambda=\mathrm{diag}(\lambda_1,\lambda_2,\cdots,\lambda_n)$$

则存在可逆矩阵P,使得$P^{-1}AP=\Lambda$,即

$$AP=P\Lambda \tag{4.10}$$

把矩阵P按列分块,记$P=(p_1,p_2,\cdots,p_n)$,其中p_i是矩阵P的第i($i=1,2,\cdots,n$)列且不为零向量,则式(4.10)可写成

$$A(p_1,p_2,\cdots,p_n)=(p_1,p_2,\cdots,p_n)\begin{pmatrix}\lambda_1&&&\\&\lambda_2&&\\&&\ddots&\\&&&\lambda_n\end{pmatrix}=(p_1\lambda_1,p_2\lambda_2,\cdots,p_n\lambda_n)$$

由此可得

$$Ap_i=\lambda_ip_i\quad(i=1,2,\cdots,n)$$

因此λ_i为A的特征值,p_i是A的属于特征值λ_i的特征向量.又P为可逆矩阵,即$|P|\neq0$,故P的列向量组$p_1,p_2,\cdots,p_n$线性无关,即A有n个线性无关的特征向量$p_1,p_2,\cdots,p_n$.

充分性:设$p_1,p_2,\cdots,p_n$是A的n个线性无关的特征向量,它们对应的特征

值依次为 $\lambda_1,\lambda_2,\cdots,\lambda_n$，即有 $Ap_i=\lambda_i p_i(p_i\neq 0,i=1,2,\cdots,n)$．记矩阵

$$P=(p_1,p_2,\cdots,p_n)$$

则 P 可逆，而

$$\begin{aligned}AP&=A(p_1,p_2,\cdots,p_n)=(Ap_1,Ap_2,\cdots,Ap_n)\\&=(\lambda_1p_1,\lambda_2p_2,\cdots,\lambda_np_n)\\&=(p_1,p_2,\cdots,p_n)\begin{pmatrix}\lambda_1&&&\\&\lambda_2&&\\&&\ddots&\\&&&\lambda_n\end{pmatrix}\\&=P\Lambda\end{aligned}$$

两边同时左乘 P^{-1}，得 $P^{-1}AP=\Lambda$，即 A 与 n 阶对角矩阵 Λ 相似．

根据定理 4.5 的结论，结合定理 4.9 有如下推论：

推论 如果 n 阶矩阵 A 有 n 个互不相同的特征值 $\lambda_1,\lambda_2,\cdots,\lambda_n$，则 A 与对角矩阵 $\Lambda=\mathrm{diag}(\lambda_1,\lambda_2,\cdots,\lambda_n)$ 相似．

需要说明的是：由 n 阶矩阵 A 可对角化，并不能断定 A 必有 n 个互不相同的特征值．A 有 n 个互不相同的特征值只是 A 相似于对角矩阵的充分而非必要条件．例如，数量矩阵 aE 是可对角化的，但它只有特征值 a（n 重）．

从线性方程组的角度来看，如果对于每一个相异特征值 $\lambda_i(i=1,2,\cdots,m)$，特征矩阵 $A-\lambda_iE$ 的秩等于 $n-n_i$，则齐次线性方程组 $(A-\lambda_iE)x=0$ 的基础解系一定含有 n_i 个线性无关的特征向量．反之，如果矩阵 A 相似于对角矩阵 Λ，则可以证明：对 A 的 n_i 重特征值 $\lambda_i(i=1,2,\cdots,m)$，矩阵 $A-\lambda_iE$ 的秩恰为 $n-n_i$．因此，我们有：

定理 4.10 n 阶矩阵 A 与对角矩阵相似的充要条件是，对于 A 的每一个 n_i 重特征值 λ_i，其对应的 n 元齐次线性方程组 $(A-\lambda_iE)x=0$ 的系数矩阵的秩满足 $R(A-\lambda_iE)=n-n_i$；或者等价地说，n 阶矩阵 A 与对角矩阵相似的充要条件是，对于 A 的每一个 n_i 重特征值 λ_i，都有 n_i 个线性无关的特征向量．

由此，我们可以判断一个矩阵能否对角化，若可以对角化，其对角化的步骤如下：

(1) 求特征方程 $|A-\lambda E|=0$ 的根，得到 A 的所有的特征值 $\lambda_1,\lambda_2,\cdots,\lambda_n$，其中可能含有重根，其中互不相等的特征值为 $\lambda_{i_1},\lambda_{i_2},\cdots,\lambda_{i_m}(i_m\leqslant n)$；

(2) 对于每一个特征值 λ_{i_k}，求出其对应的 n 元齐次线性方程组 $(A-\lambda_{i_k}E)x=0$ 的秩，若 $n-R(A-\lambda_{i_k}E)$ 都等于其重数，则矩阵 A 可对角化，否则不能对角化．若可对角化，进一步求出齐次线性方程组 $(A-\lambda_{i_k}E)x=0(k=1,2,\cdots,m)$ 的基础解系，合并后必可得到 A 的 n 个线性无关的特征向量 $p_1,p_2,\cdots,p_n$；

(3) 令 $P=(p_1,p_2,\cdots,p_n)$，$\Lambda=\begin{pmatrix}\lambda_1 & & & \\ & \lambda_2 & & \\ & & \ddots & \\ & & & \lambda_n\end{pmatrix}$，则 P 可逆，且有

$$P^{-1}AP=\Lambda$$

注意　需要特别指出的是：P 的每一列 p_i 的排列次序应与 Λ 中对应的 λ_i 的排列次序相同，或者说对于相同的矩阵 A，p_i 的位置不同，得到的对角矩阵 Λ 也不一定相同.

【例 4.8】　判断例 4.2 中的矩阵 $A=\begin{pmatrix}4 & -1\\ -1 & 4\end{pmatrix}$ 能否对角化.

解　因矩阵 A 的特征值为 $\lambda_1=3,\lambda_2=5$，由于不同的特征值所对应的特征向量线性无关，所以 A 一定有两个线性无关的特征向量，故 A 可以对角化.

事实上，经计算我们已经得到：对应特征值 λ_1,λ_2 的特征向量分别为

$$p_1=\begin{pmatrix}1\\1\end{pmatrix},\quad p_2=\begin{pmatrix}-1\\1\end{pmatrix}$$

因此，存在相似变换矩阵 $P=\begin{pmatrix}1 & -1\\ 1 & 1\end{pmatrix}$，使得

$$P^{-1}AP=\Lambda=\begin{pmatrix}3 & 0\\ 0 & 5\end{pmatrix}$$

【例 4.9】　设矩阵 $A=\begin{pmatrix}1 & -1 & 1\\ 2 & 4 & -2\\ -3 & -3 & 5\end{pmatrix}$，试判断 A 能否对角化，若可对角化，求出可逆矩阵 P，使 $P^{-1}AP$ 为对角矩阵.

解　令 $|A-\lambda E|=0$，有

$$\begin{vmatrix}1-\lambda & -1 & 1\\ 2 & 4-\lambda & -2\\ -3 & -3 & 5-\lambda\end{vmatrix}=-(\lambda-2)^2(\lambda-6)=0$$

得 A 的特征值为 $\lambda_1=\lambda_2=2,\lambda_3=6$.

当 $\lambda_1=\lambda_2=2$ 时，解齐次线性方程组 $(A-2E)x=0$，由

$$A-2E=\begin{pmatrix}-1 & -1 & 1\\ 2 & 2 & -2\\ -3 & -3 & 3\end{pmatrix}\to\begin{pmatrix}1 & 1 & -1\\ 0 & 0 & 0\\ 0 & 0 & 0\end{pmatrix}$$

得基础解系 $p_1=\begin{pmatrix}-1\\1\\0\end{pmatrix}$，$p_2=\begin{pmatrix}1\\0\\1\end{pmatrix}$.

当 $\lambda_3=6$ 时,解齐次线性方程组 $(A-6E)x=0$,由

$$A-6E=\begin{pmatrix}-5&-1&1\\2&-2&-2\\-3&-3&-1\end{pmatrix}\rightarrow\begin{pmatrix}1&0&-\frac{1}{3}\\0&1&\frac{2}{3}\\0&0&0\end{pmatrix}$$

得基础解系 $p_3=\begin{pmatrix}1\\-2\\3\end{pmatrix}$.

于是存在可逆矩阵

$$P=(p_1,p_2,p_3)=\begin{pmatrix}-1&1&1\\1&0&-2\\0&1&3\end{pmatrix}$$

使得

$$P^{-1}AP=\Lambda=\begin{pmatrix}2&&\\&2&\\&&6\end{pmatrix}$$

【例 4.10】 设矩阵 $A=\begin{pmatrix}4&2&3\\2&1&2\\-1&-2&0\end{pmatrix}$,试判断 A 能否对角化,若可对角化,求出可逆矩阵 P,使 $P^{-1}AP$ 为对角矩阵.

解 令 $|A-\lambda E|=0$,有

$$\begin{vmatrix}4-\lambda&2&3\\2&1-\lambda&2\\-1&-2&-\lambda\end{vmatrix}=-(\lambda-1)^2(\lambda-3)=0$$

得 A 的特征值为 $\lambda_1=\lambda_2=1,\lambda_3=3$.

当 $\lambda_1=\lambda_2=1$ 时,解齐次线性方程组 $(A-E)x=0$,由

$$A-E=\begin{pmatrix}3&2&3\\2&0&2\\-1&-2&-1\end{pmatrix}\rightarrow\begin{pmatrix}1&0&1\\0&1&0\\0&0&0\end{pmatrix}$$

得基础解系 $p_1=\begin{pmatrix}-1\\0\\1\end{pmatrix}$.

由于 A 的属于二重特征值 $\lambda_1=\lambda_2=1$ 的线性无关的特征向量只有一个 $p_1=(-1,0,1)^{\mathrm{T}}$. 由定理 4.10 可知,$A$ 不能对角化.

【例 4.11】 设矩阵 $A=\begin{pmatrix}3 & 2 & -2\\ -k & -1 & k\\ 4 & 2 & -3\end{pmatrix}$，问 k 取何值时，A 相似于某个对角矩阵.

解 由 A 的特征方程

$$
\begin{aligned}
|A-\lambda E| &= \begin{vmatrix}3-\lambda & 2 & -2\\ -k & -1-\lambda & k\\ 4 & 2 & -3-\lambda\end{vmatrix} = \begin{vmatrix}1-\lambda & 2 & -2\\ 0 & -1-\lambda & k\\ 1-\lambda & 2 & -3-\lambda\end{vmatrix}\\
&= \begin{vmatrix}1-\lambda & 2 & -2\\ 0 & -1-\lambda & k\\ 0 & 0 & -1-\lambda\end{vmatrix}\\
&= -(\lambda+1)^2(\lambda-1)\\
&= 0
\end{aligned}
$$

得 A 的特征值为 $\lambda_1=\lambda_2=-1,\lambda_3=1$.

当 $\lambda_1=\lambda_2=-1$ 时，解齐次线性方程组 $(A+E)x=0$，有

$$
A+E=\begin{pmatrix}4 & 2 & -2\\ -k & 0 & k\\ 4 & 2 & -2\end{pmatrix}\rightarrow\begin{pmatrix}4 & 2 & -2\\ k & 0 & -k\\ 0 & 0 & 0\end{pmatrix}
$$

若 A 可对角化，则 A 的属于二重特征值 $\lambda_1=\lambda_2=-1$ 的线性无关特征向量的个数应为 2，即 $R(A+E)=3-2=1$，故当且仅当 $k=0$ 时，A 相似于对角矩阵.

下面我们来看一个可对角化矩阵应用的例子.

【例 4.12】 已知矩阵 $A=\begin{pmatrix}1 & -1 & 1\\ 2 & 4 & -2\\ -3 & -3 & 5\end{pmatrix}$，求 A^k（k 为正整数）.

解 一般来说，求一个方阵的幂是一件比较困难的事情，尤其当矩阵的阶数或幂的次数较高时. 但如果所给的矩阵可对角化，其幂运算就可以大为简化. 由例 4.9，已求得 $P^{-1}AP=\Lambda$，其中

$$
P=\begin{pmatrix}-1 & 1 & 1\\ 1 & 0 & -2\\ 0 & 1 & 3\end{pmatrix},\quad \Lambda=\begin{pmatrix}2 & & \\ & 2 & \\ & & 6\end{pmatrix}
$$

于是

$$
\begin{aligned}
A^k &= (P\Lambda P^{-1})^k\\
&= \underbrace{(P\Lambda P^{-1})(P\Lambda P^{-1})\cdots(P\Lambda P^{-1})}_{k\text{个}}\\
&= P\Lambda^k P^{-1}
\end{aligned}
$$

$$
=\begin{pmatrix}-1&1&1\\1&0&-2\\0&1&3\end{pmatrix}\begin{pmatrix}2&&\\&2&\\&&6\end{pmatrix}^k\begin{pmatrix}-1&1&1\\1&0&-2\\0&1&3\end{pmatrix}^{-1}
$$

$$
=\begin{pmatrix}-1&1&1\\1&0&-2\\0&1&3\end{pmatrix}\begin{pmatrix}2^k&&\\&2^k&\\&&6^k\end{pmatrix}\times\frac{1}{4}\begin{pmatrix}-2&2&2\\3&3&1\\-1&-1&1\end{pmatrix}
$$

$$
=\frac{1}{4}\begin{pmatrix}2^k\cdot 5-6^k&2^k-6^k&-2^k+6^k\\-2^{k+1}+6^k\cdot 2&2^{k+1}+6^k\cdot 2&2^{k+1}-6^k\cdot 2\\3(2^k-6^k)&3(2^k-6^k)&2^k+6^k\cdot 3\end{pmatrix}
$$

本节介绍了矩阵相似的概念及其对角化的条件,我们发现,不是所有的 n 阶实矩阵都可以对角化.但是,却存在这样一类特殊的矩阵,它总是能够对角化,这就是下一节将要讨论的实对称矩阵的对角化问题.

4.3 实对称矩阵的对角化

对于实对称矩阵而言,它一定与某个对角矩阵相似,而且既可以根据定义用可逆矩阵 P 将其对角化,又可以用正交矩阵 Q 使其对角化.为此下面先介绍向量正交的相关预备知识.

4.3.1 向量组的正交化

定义 4.4 设 n 维向量 $\alpha=(a_1,a_2,\cdots,a_n)^{\mathrm{T}}$,$\beta=(b_1,b_2,\cdots,b_n)^{\mathrm{T}}$,称运算 $a_1b_1+a_2b_2+\cdots+a_nb_n$ 为向量 α 与 β 的内积,记为 (α,β),即

$$
(\alpha,\beta)=a_1b_1+a_2b_2+\cdots+a_nb_n=\alpha^{\mathrm{T}}\beta
$$

根据定义,容易验证 α 与 β 的内积具有下列性质:

(1) 对称性:$(\alpha,\beta)=(\beta,\alpha)$;

(2) 线性性:$(\alpha+\beta,\gamma)=(\alpha,\gamma)+(\beta,\gamma)$,$(\lambda\alpha,\beta)=(\alpha,\lambda\beta)=\lambda(\alpha,\beta)$;

(3) 非负性:$(\alpha,\alpha)\geqslant 0$,当且仅当 $\alpha=0$ 时,$(\alpha,\alpha)=0$.

由内积的非负性,可以定义向量的长度(也称为模,或范数):

定义 4.5 称 $\|\alpha\|=\sqrt{(\alpha,\alpha)}$ 为向量 α 的长度,即

$$
\|\alpha\|=\sqrt{(\alpha,\alpha)}=\sqrt{a_1^2+a_2^2+\cdots+a_n^2}
$$

当 $\|\alpha\|=1$ 时,称 α 为单位向量;对向量 α 进行 $\alpha^0=\dfrac{\alpha}{\|\alpha\|}$ 运算,称此过程为向

量的单位化(规范化)过程.

向量的长度具有如下性质：

(1) 非负性：$\|\alpha\| \geqslant 0$，当且仅当 $\alpha = 0$ 时，$\|\alpha\| = 0$；

(2) 齐次性：$\|\lambda\alpha\| = |\lambda| \|\alpha\|$；

(3) 三角不等式：$\|\alpha+\beta\| \leqslant \|\alpha\| + \|\beta\|$；

(4) 柯西-许瓦兹不等式：$|(\alpha,\beta)| \leqslant \|\alpha\| \cdot \|\beta\|$，当且仅当 α 与 β 线性相关时等号成立.

柯西-许瓦兹不等式说明 $\mathbf{R}^n$ 中任意两个向量的内积与其长度之间的关系. 这里的 $\mathbf{R}^n$ 是所有 n 维向量构成的集合. 该不等式表明 $\left|\dfrac{(\alpha,\beta)}{\|\alpha\| \cdot \|\beta\|}\right| \leqslant 1$（当 $\alpha \neq 0, \beta \neq 0$ 时），于是有：

定义 4.6　称 $\theta = \arccos \dfrac{(\alpha,\beta)}{\|\alpha\| \cdot \|\beta\|}$ 为向量 α 与 β 的夹角；特别地，当 $\theta = \dfrac{\pi}{2}$，即 $(\alpha,\beta) = 0$ 时，称向量 α 与 β 正交或垂直.

显然，零向量与任意同维向量的内积为零，因此零向量与任意向量正交；另外，$\mathbf{R}^n$ 中的初始单位向量组 $e_1, e_2, \cdots, e_n$ 是两两正交的：$(e_i, e_j) = 0 (i \neq j)$.

【例 4.13】　设 $\alpha = \begin{pmatrix} 4 \\ 2 \\ -1 \\ 3 \end{pmatrix}, \beta = \begin{pmatrix} -3 \\ 1 \\ 2 \\ 4 \end{pmatrix}$，问 α 与 β 是否正交？并将 α, β 单位化.

解　因为

$$\begin{aligned}(\alpha,\beta) &= \alpha^{\mathrm{T}}\beta = (4,2,-1,3)\begin{pmatrix} -3 \\ 1 \\ 2 \\ 4 \end{pmatrix} \\ &= 4 \times (-3) + 2 \times 1 + (-1) \times 2 + 3 \times 4 \\ &= 0\end{aligned}$$

则 α 与 β 正交，又

$$\|\alpha\| = \sqrt{4^2 + 2^2 + (-1)^2 + 3^2} = \sqrt{30}$$

$$\|\beta\| = \sqrt{(-3)^2 + 1^2 + 2^2 + 4^2} = \sqrt{30}$$

则

$$\alpha^0 = \frac{\alpha}{\|\alpha\|} = \begin{pmatrix} \frac{4}{\sqrt{30}} \\ \frac{2}{\sqrt{30}} \\ -\frac{1}{\sqrt{30}} \\ \frac{3}{\sqrt{30}} \end{pmatrix}, \quad \beta^0 = \frac{\beta}{\|\beta\|} = \begin{pmatrix} -\frac{3}{\sqrt{30}} \\ \frac{1}{\sqrt{30}} \\ \frac{2}{\sqrt{30}} \\ \frac{4}{\sqrt{30}} \end{pmatrix}$$

定义 4.7 如果 $\mathbf{R}^n$ 中的非零向量组 $\alpha_1,\alpha_2,\cdots,\alpha_s$ 两两正交,即

$$\alpha_i^{\mathrm{T}}\alpha_j = 0 \quad (i \neq j; i,j = 1,2,\cdots,s)$$

则称该向量组为正交向量组.

定理 4.11 若 n 维非零向量组 $\alpha_1,\alpha_2,\cdots,\alpha_s$ 为正交向量组,则其必为线性无关向量组.

证明 设有一组实数 $k_1,k_2,\cdots,k_s$,使

$$k_1\alpha_1 + k_2\alpha_2 + \cdots + k_i\alpha_i + \cdots + k_s\alpha_s = 0$$

用 α_i^{T} 左乘上式两端,得

$$\alpha_i^{\mathrm{T}}(k_1\alpha_1 + k_2\alpha_2 + \cdots + k_i\alpha_i + \cdots + k_s\alpha_s) = 0$$

由于当 $i\neq j$ 时,α_i,α_j 正交,即 $\alpha_i^{\mathrm{T}}\alpha_j=0$,则上式简化为

$$k_i\alpha_i^{\mathrm{T}}\alpha_i = 0$$

因向量 α_i 非零,故 $\alpha_i^{\mathrm{T}}\alpha_i\neq 0$,所以 $k_i=0(i=1,2,\cdots,s)$,故向量组 $\alpha_1,\alpha_2,\cdots,\alpha_s$ 线性无关.

注意 上述定理的逆命题不一定成立,即线性无关向量组未必是正交向量组.

接下来的问题就是:已知一组线性无关向量组 $\alpha_1,\alpha_2,\cdots,\alpha_s$,如何使其变为正交向量组呢?这就是施密特正交化过程.

定理 4.12 设 $\alpha_1,\alpha_2,\cdots,\alpha_s$ 线性无关,令

$$\beta_1 = \alpha_1$$

$$\beta_2 = \alpha_2 - \frac{\alpha_2^{\mathrm{T}}\beta_1}{\beta_1^{\mathrm{T}}\beta_1}\beta_1$$

$$\beta_3 = \alpha_3 - \frac{\alpha_3^{\mathrm{T}}\beta_1}{\beta_1^{\mathrm{T}}\beta_1}\beta_1 - \frac{\alpha_3^{\mathrm{T}}\beta_2}{\beta_2^{\mathrm{T}}\beta_2}\beta_2$$

$$\cdots$$

$$\beta_s = \alpha_s - \frac{\alpha_s^{\mathrm{T}}\beta_1}{\beta_1^{\mathrm{T}}\beta_1}\beta_1 - \frac{\alpha_s^{\mathrm{T}}\beta_2}{\beta_2^{\mathrm{T}}\beta_2}\beta_2 - \cdots - \frac{\alpha_s^{\mathrm{T}}\beta_{s-1}}{\beta_{s-1}^{\mathrm{T}}\beta_{s-1}}\beta_{s-1}$$

则 $\beta_1,\beta_2,\cdots,\beta_s$ 为正交向量组,称上述过程为施密特正交化过程.

可以验证,$\beta_1,\beta_2,\cdots,\beta_s$ 不但为正交向量组,并且可以与向量组 $\alpha_1,\alpha_2,\cdots,\alpha_s$

相互线性表示.

若将一组向量正交化后,再将其单位化,则称此过程为向量组的标准正交化,所得的向量组为单位正交向量组.

【例 4.14】 设线性无关的向量组 $\alpha_1=\begin{pmatrix}1\\1\\3\\1\end{pmatrix},\alpha_2=\begin{pmatrix}3\\-1\\2\\4\end{pmatrix},\alpha_3=\begin{pmatrix}2\\2\\7\\-1\end{pmatrix}$,试将这组向量单位正交化.

解 先进行施密特正交化.取

$$\beta_1=\alpha_1=\begin{pmatrix}1\\1\\3\\1\end{pmatrix}$$

$$\beta_2=\alpha_2-\frac{\alpha_2^{\mathrm T}\beta_1}{\beta_1^{\mathrm T}\beta_1}\beta_1=\begin{pmatrix}3\\-1\\2\\4\end{pmatrix}-\frac{12}{12}\begin{pmatrix}1\\1\\3\\1\end{pmatrix}=\begin{pmatrix}2\\-2\\-1\\3\end{pmatrix}$$

$$\beta_3=\alpha_3-\frac{\alpha_3^{\mathrm T}\beta_1}{\beta_1^{\mathrm T}\beta_1}\beta_1-\frac{\alpha_3^{\mathrm T}\beta_2}{\beta_2^{\mathrm T}\beta_2}\beta_2=\begin{pmatrix}2\\2\\7\\-1\end{pmatrix}-\frac{24}{12}\begin{pmatrix}1\\1\\3\\1\end{pmatrix}-\frac{(-10)}{18}\begin{pmatrix}2\\-2\\-1\\3\end{pmatrix}=\begin{pmatrix}\frac{10}{9}\\-\frac{10}{9}\\\frac{4}{9}\\-\frac{4}{3}\end{pmatrix}$$

再将 β_1,β_2,β_3 单位化,令

$$\xi_1=\frac{\beta_1}{\|\beta_1\|}=\frac{1}{\sqrt{12}}\begin{pmatrix}1\\1\\3\\1\end{pmatrix}=\begin{pmatrix}\frac{1}{2\sqrt3}\\\frac{1}{2\sqrt3}\\\frac{3}{2\sqrt3}\\\frac{1}{2\sqrt3}\end{pmatrix}$$

$$\xi_2 = \frac{\beta_2}{\|\beta_2\|} = \frac{1}{\sqrt{18}}\begin{pmatrix} 2 \\ -2 \\ -1 \\ 3 \end{pmatrix} = \begin{pmatrix} \frac{2}{3\sqrt{2}} \\ -\frac{2}{3\sqrt{2}} \\ -\frac{1}{3\sqrt{2}} \\ \frac{1}{\sqrt{2}} \end{pmatrix}$$

$$\xi_3 = \frac{\beta_3}{\|\beta_3\|} = \frac{3}{2\sqrt{10}}\begin{pmatrix} \frac{10}{9} \\ -\frac{10}{9} \\ \frac{4}{9} \\ -\frac{4}{3} \end{pmatrix} = \begin{pmatrix} \frac{5}{3\sqrt{10}} \\ -\frac{5}{3\sqrt{10}} \\ \frac{2}{3\sqrt{10}} \\ -\frac{2}{\sqrt{10}} \end{pmatrix}$$

则 ξ_1,ξ_2,ξ_3 即为所求的单位正交向量组.

请读者思考:在上述例题中,能否先进行单位化,再进行正交化?

定义 4.8 若 n 阶矩阵 A 满足 $A^{\mathrm{T}}A=E$,则称 A 为正交矩阵.

【例 4.15】 设 $A=\begin{pmatrix} \cos\theta & -\sin\theta \\ \sin\theta & \cos\theta \end{pmatrix}$,问 A 是否为正交矩阵.

解 因为

$$A^{\mathrm{T}}A = \begin{pmatrix} \cos\theta & \sin\theta \\ -\sin\theta & \cos\theta \end{pmatrix}\begin{pmatrix} \cos\theta & -\sin\theta \\ \sin\theta & \cos\theta \end{pmatrix} = \begin{pmatrix} 1 & 0 \\ 0 & 1 \end{pmatrix} = E$$

所以 A 是正交矩阵.

正交矩阵具有如下性质:

(1) 若 A 为正交矩阵,则其行列式的值为 1 或 −1;

(2) 若 A 为正交矩阵,则 A 可逆,且 $A^{-1}=A^{\mathrm{T}}$;

(3) 若 A,B 为同阶正交矩阵,则它们的乘积 AB 也是正交矩阵.

证明 (1) 因为 A 为正交矩阵,因此有 $A^{\mathrm{T}}A=E$,从而有 $|A^{\mathrm{T}}A|=|A|^2=|E|=1$,从而 $|A|=\pm 1$,故性质(1)成立.

(2) 因为 A 为正交矩阵,由性质(1)知道,$|A|=\pm 1\neq 0$,因此 A 可逆.由于 $A^{\mathrm{T}}A=E$,从而根据矩阵逆的定义,有 $A^{-1}=A^{\mathrm{T}}$ 成立,故性质(2)成立.

(3) 因为 A,B 为同阶正交矩阵,则 $A^{\mathrm{T}}A=E$,$B^{\mathrm{T}}B=E$,而 $(AB)^{\mathrm{T}}AB=B^{\mathrm{T}}A^{\mathrm{T}}AB=B^{\mathrm{T}}B=E$,根据正交矩阵的定义知道,$AB$ 也是正交矩阵,故性质(3)成立.

定理 4.13　设 A 为 n 阶实矩阵，则 A 为正交矩阵的充要条件是其列（行）向量组为单位正交向量组.

证明　**必要性**：以列向量组为例，设 $A=(\alpha_1,\alpha_2,\cdots,\alpha_n)$，其中 $\alpha_1,\alpha_2,\cdots,\alpha_n$ 为 A 的列向量组. A 为正交矩阵，所以 $A^{\mathrm{T}}A=E$，而

$$
\begin{aligned}
A^{\mathrm{T}}A &= \begin{pmatrix} \alpha_1^{\mathrm{T}} \\ \alpha_2^{\mathrm{T}} \\ \vdots \\ \alpha_n^{\mathrm{T}} \end{pmatrix} (\alpha_1,\alpha_2,\cdots,\alpha_n) = \begin{pmatrix} \alpha_1^{\mathrm{T}}\alpha_1 & \alpha_1^{\mathrm{T}}\alpha_2 & \cdots & \alpha_1^{\mathrm{T}}\alpha_n \\ \alpha_2^{\mathrm{T}}\alpha_1 & \alpha_2^{\mathrm{T}}\alpha_2 & \cdots & \alpha_2^{\mathrm{T}}\alpha_n \\ \vdots & \vdots & \ddots & \vdots \\ \alpha_n^{\mathrm{T}}\alpha_1 & \alpha_n^{\mathrm{T}}\alpha_2 & \cdots & \alpha_n^{\mathrm{T}}\alpha_n \end{pmatrix} \\
&= \begin{pmatrix} 1 & 0 & \cdots & 0 \\ 0 & 1 & \cdots & 0 \\ \vdots & \vdots & \ddots & \vdots \\ 0 & 0 & \cdots & 1 \end{pmatrix} \\
&= E
\end{aligned}
$$

上式等价于

$$
\alpha_i^{\mathrm{T}}\alpha_j = \begin{cases} 1 & (i=j;i,j=1,2,\cdots,n) \\ 0 & (i\neq j;i,j=1,2,\cdots,n) \end{cases}
$$

其中 $\alpha_i^{\mathrm{T}}\alpha_i=1(i=1,2,\cdots,n)$ 表明了向量组是单位向量组，而 $i\neq j$ 时 $\alpha_i^{\mathrm{T}}\alpha_j=0(i,j=1,2,\cdots,n)$ 表明了向量组是正交的，因此必要性得证.

充分性：由于矩阵 $A=(\alpha_1,\alpha_2,\cdots,\alpha_n)$ 的列向量组为单位正交向量组，即有

$$
\alpha_i^{\mathrm{T}}\alpha_j = \begin{cases} 1, & (i=j;i,j=1,2,\cdots,n) \\ 0, & (i\neq j;i,j=1,2,\cdots,n) \end{cases}
$$

成立，另一方面我们有

$$
A^{\mathrm{T}}A = \begin{pmatrix} \alpha_1^{\mathrm{T}} \\ \alpha_2^{\mathrm{T}} \\ \vdots \\ \alpha_n^{\mathrm{T}} \end{pmatrix} (\alpha_1,\alpha_2,\cdots,\alpha_n) = \begin{pmatrix} \alpha_1^{\mathrm{T}}\alpha_1 & \alpha_1^{\mathrm{T}}\alpha_2 & \cdots & \alpha_1^{\mathrm{T}}\alpha_n \\ \alpha_2^{\mathrm{T}}\alpha_1 & \alpha_2^{\mathrm{T}}\alpha_2 & \cdots & \alpha_2^{\mathrm{T}}\alpha_n \\ \vdots & \vdots & \ddots & \vdots \\ \alpha_n^{\mathrm{T}}\alpha_1 & \alpha_n^{\mathrm{T}}\alpha_2 & \cdots & \alpha_n^{\mathrm{T}}\alpha_n \end{pmatrix}
$$

代入矩阵 A 的列向量组为单位正交向量组的条件有

$$
A^{\mathrm{T}}A = \begin{pmatrix} \alpha_1^{\mathrm{T}}\alpha_1 & \alpha_1^{\mathrm{T}}\alpha_2 & \cdots & \alpha_1^{\mathrm{T}}\alpha_n \\ \alpha_2^{\mathrm{T}}\alpha_1 & \alpha_2^{\mathrm{T}}\alpha_2 & \cdots & \alpha_2^{\mathrm{T}}\alpha_n \\ \vdots & \vdots & \ddots & \vdots \\ \alpha_n^{\mathrm{T}}\alpha_1 & \alpha_n^{\mathrm{T}}\alpha_2 & \cdots & \alpha_n^{\mathrm{T}}\alpha_n \end{pmatrix} = \begin{pmatrix} 1 & 0 & \cdots & 0 \\ 0 & 1 & \cdots & 0 \\ \vdots & \vdots & \ddots & \vdots \\ 0 & 0 & \cdots & 1 \end{pmatrix} = E
$$

从而根据正交矩阵的定义得到矩阵 A 为正交矩阵，从而充分性得证.

即 A 为正交矩阵的充要条件是其列向量组为单位正交向量组；同理可证，A 为正交矩阵的充要条件是其行向量组也为单位正交向量组.

4.3.2 实对称矩阵的特征值和特征向量

实对称矩阵的特征值与特征向量有许多特殊的地方,下面以定理的形式给出.

定理 4.14 实对称矩阵的特征值都是实数,且不同特征值对应的特征向量不但线性无关而且相互正交.

证明 对于特征值都是实数结论的证明需要使用复数知识,证明过程放在附录中,这里只对后面的性质证明.设 λ_1,λ_2 是 A 的不同特征值,α_1,α_2 分别为 A 的属于λ_1,λ_2 的特征向量.于是

$$A\alpha_1 = \lambda_1\alpha_1,\quad A\alpha_2 = \lambda_2\alpha_2$$

第一式两边左乘 α_2^{T},得

$$\alpha_2^{\mathrm{T}}A\alpha_1 = \alpha_2^{\mathrm{T}}\lambda_1\alpha_1 = \lambda_1\alpha_2^{\mathrm{T}}\alpha_1 \tag{4.11}$$

注意到 $\alpha_2^{\mathrm{T}}A\alpha_1=(A^{\mathrm{T}}\alpha_2)^{\mathrm{T}}\alpha_1=(A\alpha_2)^{\mathrm{T}}\alpha_1=\lambda_2\alpha_2^{\mathrm{T}}\alpha_1$.代入式(4.11),有

$$\lambda_2\alpha_2^{\mathrm{T}}\alpha_1 = \lambda_1\alpha_2^{\mathrm{T}}\alpha_1$$

即

$$(\lambda_2-\lambda_1)\alpha_2^{\mathrm{T}}\alpha_1 = 0$$

由于 $\lambda_1\neq\lambda_2$,所以 $\alpha_2^{\mathrm{T}}\alpha_1=0$,即 α_2 与 α_1 正交.

【例 4.16】 求矩阵 $A=\begin{pmatrix}1&3&3\\3&1&3\\3&3&1\end{pmatrix}$的特征值与特征向量,并验证特征向量之间的正交性.

解 由例 4.3 可知,其特征值 $\lambda_1=7,\lambda_2=\lambda_3=-2$(二重),属于特征值 $\lambda_1=7$ 的全部特征向量为

$$c_1\begin{pmatrix}1\\1\\1\end{pmatrix}\quad (c_1\neq 0)$$

属于特征值 $\lambda_2=\lambda_3=-2$ 的全部特征向量为

$$c_2\begin{pmatrix}-1\\1\\0\end{pmatrix}+c_3\begin{pmatrix}-1\\0\\1\end{pmatrix}\quad (c_2,c_3\text{ 不全为 }0)$$

容易验证,向量$(1,1,1)^{\mathrm{T}}$ 与$(-1,1,0)^{\mathrm{T}}$ 和$(-1,0,1)^{\mathrm{T}}$ 分别正交,即对应特征值 $\lambda_1=7$ 的任一特征向量与对应特征值 $\lambda_2=\lambda_3=-2$ 的任一特征向量正交.

4.3.3 实对称矩阵的对角化

实对称矩阵除了有特殊的特征值和特征向量外,其对角化所使用的矩阵也很

特殊，下面定理给出了这个结论.

定理 4.15　设 A 为 n 阶实对称矩阵，则存在 n 阶正交矩阵 Q，使得 $Q^{-1}AQ = Q^{\mathrm{T}}AQ$ 为对角矩阵.

我们把这个定理的证明放在附录中.根据定理 4.15，任一实对称矩阵 A 都可以对角化，因此，对 A 的任一 n_i 重特征值 λ_i，齐次线性方程组 $(A-\lambda_i E)x=0$ 的基础解系中必含有 n_i 个线性无关的特征向量，它们都是 A 的属于 λ_i 的特征向量，把这些向量正交化，再单位化后，合在一起就得到正交矩阵 Q，使 $Q^{-1}AQ = Q^{\mathrm{T}}AQ$ 成为对角矩阵，具体步骤如下：

(1) 求出特征方程 $|A-\lambda E|=0$ 的所有不同的根 $\lambda_1,\lambda_2,\cdots,\lambda_m$，其中 $\lambda_i(i=1,2,\cdots,m)$ 为 A 的 n_i 重特征值；

(2) 对每一特征值 $\lambda_i(i=1,2,\cdots,m)$，解齐次线性方程组 $(A-\lambda_i E)x=0$，求得它的一个基础解系 $\alpha_{i1},\alpha_{i2},\cdots,\alpha_{in_i}$；

(3) 利用施密特正交化方法，把向量组 $\alpha_{i1},\alpha_{i2},\cdots,\alpha_{in_i}(i=1,2,\cdots,m)$ 正交化，得到正交向量组 $\beta_{i1},\beta_{i2},\cdots,\beta_{in_i}$，再将所得到的正交向量组单位化，得到正交单位向量组 $\gamma_{i1},\gamma_{i2},\cdots,\gamma_{in_i}$；

(4) 令矩阵 $Q=(\gamma_{11},\gamma_{12},\cdots,\gamma_{1n_1},\gamma_{21},\gamma_{22},\cdots,\gamma_{2n_2},\cdots,\gamma_{m1},\gamma_{m2},\cdots,\gamma_{mn_m})$，则 Q 为正交矩阵，且

$$Q^{-1}AQ = \Lambda = \mathrm{diag}(\overbrace{\lambda_1,\cdots,\lambda_1}^{n_1},\overbrace{\lambda_2,\cdots,\lambda_2}^{n_2},\cdots,\overbrace{\lambda_m,\cdots,\lambda_m}^{n_m})$$

其中，矩阵 Λ 的主对角线元素 $\lambda_i(i=1,2,\cdots,m)$ 的重数为 n_i，并且排列顺序与 Q 中正交单位向量组的排列顺序相对应.需要说明的是：正交化只对重根对应的特征向量进行，对于单根情形只要进行单位化就可以了，下面例题表明了上述求解过程.

【例 4.17】　设矩阵 $A=\begin{pmatrix}1&1&1\\1&1&1\\1&1&1\end{pmatrix}$，求正交矩阵 Q，使 $Q^{-1}AQ$ 为对角矩阵.

解　矩阵 A 的特征方程为

$$|A-\lambda E| = \begin{vmatrix}1-\lambda&1&1\\1&1-\lambda&1\\1&1&1-\lambda\end{vmatrix} = -\lambda^2(\lambda-3)=0$$

所以矩阵 A 的特征值为 $\lambda_1=\lambda_2=0,\lambda_3=3$.

对于 $\lambda_1=\lambda_2=0$，解齐次线性方程组 $(A-0E)x=0$，得基础解系

$$\alpha_1=(-1,1,0)^{\mathrm{T}},\quad \alpha_2=(-1,0,1)^{\mathrm{T}}$$

对于 $\lambda_3=3$，解齐次线性方程组 $(A-3E)x=0$，得基础解系

$$\alpha_3 = (1,1,1)^{\mathrm{T}}$$

将 α_1,α_2 先正交化再单位化，得到

$$\gamma_1 = \left(-\frac{1}{\sqrt{2}},\frac{1}{\sqrt{2}},0\right)^{\mathrm{T}},\quad \gamma_2 = \left(-\frac{1}{\sqrt{6}},-\frac{1}{\sqrt{6}},\frac{2}{\sqrt{6}}\right)^{\mathrm{T}}$$

将 α_3 单位化，得

$$\gamma_3 = \left(\frac{1}{\sqrt{3}},\frac{1}{\sqrt{3}},\frac{1}{\sqrt{3}}\right)^{\mathrm{T}}$$

令

$$Q = (\gamma_1,\gamma_2,\gamma_3) = \begin{pmatrix} -\frac{1}{\sqrt{2}} & -\frac{1}{\sqrt{6}} & \frac{1}{\sqrt{3}} \\ \frac{1}{\sqrt{2}} & -\frac{1}{\sqrt{6}} & \frac{1}{\sqrt{3}} \\ 0 & \frac{2}{\sqrt{6}} & \frac{1}{\sqrt{3}} \end{pmatrix}$$

则 Q 为正交矩阵，且 $Q^{-1}AQ=\begin{pmatrix} 0 & & \\ & 0 & \\ & & 3 \end{pmatrix}$.

【例 4.18】 设三阶实对称矩阵 A 的特征值为 $\lambda_1=-1,\lambda_2=\lambda_3=1$，对应于 $\lambda_1=-1$ 的特征向量为 $\alpha_1=(0,1,1)^{\mathrm{T}}$，求矩阵 A.

解 三阶实对称矩阵 A 必可对角化，对应于二重特征值 $\lambda_2=\lambda_3=1$ 的线性无关的特征向量应有两个，设为 α_2,α_3. 根据定理 4.14，α_2 和 α_3 都与 α_1 正交. 设与向量 α_1 正交的向量为 $\alpha=(x_1,x_2,x_3)^{\mathrm{T}}$，则

$$\alpha_1^{\mathrm{T}}\alpha = (0,1,1)\begin{pmatrix} x_1 \\ x_2 \\ x_3 \end{pmatrix} = x_2 + x_3 = 0$$

解此齐次线性方程组，可得基础解系为

$$\alpha_2 = (1,0,0)^{\mathrm{T}},\quad \alpha_3 = (0,1,-1)^{\mathrm{T}}$$

由于 α_2 与 α_3 已经正交，所以只需将 $\alpha_1,\alpha_2,\alpha_3$ 单位化：

$$\beta_1 = \frac{\alpha_1}{\|\alpha_1\|} = \left(0,\frac{1}{\sqrt{2}},\frac{1}{\sqrt{2}}\right)^{\mathrm{T}}$$

$$\beta_2 = \frac{\alpha_2}{\|\alpha_2\|} = (1,0,0)^{\mathrm{T}}$$

$$\beta_3 = \frac{\alpha_3}{\|\alpha_3\|} = \left(0,\frac{1}{\sqrt{2}},-\frac{1}{\sqrt{2}}\right)^{\mathrm{T}}$$

令矩阵

$$Q=(\beta_1,\beta_2,\beta_3)=\begin{pmatrix}0&1&0\\ \frac{1}{\sqrt{2}}&0&\frac{1}{\sqrt{2}}\\ \frac{1}{\sqrt{2}}&0&-\frac{1}{\sqrt{2}}\end{pmatrix},\quad \Lambda=\begin{pmatrix}-1&&\\&1&\\&&1\end{pmatrix}$$

则 Q 为正交矩阵，且 $Q^{-1}AQ=\Lambda$，所以有

$$A=Q\Lambda Q^{-1}=Q\Lambda Q^{\mathrm{T}}=\begin{pmatrix}0&1&0\\ \frac{1}{\sqrt{2}}&0&\frac{1}{\sqrt{2}}\\ \frac{1}{\sqrt{2}}&0&-\frac{1}{\sqrt{2}}\end{pmatrix}\begin{pmatrix}-1&&\\&1&\\&&1\end{pmatrix}\begin{pmatrix}0&\frac{1}{\sqrt{2}}&\frac{1}{\sqrt{2}}\\1&0&0\\0&\frac{1}{\sqrt{2}}&-\frac{1}{\sqrt{2}}\end{pmatrix}$$

$$=\begin{pmatrix}1&0&0\\0&0&-1\\0&-1&0\end{pmatrix}$$

有关实对称矩阵的进一步分析，将在第 5 章的二次型中讨论.

最后，我们回到本章开始提出的问题，如何求矩阵 A^n 的值，进而计算第 n 年后从事农业、工业、商业人数的稳定态势.

由于矩阵 A 为实对称矩阵，因此一定可以对角化. 首先求得特征值与特征向量为

$$|A-\lambda E|=\begin{vmatrix}0.7-\lambda&0.2&0.1\\0.2&0.7-\lambda&0.1\\0.1&0.1&0.8-\lambda\end{vmatrix}=-(\lambda-0.5)(\lambda-0.7)(\lambda-1)$$

由此得到特征值分别为

$$\lambda_1=0.5,\quad \lambda_2=0.7,\quad \lambda_3=1$$

当 $\lambda_1=0.5$ 时，由

$$(A-\lambda_1E)=\begin{pmatrix}0.7-0.5&0.2&0.1\\0.2&0.7-0.5&0.1\\0.1&0.1&0.8-0.5\end{pmatrix}$$

$$=\begin{pmatrix}0.2&0.2&0.1\\0.2&0.2&0.1\\0.1&0.1&0.3\end{pmatrix}\to\begin{pmatrix}1&1&0\\0&0&1\\0&0&0\end{pmatrix}$$

得到 A 的属于特征值 $\lambda_1=0.5$ 的特征向量为 $p_1=(-1,1,0)^{\mathrm{T}}$.

当 $\lambda_2=0.7$ 时，由

$$(A-\lambda_2 E)=\begin{pmatrix}0.7-0.7 & 0.2 & 0.1\\ 0.2 & 0.7-0.7 & 0.1\\ 0.1 & 0.1 & 0.8-0.7\end{pmatrix}$$

$$=\begin{pmatrix}0 & 0.2 & 0.1\\ 0.2 & 0 & 0.1\\ 0.1 & 0.1 & 0.1\end{pmatrix}\to\begin{pmatrix}1 & 0 & 1/2\\ 0 & 1 & 1/2\\ 0 & 0 & 0\end{pmatrix}$$

得到 A 的属于特征值$\lambda_2=0.7$ 的特征向量为 $p_2=(-1,-1,2)^{\mathrm{T}}$.

当 $\lambda_3=1$ 时,由

$$(A-\lambda_3 E)=\begin{pmatrix}0.7-1 & 0.2 & 0.1\\ 0.2 & 0.7-1 & 0.1\\ 0.1 & 0.1 & 0.8-1\end{pmatrix}$$

$$=\begin{pmatrix}-0.3 & 0.2 & 0.1\\ 0.2 & -0.3 & 0.1\\ 0.1 & 0.1 & -0.2\end{pmatrix}\to\begin{pmatrix}1 & 0 & -1\\ 0 & 1 & -1\\ 0 & 0 & 0\end{pmatrix}$$

得到 A 的属于特征值$\lambda_3=1$ 的特征向量为 $p_3=(1,1,1)^{\mathrm{T}}$.

令 $P=(p_1,p_2,p_3)$,根据矩阵对角化方法得到 $P^{-1}AP=\Lambda$,从而得到 $A=P\Lambda P^{-1}$,进而得到 $A^n=P\Lambda^n P^{-1}$.计算得到

$$P^{-1}=\begin{pmatrix}-1/2 & 1/2 & 0\\ -1/6 & -1/6 & 1/3\\ 1/3 & 1/3 & 1/3\end{pmatrix}$$

从而得到

$$\begin{aligned}A^n w_0 &= P\Lambda^n P^{-1}w_0\\ &=\begin{pmatrix}-1 & -1 & 1\\ 1 & -1 & 1\\ 0 & 2 & 1\end{pmatrix}\begin{pmatrix}0.5^n & 0 & 0\\ 0 & 0.7^n & 0\\ 0 & 0 & 1\end{pmatrix}\begin{pmatrix}-1/2 & 1/2 & 0\\ -1/6 & -1/6 & 1/3\\ 1/3 & 1/3 & 1/3\end{pmatrix}\begin{pmatrix}25\\ 15\\ 10\end{pmatrix}\\ &=\begin{pmatrix}5\times 0.5^n+10/3\times 0.7^n+50/3\\ -5\times 0.5^n+10/3\times 0.7^n+50/3\\ -20/3\times 0.7^n+50/3\end{pmatrix}\end{aligned}$$

根据上述结果可以得到,当 $n\to\infty$ 时,有

$$\lim_{n\to\infty}w_n=\begin{pmatrix}50/3\\ 50/3\\ 50/3\end{pmatrix}$$

附　　录

1. 证明:定理 4.6 成立.

证明　利用数学归纳法来证明.首先验证 $m=1$ 结论成立.事实上,假设存在一组实数 $k_{11},k_{12},\cdots,k_{1s_1}$,使得下式成立:

$$k_{11}\alpha_{11}+k_{12}\alpha_{12}+\cdots+k_{1s_1}\alpha_{1s_1}=0 \tag{4.12}$$

而 $\alpha_{11},\alpha_{12},\cdots,\alpha_{1s_1}$ 是对应特征值 λ_1 的特征向量,也就是下列线性方程组的基础解系:

$$(A-\lambda_1E)x=0$$

因此 $\alpha_{11},\alpha_{12},\cdots,\alpha_{1s_1}$ 是线性无关的.

假设 $t=m-1$ 时成立,即向量组

$$\alpha_{11},\alpha_{12},\cdots,\alpha_{1s_1},\alpha_{21},\alpha_{22},\cdots,\alpha_{2s_2},\cdots,\alpha_{m-1s_1},\alpha_{m-1s_2},\cdots,\alpha_{m-1s_{m-1}}$$

线性无关.当 $t=m$ 时,再设存在 m 组系数 $l_{ij}(i=1,2,\cdots,m;j=1,2,\cdots,s_i)$,使得下列等式成立:

$$\begin{aligned}&l_{11}\alpha_{11}+\cdots+l_{1s_1}\alpha_{1s_1}+l_{21}\alpha_{21}+\cdots+l_{2s_2}\alpha_{2s_2}+\cdots\\&\quad+l_{m1}\alpha_{m1}+\cdots+l_{ms_m}\alpha_{ms_m}=0\end{aligned} \tag{4.13}$$

分别左乘矩阵 A 和 λ_m,并利用 $A\alpha_{ij}=\lambda_i\alpha_{ij}(i=1,2,\cdots,m;j=1,2,\cdots,s_i)$得到

$$\begin{aligned}&\lambda_1(l_{11}\alpha_{11}+\cdots+l_{1s_1}\alpha_{1s_1})+\lambda_2(l_{21}\alpha_{21}+\cdots+l_{2s_2}\alpha_{2s_2})+\cdots\\&\quad+\lambda_m(l_{m1}\alpha_{m1}+\cdots+l_{ms_m}\alpha_{ms_m})=0\\&\lambda_m(l_{11}\alpha_{11}+\cdots+l_{1s_1}\alpha_{1s_1})+\lambda_m(l_{21}\alpha_{21}+\cdots+l_{2s_2}\alpha_{2s_2})+\cdots\\&\quad+\lambda_m(l_{m1}\alpha_{m1}+\cdots+l_{ms_m}\alpha_{ms_m})=0\end{aligned}$$

两式相减得

$$\begin{aligned}&(\lambda_m-\lambda_1)(l_{11}\alpha_{11}+\cdots+l_{1s_1}\alpha_{1s_1})+(\lambda_m-\lambda_2)(l_{21}\alpha_{21}+\cdots+l_{2s_2}\alpha_{2s_2})\\&\quad+\cdots+(\lambda_m-\lambda_{m-1})(l_{m-11}\alpha_{m-11}+\cdots+l_{m-1s_{m-1}}\alpha_{m-1s_{m-1}})=0\end{aligned}$$

由归纳假设知,向量组

$$\alpha_{11},\alpha_{12},\cdots,\alpha_{1s_1},\alpha_{21},\alpha_{22},\cdots,\alpha_{2s_2},\cdots,\alpha_{m-1s_1},\alpha_{m-1s_2},\cdots,\alpha_{m-1s_{m-1}}$$

是线性无关的,则有

$$(\lambda_m-\lambda_i)l_{ij}=0\quad(i=1,2,\cdots,m-1;j=1,2,\cdots,s_i)$$

由于 $\lambda_m\neq\lambda_i(i=1,2,\cdots,m-1)$,则有

$$l_{ij}=0\quad(i=1,2,\cdots,m-1;j=1,2,\cdots,s_i)$$

成立.将这个结论代回式(4.13),得到

$$l_{m1}\alpha_{m1}+\cdots+l_{ms_m}\alpha_{ms_m}=0 \tag{4.14}$$

仿照 $m=1$ 的证明过程得到 $l_{m1}=\cdots=l_{ms_m}=0$，因此得到

$$l_{ij}=0 \quad (i=1,2,\cdots,m;j=1,2,\cdots,s_i)$$

所以当 $t=m$ 时，$\alpha_{11},\alpha_{12},\cdots,\alpha_{1s_1},\alpha_{21},\alpha_{22},\cdots,\alpha_{2s_2},\cdots,\alpha_{m1},\alpha_{m2},\cdots,\alpha_{ms_m}$ 线性无关，根据数学归纳法知道定理 4.6 成立.

2. 证明：n 阶实对称矩阵的特征值为实数.

证明 设 A 为 n 阶实对称矩阵，λ_0 是 A 在复数域上的任一特征值. 我们只需证明 $\lambda_0=\overline{\lambda_0}$，其中 $\overline{\lambda_0}$ 是 λ_0 的共轭复数.

根据特征值的定义，设 A 的属于特征值 λ_0 的特征向量为 $\alpha=(\alpha_1,\alpha_2,\cdots,\alpha_n)^{\mathrm{T}}$. 则

$$A\alpha=\lambda_0\alpha \quad (\alpha\neq 0)$$

对上式两边取共轭，得 $\overline{A\alpha}=\overline{\lambda_0\alpha}$，即

$$\bar{A}\bar{\alpha}=\overline{\lambda_0}\bar{\alpha} \tag{4.15}$$

其中 $\bar{A}$ 是 A 的各元素均取其共轭复数后得到的 n 阶矩阵，$\bar{\alpha}=(\overline{\alpha_1},\overline{\alpha_2},\cdots,\overline{\alpha_n})^{\mathrm{T}}$. 由于 A 的元素均为实数，所以 $\bar{A}=A$. 于是式(4.15)可写成

$$A\bar{\alpha}=\overline{\lambda_0}\bar{\alpha}$$

注意到 $A^{\mathrm{T}}=A$，对上式两边取转置，有

$$\bar{\alpha}^{\mathrm{T}}A=\overline{\lambda_0}\,\bar{\alpha}^{\mathrm{T}}$$

两边同时右乘 α，得

$$\bar{\alpha}^{\mathrm{T}}A\alpha=\overline{\lambda_0}\,\bar{\alpha}^{\mathrm{T}}\alpha$$

即

$$\lambda_0\,\bar{\alpha}^{\mathrm{T}}\alpha=\overline{\lambda_0}\,\bar{\alpha}^{\mathrm{T}}\alpha$$

移项有

$$(\lambda_0-\overline{\lambda_0})\bar{\alpha}^{\mathrm{T}}\alpha=0$$

由于

$$\bar{\alpha}^{\mathrm{T}}\alpha=\overline{\alpha_1}\alpha_1+\overline{\alpha_2}\alpha_2+\cdots+\overline{\alpha_n}\alpha_n=|\alpha_1|^2+|\alpha_2|^2+\cdots+|\alpha_n|^2\neq 0$$

其中 $|\alpha_i|$ 表示复数 α_i 的模长，所以 $\lambda_0-\overline{\lambda_0}=0$，即 $\lambda_0=\overline{\lambda_0}$. 也就是 λ_0 必为实数. 由 λ_0 的任意性知 A 的任一特征值必为实数.

3. 证明：n 阶实对称矩阵 A 一定可以对角化.

证明 对矩阵 A 的阶数用数学归纳法. 当 $n=1$ 时，一阶矩阵 A 已是对角矩阵，结论显然成立；假设对任意的 $n-1$ 阶实对称矩阵，结论成立. 下面证明：对 n 阶实对称矩阵 A，结论也成立.

设 λ_1 是 A 的一个特征值，α_1 是 A 的属于 λ_1 的一个实特征向量，由于 $\dfrac{\alpha_1}{\|\alpha_1\|}$ 也是 A 的属于 λ_1 的特征向量，故不妨设 α_1 已是单位向量. 记 Q_1 是以 α_1 为第一列的任一 n 阶正交矩阵，把 Q_1 分块为 $Q_1=(\alpha_1,R)$，其中 R 为 $n\times(n-1)$

阶矩阵，则

$$Q_1^{-1}AQ_1 = Q_1^{\mathrm{T}}AQ_1 = \begin{pmatrix} \alpha_1^{\mathrm{T}} \\ R^{\mathrm{T}} \end{pmatrix} A(\alpha_1, R) = \begin{pmatrix} \alpha_1^{\mathrm{T}}A\alpha_1 & \alpha_1^{\mathrm{T}}AR \\ R^{\mathrm{T}}A\alpha_1 & R^{\mathrm{T}}AR \end{pmatrix}$$

注意到 $A\alpha_1=\lambda_1\alpha_1$，$\alpha_1^{\mathrm{T}}\alpha_1=1$ 及 α_1 与 R 的各列向量都正交，所以

$$Q_1^{-1}AQ_1 = \begin{pmatrix} \lambda_1 & 0^{\mathrm{T}} \\ 0 & A_1 \end{pmatrix}$$

其中 $A_1=R^{\mathrm{T}}AR$ 为 $n-1$ 阶实对称矩阵. 根据归纳法假设，对于 A_1，存在 $n-1$ 阶正交矩阵 Q_2，使得

$$Q_2^{-1}A_1Q_2 = \begin{pmatrix} \lambda_2 & & & \\ & \lambda_3 & & \\ & & \ddots & \\ & & & \lambda_n \end{pmatrix}$$

令 $Q_3=\begin{pmatrix} 1 & 0^{\mathrm{T}} \\ 0 & Q_2 \end{pmatrix}$，不难验证 Q_3 仍是正交矩阵，并且

$$Q_3^{-1}(Q_1^{-1}AQ_1)Q_3 = \begin{pmatrix} 1 & 0^{\mathrm{T}} \\ 0 & Q_2 \end{pmatrix}^{-1} \begin{pmatrix} \lambda_1 & 0^{\mathrm{T}} \\ 0 & A_1 \end{pmatrix} \begin{pmatrix} 1 & 0^{\mathrm{T}} \\ 0 & Q_2 \end{pmatrix} = \begin{pmatrix} \lambda_1 & 0^{\mathrm{T}} \\ 0 & Q_2^{-1}A_1Q_2 \end{pmatrix} = \begin{pmatrix} \lambda_1 & & & \\ & \lambda_2 & & \\ & & \ddots & \\ & & & \lambda_n \end{pmatrix}$$

记 $Q=Q_1Q_3$，则上面的结果表明 $Q^{-1}AQ$ 为对角矩阵. 由数学归纳法原理，对任意的 n 阶实对称矩阵，定理的结论成立.

习 题 4

A 组

一、选择题

1. 设 A,B 均为三阶方阵，且 A 与 B 相似，A 的特征值为 1,2,3，则 $(2B)^{-1}$ 的特征值为(　　).

A. $2,1,\frac{3}{2}$　　B. $\frac{1}{2},\frac{1}{4},\frac{1}{6}$　　C. 1,2,3　　D. $2,1,\frac{2}{3}$

2. 设 $A=\begin{pmatrix}1&1&4\\1&x&2\\0&0&1\end{pmatrix}$ 且 A 的特征值为 0,1,2，则 $x=$(　　).

A. 1　　B. 2　　C. 3　　D. 4

3. 对于 n 阶矩阵 A，以下结论正确的是(　　).

A. 一定有 n 个不同的特征值

B. 存在可逆矩阵 B，使得 $B^{-1}AB$ 为对角矩阵

C. 它的特征值一定是正数

D. 属于不同特征值的特征向量一定线性无关

4. 设 A 是 n 阶可逆矩阵，λ_1,λ_2 是 A 的特征值，α_1,α_2 是 A 的分别对应于 λ_1,λ_2 的特征向量，则(　　).

A. 当 $\lambda_1=\lambda_2$ 时，α_1,α_2 一定成比例

B. 当 $\lambda_1=\lambda_2$ 时，α_1,α_2 一定不成比例

C. 当 $\lambda_1\neq\lambda_2$ 时，α_1,α_2 一定成比例

D. 当 $\lambda_1\neq\lambda_2$ 时，α_1,α_2 一定不成比例

5. 设 A,B 为 n 阶方阵，且 A 与 B 相似，则下述结论正确的是(　　).

A. $A-\lambda E=B-\lambda E$

B. A 与 B 有相同的特征值和特征向量

C. A 与 B 都能与一个对角矩阵相似

D. 对任意常数 k，$A-kE$ 与 $B-kE$ 相似

6. n 阶矩阵与对角矩阵相似的充要条件是(　　).

A. A 有 n 个不全相同的特征值　　B. A^{T} 有 n 个不全相同的特征值

C. A 有 n 个不相同的特征值　　D. A 有 n 个线性无关的特征向量

7. 矩阵 $\begin{pmatrix} 1 & a & 1 \\ a & b & a \\ 1 & a & 1 \end{pmatrix}$ 与矩阵 $\begin{pmatrix} 2 & 0 & 0 \\ 0 & b & 0 \\ 0 & 0 & 0 \end{pmatrix}$ 相似的充分必要条件是(　　).

A. $a=0,b=2$　　B. $a=0$，b 为任意常数

C. $a=2,b=0$　　D. $a=2$，b 为任意常数

8. n 阶方阵 A 具有 n 个不同的特征值是 A 与对角阵相似的(　　).

A. 充分必要条件　　B. 充分而非必要条件

C. 必要而非充分条件　　D. 既非充分条件而非必要条件

9. 设3阶方阵 A 有特征值 $-1,1,2$，它们所对应的特征向量分别为 P_1,P_2,P_3，令 $P=(P_1,P_2,P_3)$，则 $P^{-1}AP$ 为(　　).

A. $\begin{pmatrix} -1 & 0 & 0 \\ 0 & 1 & 0 \\ 0 & 0 & 2 \end{pmatrix}$　　B. $\begin{pmatrix} 1 & 0 & 0 \\ 0 & 2 & 0 \\ 0 & 0 & -1 \end{pmatrix}$

C. $\begin{pmatrix} 1 & 0 & 0 \\ 0 & -1 & 0 \\ 0 & 0 & 2 \end{pmatrix}$　　D. $\begin{pmatrix} 2 & 0 & 0 \\ 0 & -1 & 0 \\ 0 & 0 & 1 \end{pmatrix}$

10. 已知矩阵 $A=\begin{pmatrix} 2 & 0 & 0 \\ 0 & 2 & 1 \\ 0 & 0 & 1 \end{pmatrix}$，$B=\begin{pmatrix} 2 & 1 & 0 \\ 0 & 2 & 0 \\ 0 & 0 & 1 \end{pmatrix}$，$C=\begin{pmatrix} 1 & 0 & 0 \\ 0 & 2 & 0 \\ 0 & 0 & 2 \end{pmatrix}$，则(　　).

A. A 与 C 相似，B 与 C 相似　　B. A 与 C 相似，B 与 C 不相似

C. A 与 C 不相似，B 与 C 相似　　D. A 与 C 不相似，B 与 C 不相似

11. 下列矩阵中，与矩阵 $\begin{pmatrix} 1 & 1 & 0 \\ 0 & 1 & 1 \\ 0 & 0 & 1 \end{pmatrix}$ 相似的为(　　).

A. $\begin{pmatrix} 1 & 1 & -1 \\ 0 & 1 & 1 \\ 0 & 0 & 1 \end{pmatrix}$　　B. $\begin{pmatrix} 1 & 0 & -1 \\ 0 & 1 & 1 \\ 0 & 0 & 1 \end{pmatrix}$

C. $\begin{pmatrix} 1 & 1 & -1 \\ 0 & 1 & 0 \\ 0 & 0 & 1 \end{pmatrix}$　　D. $\begin{pmatrix} 1 & 0 & -1 \\ 0 & 1 & 0 \\ 0 & 0 & 1 \end{pmatrix}$

12. 设 A 是 n 阶矩阵，λ_1,λ_2 是 A 的特征值，α_1,α_2 是 A 的分别对应于 λ_1,λ_2 的特征向量，对于不全为零的常数 c_1,c_2 有(　　).

A. 当 $\lambda_1\neq\lambda_2$ 时，$c_1\alpha_1+c_2\alpha_2$ 必为 A 的特征向量

B. 当 $\lambda_1\neq\lambda_2$ 时，α_1,α_2 是 A 相应于 λ_1,λ_2 唯一的两个线性无关的特征

向量

C. 当 $\lambda_1=\lambda_2$ 时,若 $c_1\alpha_1+c_2\alpha_2$ 是非零向量,则它必为 A 的特征向量

D. 当 $\lambda_1=\lambda_2$ 时,α_1,α_2 必为 A 相应于 λ_1,λ_2 的两个线性无关的特征向量

13. 若 n 阶矩阵 A 的任意行中的 n 个元素的和都是 a,则 A 的一个特征值为(　　).

A. a　　B. $-a$　　C. 0　　D. a^{-1}

14. 若 n 阶矩阵 A 与某个对角矩阵相似,则(　　).

A. 方阵 A 的秩等于 n　　B. 方阵 A 有 n 个不相同的特征值

C. 方阵 A 一定是对角矩阵　　D. 方阵 A 有 n 个线性无关的特征向量

15. n 阶实矩阵 A 为满秩矩阵,则(　　).

A. A 必有 n 个互不相同的特征值

B. A 必有 n 个线性无关的特征向量

C. A 必相似于一个满秩的对角矩阵

D. A 的特征值必不为零

二、填空题

1. 设 λ 是 n 阶可逆矩阵 A 的一个特征值,则 A^{-1} 的一个特征值为________;A^* 的一个特征值为________;A^m 的一个特征值为________.

2. 若 λ_0 是矩阵 A 的特征值,则 λ_0 是________的根.

3. n 阶矩阵 A 与________有相同的特征值.

4. 若 A 为 n 阶矩阵,$Ax=0$ 有非零解,则 A 必有一特征值为________.

5. 若 α 为 A 的特征向量,则 $P^{-1}AP$ 的特征向量为______α.

6. 若 n 阶矩阵 A 与 B 相似,且 $A^2=A$,则 $B^2=$________.

7. 三阶矩阵 A 的三个互异特征值为 $\lambda_1,\lambda_2,\lambda_3$,它们对应的特征列向量分别为 $\alpha_1,\alpha_2,\alpha_3$,则矩阵 $(\alpha_1,\alpha_2,\alpha_3)$ 的秩为________.

8. n 阶零矩阵的全部特征向量为________.

9. 在 $\mathbf{R}^4$ 中与向量 $(1,1,-1,1)^{\mathrm{T}},(1,-1,-1,1)^{\mathrm{T}},(2,1,1,3)^{\mathrm{T}}$ 都正交的一个单位向量为________.

10. 若 $A^2=E$,则 A 的特征值为________.

三、计算题

1. 试用施密特法把下列向量组正交化:

(1) $(a_1,a_2,a_3)=\begin{pmatrix}1&1&1\\1&2&4\\1&3&9\end{pmatrix}$;　　(2) $(a_1,a_2,a_3)=\begin{pmatrix}1&1&-1\\0&-1&1\\-1&0&1\\1&1&0\end{pmatrix}$.

2. 判断下列矩阵是不是正交矩阵:

(1) $\begin{pmatrix} 1 & -\frac{1}{2} & \frac{1}{3} \\ -\frac{1}{2} & 1 & \frac{1}{2} \\ \frac{1}{3} & \frac{1}{2} & -1 \end{pmatrix}$;　　(2) $\begin{pmatrix} \frac{1}{9} & -\frac{8}{9} & -\frac{4}{9} \\ -\frac{8}{9} & \frac{1}{9} & -\frac{4}{9} \\ -\frac{4}{9} & -\frac{4}{9} & \frac{7}{9} \end{pmatrix}$.

3. 求下列矩阵的全部特征值和特征向量:

(1) $\begin{pmatrix} 1 & -1 \\ 2 & 4 \end{pmatrix}$;　(2) $\begin{pmatrix} 1 & 2 & 3 \\ 2 & 1 & 3 \\ 3 & 3 & 6 \end{pmatrix}$;　(3) $\begin{pmatrix} 1 & 0 & 0 \\ -2 & 5 & -2 \\ -2 & 4 & -1 \end{pmatrix}$;

(4) $\begin{pmatrix} 4 & -5 & 2 \\ 5 & -7 & 3 \\ 6 & -9 & 4 \end{pmatrix}$;　(5) $\begin{pmatrix} 5 & 3 & 1 & 1 \\ -3 & -1 & 1 & -1 \\ 0 & 0 & 1 & 0 \\ 0 & 0 & 2 & 2 \end{pmatrix}$;　(6) $\begin{pmatrix} 0 & 0 & 0 & 1 \\ 0 & 0 & 1 & 0 \\ 0 & 1 & 0 & 0 \\ 1 & 0 & 0 & 0 \end{pmatrix}$.

4. 判断上题中哪些矩阵可以对角化,对那些可对角化的矩阵 A,写出可逆矩阵 P 使 $P^{-1}AP$ 为对角矩阵,并写出该对角矩阵.

5. 求正交矩阵 U 使 $U^{-1}AU$ 为对角矩阵,并写出该对角矩阵.

(1) $A=\begin{pmatrix} 5 & -1 & 3 \\ -1 & 5 & -3 \\ 3 & -3 & 3 \end{pmatrix}$;　(2) $A=\begin{pmatrix} 3 & 1 & 0 & -1 \\ 1 & 3 & -1 & 0 \\ 0 & -1 & 3 & 1 \\ -1 & 0 & 1 & 3 \end{pmatrix}$;

(3) $A=\begin{pmatrix} 2 & -1 & -1 & 1 \\ -1 & 2 & 1 & -1 \\ -1 & 1 & 2 & -1 \\ 1 & -1 & -1 & 2 \end{pmatrix}$.

6. 设 6,3,3 为实对称矩阵 A 的特征值,A 的对应于 3 的特征向量为 $(-1,0,1)^{\mathrm{T}}$,$(1,2,1)^{\mathrm{T}}$.求:(1) 对应于 6 的特征向量;(2) 矩阵 A.

7. 已知 $\lambda=0$ 是 $A=\begin{pmatrix} 3 & 2 & -2 \\ -k & 1 & k \\ 4 & k & -3 \end{pmatrix}$ 的特征值,判断 A 能否对角化,并说明理由.

8. 设 $\lambda=2$ 为 A 的特征值,求行列式 $|A^2-3A+2E|$ 的值.

9. 设三阶方阵 A 的特征值为 1,2,3,求 $|A^3-3A+E|$.

10. 设 $A=\begin{pmatrix} 1 & 0 & 1 \\ 0 & 2 & 0 \\ 1 & 0 & 1 \end{pmatrix}$,计算 $A^n-2A^{n-1}(n\geqslant 2)$.

11. 设 $A=\begin{pmatrix}0&0&1\\x&1&y\\1&0&0\end{pmatrix}$ 可相似对角化，求 x,y 之间关系.

12. 已知矩阵 $A=\begin{pmatrix}-2&-2&1\\2&x&-2\\0&0&-2\end{pmatrix}$ 与矩阵 $B=\begin{pmatrix}2&1&0\\0&-1&0\\0&0&y\end{pmatrix}$ 相似，(1) 求 x,y；(2) 求可逆矩阵 P 使得 $P^{-1}AP=B$.

13. 设矩阵 $A=\begin{pmatrix}1&-1&1\\x&4&y\\-3&-3&5\end{pmatrix}$，已知 A 有三个线性无关的特征向量，$\lambda=2$ 是 A 的二重特征值，试求 x,y 的值及可逆矩阵 P，使 $P^{-1}AP$ 为对角矩阵.

14. 设三阶方阵 A 满足 $A\alpha_i=i\alpha_i\,(i=1,2,3)$. 其中 $\alpha_1=(1,2,2)^{\mathrm{T}}$，$\alpha_2=(2,-2,1)^{\mathrm{T}}$，$\alpha_3=(-2,-1,2)^{\mathrm{T}}$. 求 A^n.

四、证明题

1. 设 A,B 为正交矩阵，则矩阵 $A^{\mathrm{T}},B^{-1},A^{-1}B^{\mathrm{T}}$ 及 $\begin{pmatrix}A&0\\0&B\end{pmatrix}$，$\dfrac{\sqrt{2}}{2}\begin{pmatrix}A&A\\-A&A\end{pmatrix}$ 都是正交矩阵.

2. 设 A,B 为同阶方阵，证明：AB 与 BA，$AB+B$ 与 $BA+B$ 均分别有相同的特征值.

3. 设 A 为 n 阶正交矩阵且 $|A|=-1$，证明：-1 是 A 的一个特征值.

4. 证明：实对称正交矩阵的特征值为 1 或 -1.

5. 设 A,B 均为 n 阶方阵，试证明：若 A 可逆，则矩阵 AB 与矩阵 BA 相似.

6. 设 A,B 为实对称矩阵，则 A,B 相似$\Leftrightarrow A$ 与 B 的特征值相同.

7. 设 n 阶方阵 A 满足 $A^2-3A+2E=0$，证明 A 相似于一个对角矩阵.

8. 设 2 阶矩阵 A 有两个不同特征值，α_1,α_2 是 A 的线性无关的特征向量，且满足 $A^2(\alpha_1+\alpha_2)=\alpha_1+\alpha_2$，则 $|A|=-1$.

B 组

一、选择题

1. 设 A,B 为同阶可逆矩阵，则(　　).

A. $AB=BA$

B. 存在可逆矩阵 P,使 $P^{-1}AP=B$

C. 存在可逆矩阵 C,使 $C^{T}AC=B$

D. 存在可逆矩阵 P 和 Q,使 $PAQ=B$

2. 设 A,B 为 n 阶矩阵,且 A 与 B 相似, E 为 n 阶单位矩阵,则(　　).

A. $\lambda E-A=\lambda E-B$

B. A 与 B 有相同的特征值和特征向量

C. A 与 B 都相似于一个对角矩阵

D. 对任意常数 t, $tE-A$ 与 $tE-B$ 相似

3. 设 A 是 n 阶实对称矩阵,P 是 n 阶可逆矩阵. 已知 n 维列向量 α 是 A 的属于特征值 λ 的特征向量,则矩阵 $(P^{-1}AP)^{T}$ 属于特征值 λ 的特征向量是(　　).

A. $P^{-1}\alpha$　　B. $P^{T}\alpha$　　C. $P\alpha$　　D. $(P^{-1})^{T}\alpha$

4. 设 λ_1,λ_2 是矩阵 A 的两个不同的特征值,对应的特征向量分别为 α_1,α_2,则 $\alpha_1,A(\alpha_1+\alpha_2)$ 线性无关的充分必要条件是(　　).

A. $\lambda_1=0$　　B. $\lambda_2=0$　　C. $\lambda_1\neq 0$　　D. $\lambda_2\neq 0$

5. 设 A 为四阶对称矩阵,且 $A^2+A=0$,若 A 的秩为3,则 A 相似于(　　).

A. $\begin{pmatrix}1&&&\\&1&&\\&&1&\\&&&0\end{pmatrix}$　　B. $\begin{pmatrix}1&&&\\&1&&\\&&-1&\\&&&0\end{pmatrix}$

C. $\begin{pmatrix}1&&&\\&-1&&\\&&-1&\\&&&0\end{pmatrix}$　　D. $\begin{pmatrix}-1&&&\\&-1&&\\&&-1&\\&&&0\end{pmatrix}$

二、填空题

1. 若四阶矩阵 A 与 B 相似,矩阵 A 的特征值为 $\frac{1}{2},\frac{1}{3},\frac{1}{4},\frac{1}{5}$,则行列式 $|B^{-1}-E|=$________.

2. 设三阶矩阵 A 的特征值为 1, 2, 2, E 为三阶单位矩阵,则 $|4A^{-1}-E|=$________.

3. 设 $\alpha=(1,1,1)^{T}$, $\beta=(1,0,k)^{T}$,若矩阵 $\alpha\beta^{T}$ 相似于 $\begin{pmatrix}3&0&0\\0&0&0\\0&0&0\end{pmatrix}$,

则$k=$________.

三、计算题

1. 设三阶实对称矩阵A的特征值是1,2,3;矩阵A的属于特征值1,2的特征向量分别是$\alpha_1=(-1,-1,1)^T$,$\alpha_2=(1,-2,-1)^T$.

求:(1) A的属于特征值3的特征向量;(2) 矩阵A.

2. 设向量$\alpha=(a_1,a_2,\cdots,a_n)^T$,$\beta=(b_1,b_2,\cdots,b_n)^T$都是非零向量,且满足条件$\alpha^T\beta=0$,记$n$阶矩阵$A=\alpha\beta^T$.

求:(1) A^2;(2) 矩阵A的特征值和特征向量.

3. 设矩阵$A=\begin{pmatrix} a & -1 & c \\ 5 & b & 3 \\ 1-c & 0 & -a \end{pmatrix}$,且$|A|=-1$,又设$A$的伴随矩阵$A^*$有特征值$\lambda_0$,属于$\lambda_0$的一个特征向量为$\alpha=(-1,-1,1)^T$,求$a,b,c$和$\lambda_0$的值.

4. 设矩阵$A=\begin{pmatrix} 1 & 1 & a \\ 1 & a & 1 \\ a & 1 & 1 \end{pmatrix}$,$\beta=\begin{pmatrix} 1 \\ 1 \\ -2 \end{pmatrix}$,已知线性方程组$AX=\beta$有解,但不唯一,试求:(1) a的值;(2) 正交矩阵Q,使Q^TAQ为对角矩阵.

5. 设A为三阶实对称矩阵,且满足条件$A^2+2A=0$,已知A的秩$R(A)=2$,求A的全部特征值.

6. 设n阶矩阵

$$A=\begin{pmatrix} 1 & b & \cdots & b \\ b & 1 & \cdots & b \\ \vdots & \vdots & \ddots & \vdots \\ b & b & \cdots & 1 \end{pmatrix}$$

(1) 求A的特征值和特征向量;

(2) 求可逆矩阵P,使得$P^{-1}AP$为对角矩阵.

7. 设三阶实对称矩阵A的各行元素之和均为3,向量$\alpha_1=(-1,2,-1)^T$,$\alpha_2=(0,-1,1)^T$是线性方程组$Ax=0$的两个解.

(1) 求A的特征值与特征向量;

(2) 求正交矩阵Q和对角矩阵Λ,使得$Q^TAQ=\Lambda$;

(3) 求A及$\left(A-\dfrac{3}{2}E\right)^6$,其中$E$为三阶单位矩阵.

8. 设三阶对称矩阵A的特征值为$\lambda_1=1$,$\lambda_2=2$,$\lambda_3=-2$,$\alpha_1=(1,-1,1)^T$是A的属于λ_1的一个特征向量,记$B=A^5-4A^3+E$,其中E为三阶单位矩阵.

(1) 验证α_1是矩阵B的特征向量,并求B的全部特征值与特征向量;

(2) 求矩阵B.

9. 设 A 为三阶矩阵，α_1,α_2 为 A 的分别属于特征值 $-1,1$ 的特征向量，向量 α_3 满足 $A\alpha_3=\alpha_2+\alpha_3$.

(1) 证明：$\alpha_1,\alpha_2,\alpha_3$ 线性无关；(2) 令 $P=(\alpha_1,\alpha_2,\alpha_3)$，求 $P^{-1}AP$.

10. 设 $A=\begin{pmatrix}0 & -1 & 4\\ -1 & 3 & a\\ 4 & a & 0\end{pmatrix}$，存在正交矩阵 Q 使得 $Q^{\mathrm{T}}AQ$ 为对角矩阵，若 Q 的第一列为 $\frac{1}{\sqrt{6}}(1,2,1)^{\mathrm{T}}$，求 a,Q.

第5章　二　次　型

二次型的系统研究是从18世纪开始的,它起源于对二次曲线和二次曲面分类问题的讨论.将二次曲线和二次曲面的方程适当变形,选有主轴方向的轴作为坐标轴,以简化方程的形式.例如在平面解析几何中,以坐标原点为中心的二次曲线的一般方程为

$$ax^2 + bxy + cy^2 = d$$

上式左端是一个二次齐次多项式,为便于研究二次曲线的几何性质,我们可以选择适当的角度 θ 作坐标旋转变换

$$\begin{cases} x = x'\cos\theta - y'\sin\theta \\ y = x'\sin\theta + y'\cos\theta \end{cases}$$

后,可以消去交叉项 xy,化成只含平方项的标准形式

$$a'x'^2 + b'y'^2 = d$$

由此,可以方便地判别曲线的类型,从而研究它的性质.

柯西在其著作中指出:当方程是标准型时,二次曲面就可以用二次型的符号来进行分类.然而,令柯西不解的是,在化简成标准型时,为何总是得到同样数目的正项和负项,这实际上是二次型的惯性定理所阐述的性质,西尔维斯特研究了这个问题,并给出 n 个变元的二次型的惯性定理,但遗憾的是,他没有对惯性定理给出严格的证明,这个定理后来由雅可比重新发现并被证明.1801年,高斯在《算术研究》中相继引进了二次型的正定、负定、半正定和半负定等术语.

二次型化简的进一步研究涉及二次型或行列式特征方程的概念.拉格朗日在关于线性微分方程组的著作中首先明确地提出了特征方程的概念,但在二次型中的应用则由阿歇特、蒙日和泊松完成,他们研究了三个变元的二次型的特征值的性质问题.1826年,数学家柯西开始研究化三元二次型为标准型问题,他利用特征根的概念解决了 n 元二次型的化简问题,并证明了两个 n 元二次型 $f(x_1, x_2, \cdots, x_n) = X^{\mathrm{T}}AX$ 和 $g(x_1, x_2, \cdots, x_n) = X^{\mathrm{T}}BX$ 可用非退化线性变换 $X = CY$ 同时化为标准型.1858年,魏尔斯特拉斯对同时化两个二次型成平方和给出了一个一般的方法,并证明,如果二次型之一是正定的,那么即使某些特征根相等,这个化简也是可能的.魏尔斯特拉斯比较系统地完成了二次型的理论并将其推广到双线性型.

类似于这种通过线性变换把二次齐次多项式化为标准型的问题，不但在几何中出现，而且在数学的其他分支、经济管理领域、力学等数学模型中经常使用到，例如二次型理论可以应用到某些优化决策中，通过二次型的有定性来求解多元函数的极值.下面给出经济管理中一个例子加以说明.

【例 5.1】 某企业生产两种产品，总收益函数 $R(Q_1,Q_2)=14Q_1+18Q_2$，总成本函数 $C(Q_1,Q_2)=3Q_1^2+Q_1Q_2+4Q_2^2$，其中 Q_1,Q_2 是两种产品的产量.试求出该企业利润的最大值及其对应的两种产品的产量.

求解该问题就可以利用二次型的有定性来实现，具体求解过程参见本章最后的介绍.

本章在介绍二次型及其相关概念的基础上，首先讨论如何通过可逆的线性变换把二次齐次多项式化为标准型、规范型，其次给出二次型与实对称矩阵有定性的判断定理，最后介绍了二次型理论的两个应用.

5.1 二次型与线性变换

5.1.1 二次型及其矩阵

定义 5.1 只含有二次项的 n 元多项式

$$\begin{aligned}f(x_1,x_2,\cdots,x_n) &= a_{11}x_1^2+2a_{12}x_1x_2+\cdots+2a_{1n}x_1x_n\\&\quad+a_{22}x_2^2+\cdots+2a_{2n}x_2x_n+\cdots+a_{nn}x_n^2\end{aligned}\tag{5.1}$$

称为 $x_1,x_2,\cdots,x_n$ 的一个 n 元二次型.

当 $a_{ij}(i,j=1,2,\cdots,n)$ 为复数时，$f(x_1,x_2,\cdots,x_n)$ 称为复二次型；当 $a_{ij}(i,j=1,2,\cdots,n)$ 为实数时，$f(x_1,x_2,\cdots,x_n)$ 称为实二次型.本章仅讨论实二次型.

若令 $a_{ij}=a_{ji}$，则 $2a_{ij}x_ix_j=a_{ij}x_ix_j+a_{ji}x_jx_i(i,j=1,2,\cdots,n)$，于是上述二次型可改成

$$\begin{aligned}f(x_1,x_2,\cdots,x_n) &= a_{11}x_1^2+a_{12}x_1x_2+\cdots+a_{1n}x_1x_n\\&\quad+a_{21}x_2x_1+a_{22}x_2^2+\cdots+a_{2n}x_2x_n\\&\quad+\cdots+a_{n1}x_nx_1+a_{n2}x_nx_2+\cdots+a_{nn}x_n^2\\&=\sum_{j=1}^{n}\sum_{i=1}^{n}a_{ij}x_ix_j\end{aligned}$$

从而二次型可用矩阵形式表示.

$$f(x_1,x_2,\cdots,x_n)=x_1(a_{11}x_1+a_{12}x_2+a_{13}x_3+\cdots+a_{1n}x_n)$$

$$
\begin{aligned}
&+ x_2(a_{21}x_1 + a_{22}x_2 + a_{23}x_3 + \cdots + a_{2n}x_n) \\
&+ \cdots + x_n(a_{n1}x_1 + a_{n2}x_2 + a_{n3}x_3 + \cdots + a_{nn}x_n) \\
&= (x_1, x_2, \cdots, x_n)\begin{pmatrix} a_{11}x + a_{12}x_2 + \cdots + a_{1n}x_n \\ a_{21}x_1 + a_{22}x_2 + \cdots + a_{2n}x_n \\ \vdots \\ a_{n1}x_1 + a_{n2}x_2 + \cdots + a_{nn}x_n \end{pmatrix} \\
&= (x_1, x_2, \cdots, x_n)\begin{pmatrix} a_{11} & a_{12} & \cdots & a_{1n} \\ a_{21} & a_{22} & \cdots & a_{2n} \\ \vdots & \vdots & \ddots & \vdots \\ a_{n1} & a_{n2} & \cdots & a_{nn} \end{pmatrix}\begin{pmatrix} x_1 \\ x_2 \\ \vdots \\ x_n \end{pmatrix}
\end{aligned}
$$

记

$$
A = \begin{pmatrix} a_{11} & a_{12} & \cdots & a_{1n} \\ a_{21} & a_{22} & \cdots & a_{2n} \\ \vdots & \vdots & \ddots & \vdots \\ a_{n1} & a_{n2} & \cdots & a_{nn} \end{pmatrix}, \quad x = \begin{pmatrix} x_1 \\ x_2 \\ \vdots \\ x_n \end{pmatrix}
$$

则式(5.1)中的二次型可记作

$$
f(x) = x^{\mathrm{T}}Ax \quad (A^{\mathrm{T}} = A) \tag{5.2}
$$

对称矩阵 A 称为二次型 $f(x)$ 的矩阵，对称矩阵 A 的秩称为二次型 $f(x)$ 的秩. 由此可见，二次型与其矩阵之间存在着一一对应的关系.

【例 5.2】 二次型

$$
f(x_1, x_2, x_3) = x_1^2 - 4x_1x_2 + 2x_2x_3 + x_3^2
$$

可用矩阵形式表示为

$$
f(x_1, x_2, x_3) = (x_1, x_2, x_3)\begin{pmatrix} 1 & -2 & 0 \\ -2 & 0 & 1 \\ 0 & 1 & 1 \end{pmatrix}\begin{pmatrix} x_1 \\ x_2 \\ x_3 \end{pmatrix}
$$

从而二次型 $f(x_1, x_2, x_3) = x_1^2 - 4x_1x_2 + 2x_2x_3 + x_3^2$ 对应的矩阵为

$$
A = \begin{pmatrix} 1 & -2 & 0 \\ -2 & 0 & 1 \\ 0 & 1 & 1 \end{pmatrix}
$$

由于 $|A| = -5 \neq 0$，于是 $R(A) = 3$，从而这个二次型的秩为 3.

【例 5.3】 已知某二次型对应的矩阵为

$$
A = \begin{pmatrix} 2 & & \\ & 3 & \\ & & -1 \end{pmatrix}
$$

则这个二次型为 $f(x_1, x_2, x_3) = 2x_1^2 + 3x_2^2 - x_3^2$，显然，这个二次型的秩是 3.

5.1.2 二次型的线性变换

定义 5.2 关系式

$$\begin{cases} x_1 = c_{11}y_1 + c_{12}y_2 + \cdots + c_{1n}y_n \\ x_2 = c_{21}y_1 + c_{22}y_2 + \cdots + c_{2n}y_n \\ \cdots \\ x_n = c_{n1}y_1 + c_{n2}y_2 + \cdots + c_{nn}y_n \end{cases} \tag{5.3}$$

称为由变量 $x_1, x_2, \cdots, x_n$ 到变量 $y_1, y_2, \cdots, y_n$ 的一个线性变换,简称线性变换.

若令

$$x = \begin{pmatrix} x_1 \\ x_2 \\ \vdots \\ x_n \end{pmatrix}, \quad C = \begin{pmatrix} c_{11} & c_{12} & \cdots & c_{1n} \\ c_{21} & c_{22} & \cdots & c_{2n} \\ \vdots & \vdots & \ddots & \vdots \\ c_{n1} & c_{n2} & \cdots & c_{nn} \end{pmatrix}, \quad y = \begin{pmatrix} y_1 \\ y_2 \\ \vdots \\ y_n \end{pmatrix}$$

则线性变换式(5.3)写成矩阵形式为

$$x = Cy \tag{5.4}$$

当 $|C| \neq 0$ 时,称线性变换式(5.3)为非退化的线性变换或可逆的线性变换.

把式(5.4)代入式(5.2)得

$$x^{\mathrm{T}}Ax = (Cy)^{\mathrm{T}}A(Cy) = y^{\mathrm{T}}(C^{\mathrm{T}}AC)y$$

令 $B = C^{\mathrm{T}}AC$,于是 $x^{\mathrm{T}}Ax = y^{\mathrm{T}}By$,因此 $y^{\mathrm{T}}By$ 是以 B 为矩阵的 y 的 n 元二次型.

定义 5.3 设 A, B 均为 n 阶矩阵,若存在可逆矩阵 C,使得 $B = C^{\mathrm{T}}AC$,则称矩阵 A 合同于矩阵 B,或 A 与 B 合同,记为 $A \simeq B$.

合同矩阵具有以下性质:

(1) 自反性:$A \simeq A$;

(2) 对称性:若 $A \simeq B$,则 $B \simeq A$;

(3) 传递性:若 $A \simeq B$, $B \simeq C$,则 $A \simeq C$.

由第 4 章的内容知道,任意一个实对称矩阵都可以化为对角矩阵,于是有如下定理:

定理 5.1 对于任一个实对称矩阵 A,存在一个可逆矩阵 C,使得 $C^{\mathrm{T}}AC$ 为对角矩阵,称这个对角矩阵为 A 的标准型,即任一个实对称矩阵与一个对角矩阵合同.

5.2 二次型的标准型及其求法

5.2.1 二次型的标准型

定义 5.4 若式(5.3)是非退化的线性变换,式(5.1)通过式(5.3)的线性变换,使 $y^{\mathrm{T}}By$ 有下面的形式:

$$\lambda_1 y_1^2 + \lambda_2 y_2^2 + \cdots + \lambda_r y_r^2$$

其中 $\lambda_i \neq 0(i=1,2,\cdots,r;r\leqslant n)$.称这个只含平方项的二次型为式(5.1)的一个标准型.易知 $R(A)=R(B)=r$.

每个二次型都有一个标准型与之对应,这由下面的定理保证.

定理 5.2 对于秩为 r 的 n 元二次型 $f(x)=x^{\mathrm{T}}Ax$,总存在可逆线性变换 $x=Cy$,使 $f(x)=x^{\mathrm{T}}Ax$ 化为标准型

$$\lambda_1 y_1^2 + \lambda_2 y_2^2 + \cdots + \lambda_r y_r^2$$

其中 $\lambda_i \neq 0(i=1,2,\cdots,r)$,$R(A)=r\leqslant n$.

证明 由于 A 是实对称矩阵,则存在正交矩阵 C,使得

$$C^{\mathrm{T}}AC = \begin{pmatrix} \lambda_1 & & & \\ & \lambda_2 & & \\ & & \ddots & \\ & & & \lambda_n \end{pmatrix}$$

其中 $\lambda_1,\lambda_2,\cdots,\lambda_n$ 为矩阵 A 的特征值.又因为 A 与 Λ 相似,所以有 $R(A)=R(\Lambda)=r\leqslant n$,即 $\lambda_1,\lambda_2,\cdots,\lambda_n$ 中不为 0 的数总共有 r 个,不妨设 $\lambda_1,\lambda_2,\cdots,\lambda_r$ 不为 0,其他的特征值等于 0.令 $x=Cy$,于是有

$$f(x) = x^{\mathrm{T}}Ax = y^{\mathrm{T}}C^{\mathrm{T}}ACy = y^{\mathrm{T}}\Lambda y = \lambda_1 y_1^2 + \lambda_2 y_2^2 + \cdots + \lambda_r y_r^2$$

5.2.2 二次型的标准型的常见求法

除了使用正交矩阵 C 来求标准型外,配方法也是一种比较直观的求二次型标准型的方法,下面的定理说明了这点:

定理 5.3 任何一个 n 元二次型都可通过配方法化为标准型.

证明 对变量的个数 n 作数学归纳法.$n=1$ 时,一元二次型 $f(x_1)=a_{11}x_1^2$ 已是标准型,结论成立.假设结论对于 $n-1$ 元的二次型成立,现证明对于 n 元二次型,结论也成立.

设二次型为

$$f(x_1,x_2,\cdots,x_n)=\sum_{j=1}^{n}\sum_{i=1}^{n}a_{ij}x_ix_j \quad (a_{ij}=a_{ji})$$

分三种情况讨论：

(1) $a_{11}\neq 0$ 时

$$\begin{aligned}f(x_1,x_2,\cdots,x_n)=&\sum_{j=1}^{n}\sum_{i=1}^{n}a_{ij}x_ix_j\\=&a_{11}\left[x_1^2+2x_1\left(\frac{a_{12}}{a_{11}}x_2+\frac{a_{13}}{a_{11}}x_3+\cdots+\frac{a_{1n}}{a_{11}}x_n\right)\right.\\&\left.+\left(\frac{a_{12}}{a_{11}}x_2+\frac{a_{13}}{a_{11}}x_3+\cdots+\frac{a_{1n}}{a_{11}}x_n\right)^2\right]\\&-\frac{1}{a_{11}}(a_{12}x_2+a_{13}x_3+\cdots+a_{1n}x_n)^2\\&+a_{22}x_2^2+2a_{23}x_2x_3+\cdots+2a_{2n}x_2x_n\\&+a_{33}x_3^2+\cdots+2a_{3n}x_3x_n+\cdots+a_{nn}x_n^2\\=&a_{11}\left(x_1+\frac{a_{12}}{a_{11}}x_2+\frac{a_{13}}{a_{11}}x_3+\cdots+\frac{a_{1n}}{a_{11}}x_n\right)^2\\&-\frac{1}{a_{11}}(a_{12}x_2+a_{13}x_3+\cdots+a_{1n}x_n)^2+\sum_{j=2}^{n}\sum_{i=2}^{n}a_{ij}x_ix_j\end{aligned}$$

令

$$\begin{cases}y_1=x_1+\dfrac{a_{12}}{a_{11}}x_2+\cdots+\dfrac{a_{1n}}{a_{11}}x_n\\y_2=x_2\\\cdots\\y_n=x_n\end{cases}$$

即

$$\begin{cases}x_1=y_1-\dfrac{a_{12}}{a_{11}}y_2-\cdots-\dfrac{a_{1n}}{a_{11}}y_n\\x_2=y_2\\\cdots\\x_n=y_n\end{cases}$$

为一个可逆线性变换，将原二次型化为

$$f(x_1,x_2,\cdots,x_n)=a_{11}y_1^2-\frac{1}{a_{11}}(a_{12}y_2+a_{13}y_3+\cdots+a_{1n}y_n)^2+\sum_{j=2}^{n}\sum_{i=2}^{n}a_{ij}y_iy_j$$

其中右边除去第一项 $a_{11}y_1^2$ 外，其余项是 $y_2,y_3,\cdots,y_n$ 的 $n-1$ 元二次型，由归纳假设，存在可逆线性替换

$$\begin{pmatrix} y_2 \\ y_3 \\ \vdots \\ y_n \end{pmatrix} = C_2 \begin{pmatrix} z_2 \\ z_3 \\ \vdots \\ z_n \end{pmatrix}$$

将这个 $n-1$ 元二次型化为标准型. 设为

$$d_2 z_2^2 + d_3 z_3^2 + \cdots + d_n z_n^2$$

于是作可逆线性替换

$$\begin{pmatrix} y_1 \\ y_2 \\ \vdots \\ y_n \end{pmatrix} = \begin{pmatrix} 1 & 0 \\ 0 & C_2 \end{pmatrix} \begin{pmatrix} z_1 \\ z_2 \\ \vdots \\ z_n \end{pmatrix}$$

将原二次型化为标准型

$$f(x_1, x_2, \cdots, x_n) = a_{11} z_1^2 + d_2 z_2^2 + d_3 z_3^2 + \cdots + d_n z_n^2$$

根据归纳法原理,结论成立.

(2) 若 $a_{11}=0$,但存在 $a_{jj}\neq 0(2\leqslant j\leqslant n)$,这时,可作可逆线性变换

$$\begin{cases} x_1 = y_j \\ x_j = y_1 \\ x_i = y_i \end{cases}$$

则原二次型化为情况(1)中的二次型形式,于是结论成立.

(3) 若 $a_{11}=a_{22}=\cdots=a_{nn}=0$,但有一个 $a_{ij}\neq 0(i\neq j)$. 此时,作可逆线性变换

$$\begin{cases} x_1 = y_1 \\ \cdots \\ x_{j-1} = y_{j-1} \\ x_j = y_j + y_i \\ x_{j+1} = y_{j+1} \\ \cdots \\ x_n = y_n \end{cases}$$

则原二次型可化为情况(2)中的二次型形式,从而结论成立.

综上所述,定理对任意 n 都成立. 以上证明过程也就是用配方法化二次型为标准型的过程.

【例 5.4】 用配方法化二次型为标准型,并写出非退化的线性变换.

$$f(x_1,x_2,x_3) = x_1^2 + 4x_1x_2 + 2x_2^2 - 4x_2x_3 + 3x_3^2$$

解

$$\begin{aligned} f(x_1,x_2,x_3) &= x_1^2 + 4x_1x_2 + 2x_2^2 - 4x_2x_3 + 3x_3^2 \\ &= (x_1+2x_2)^2 - 2(x_2+x_3)^2 + 5x_3^2 \end{aligned}$$

令

$$\begin{cases} y_1 = x_1 + 2x_2 \\ y_2 = x_2 + x_3 \\ y_3 = x_3 \end{cases} \Rightarrow \begin{cases} x_1 = y_1 - 2y_2 + 2y_3 \\ x_2 = y_2 - y_3 \\ x_3 = y_3 \end{cases}$$

因为

$$\begin{vmatrix} 1 & -2 & 2 \\ 0 & 1 & -1 \\ 0 & 0 & 1 \end{vmatrix} = 1 \neq 0$$

所以线性变换是非退化的,从而得到标准型

$$f = y_1^2 - 2y_2^2 + 5y_3^2$$

【例 5.5】 用配方法化二次型为标准型,并写出非退化的线性变换.

$$f(x_1,x_2,x_3) = x_1x_2 + x_1x_3 + x_2x_3$$

解 先令

$$\begin{cases} x_1 = y_1 + y_2 \\ x_2 = y_1 - y_2 \\ x_3 = y_3 \end{cases}$$

则

$$f = y_1^2 - y_2^2 + 2y_1y_3 = (y_1 + y_3)^2 - y_2^2 - y_3^2$$

再令

$$\begin{cases} z_1 = y_1 + y_3 \\ z_2 = y_2 \\ z_3 = y_3 \end{cases} \Rightarrow \begin{cases} x_1 = z_1 + z_2 - z_3 \\ x_2 = z_1 - z_2 - z_3 \\ x_3 = z_3 \end{cases}$$

因为

$$|C| = \begin{vmatrix} 1 & 1 & -1 \\ 1 & -1 & -1 \\ 0 & 0 & 1 \end{vmatrix} = -2 \neq 0$$

所以线性变换是非退化的.从而得到标准型

$$f(z_1,z_2,z_3) = z_1^2 - z_2^2 - z_3^2$$

根据定理5.1,任一个实对称矩阵都可与一个对角矩阵合同,这样对二次型矩阵 A 可找一个可逆矩阵 C,使 $C^{\mathrm{T}}AC$ 为对角矩阵,令 $x = Cy$,就可将二次型化为标准型了.由于可逆矩阵 C 可以表示为若干个初等矩阵的乘积,设 $C = EP_1P_2\cdots P_s$,其中 $P_i(i=1,2,\cdots,s)$是初等矩阵.于是有

$$C^{\mathrm{T}}AC = P_s^{\mathrm{T}}\cdots P_2^{\mathrm{T}}P_1^{\mathrm{T}}AP_1P_2\cdots P_s$$

为对角矩阵.可见,对 $2n \times n$ 矩阵 $\begin{pmatrix} A \\ \hline E \end{pmatrix}$ 施以相应于右乘 $P_1,P_2,\cdots,P_s$ 的初等列变换,再对 A 施以相应于 $P_s^{\mathrm{T}},\cdots,P_2^{\mathrm{T}},P_1^{\mathrm{T}}$ 的初等行变换,矩阵 A 变为对角矩阵,单位矩阵 E 就变为所要求的可逆矩阵 C.因此,可用初等变换的方法化二次型为标准型.

【例5.6】 用初等变换法化二次型为标准型,并写出非退化的矩阵.

$$f(x_1,x_2,x_3) = x_1^2 + 2x_1x_2 + 2x_1x_3 + 2x_2^2 + 4x_2x_3 + x_3^2$$

解 此二次型对应的矩阵为

$$A = \begin{pmatrix} 1 & 1 & 1 \\ 1 & 2 & 2 \\ 1 & 2 & 1 \end{pmatrix}$$

$$\begin{pmatrix} A \\ \hline E \end{pmatrix} = \begin{pmatrix} 1 & 1 & 1 \\ 1 & 2 & 2 \\ 1 & 2 & 1 \\ \hline 1 & 0 & 0 \\ 0 & 1 & 0 \\ 0 & 0 & 1 \end{pmatrix} \xrightarrow{\text{第1列}\times(-1)\text{加到第2、3列}} \begin{pmatrix} 1 & 0 & 0 \\ 1 & 1 & 1 \\ 1 & 1 & 0 \\ \hline 1 & -1 & -1 \\ 0 & 1 & 0 \\ 0 & 0 & 1 \end{pmatrix} \xrightarrow{\text{第1行}\times(-1)\text{加到第2、3行}} \begin{pmatrix} 1 & 0 & 0 \\ 0 & 1 & 1 \\ 0 & 1 & 0 \\ \hline 1 & -1 & -1 \\ 0 & 1 & 0 \\ 0 & 0 & 1 \end{pmatrix} \xrightarrow{\text{第2列}\times(-1)\text{加到第3列}}$$

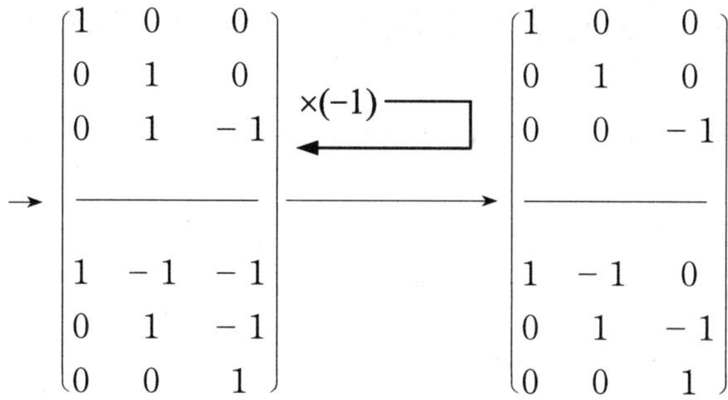

因此

$$C=\begin{pmatrix}1 & -1 & 0\\0 & 1 & -1\\0 & 0 & 1\end{pmatrix}$$

令

$$\begin{cases}x_1=z_1-z_2\\x_2=z_2-z_3\\x_3=z_3\end{cases}$$

代入原二次型可得标准型

$$f=z_1^2+z_2^2-z_3^2$$

这种同时使用行变换与列变换交替进行的方式使用起来有时很不方便，考虑到二次型的矩阵 A 为实对称矩阵，因此可以使用正交变换来对角化矩阵 A. 这就是下面定理 5.4 的方法.

定理 5.4　对 n 元二次型 $f(x)=x^{\mathrm{T}}Ax$，一定存在正交矩阵 Q，通过变换 $x=Qy$，使得 $f(x)=x^{\mathrm{T}}Ax$ 化为标准型

$$\lambda_1y_1^2+\lambda_2y_2^2+\cdots+\lambda_ny_n^2$$

其中 $\lambda_1,\lambda_2,\cdots,\lambda_n$ 为矩阵 A 的特征值.

利用正交变换法化二次型为标准型的步骤如下：

(1) 写出二次型的矩阵 A；

(2) 解特征方程 $|A-\lambda E|=0$，求出 A 的全部特征值；

(3) 对于每个特征值 λ 解齐次线性方程组 $(A-\lambda E)x=0$，求出基础解系；

(4) 对于属于 n_i 重特征值的 λ_i 对应的齐次线性方程组 $(A-\lambda_iE)x=0$ 的基础解系进行施密特正交化和单位化，对于非重根特征值 λ_i 对应的齐次线性方程组 $(A-\lambda_iE)x=0$ 的基础解系直接单位化；

(5) 将上述求得的 n 个单位化正交特征向量组作为矩阵 Q 的列向量，从而得到所需的正交矩阵 Q；

(6) $Q^{-1}AQ$ 为对角矩阵，其对角元素为 A 的全部实特征值，它们在对角矩阵中的排列顺序，与其特征向量在 Q 中的排列顺序一致.

【例 5.7】 用正交变换法将下面的二次型化为标准型，并写出所作的正交变换.

$$f(x_1,x_2,x_3) = x_1^2 + 4x_1x_2 + 2x_2^2 - 4x_2x_3 + 3x_3^2$$

解 容易得到 $A=\begin{pmatrix}1 & 2 & 0\\ 2 & 2 & -2\\ 0 & -2 & 3\end{pmatrix}$，从而有

$$|A-\lambda E| = \begin{vmatrix}1-\lambda & 2 & 0\\ 2 & 2-\lambda & -2\\ 0 & -2 & 3-\lambda\end{vmatrix} = -(\lambda+1)(\lambda-2)(\lambda-5) = 0$$

得特征值为 $\lambda_1=-1,\lambda_2=2,\lambda_3=5$.

当 $\lambda_1=-1$ 时，对应的齐次线性方程组 $(A+E)x=0$ 的一个基础解系为

$$\alpha_1=\begin{pmatrix}-2\\ 2\\ 1\end{pmatrix};$$

当 $\lambda_2=2$ 时，对应的齐次线性方程组 $(A-2E)x=0$ 的一个基础解系为

$$\alpha_2=\begin{pmatrix}2\\ 1\\ 2\end{pmatrix};$$

当 $\lambda_3=5$ 时，对应的齐次线性方程组 $(A-5E)x=0$ 的一个基础解系为

$$\alpha_3=\begin{pmatrix}-1\\ -2\\ 2\end{pmatrix}.$$

由于 $\alpha_1,\alpha_2,\alpha_3$ 为不同特征值的特征向量，只需直接单位化即可，得

$$\eta_1=\begin{pmatrix}-\frac{2}{3}\\ \frac{2}{3}\\ \frac{1}{3}\end{pmatrix},\quad \eta_2=\begin{pmatrix}\frac{2}{3}\\ \frac{1}{3}\\ \frac{2}{3}\end{pmatrix},\quad \eta_3=\begin{pmatrix}-\frac{1}{3}\\ -\frac{2}{3}\\ \frac{2}{3}\end{pmatrix}$$

令

$$Q=\begin{pmatrix}-\frac{2}{3} & \frac{2}{3} & -\frac{1}{3}\\ \frac{2}{3} & \frac{1}{3} & -\frac{2}{3}\\ \frac{1}{3} & \frac{2}{3} & \frac{2}{3}\end{pmatrix}$$

有

$$Q^{\mathrm{T}}AQ=\begin{pmatrix}-1 & & \\ & 2 & \\ & & 5\end{pmatrix}$$

即 $x=Qy$ 将二次型化为标准型

$$f=-y_1^2+2y_2^2+5y_3^2$$

【例 5.8】 用正交变换法将下面的二次型化为标准型,并写出所作的正交变换.

$$f(x_1,x_2,x_3)=2x_1^2+4x_1x_2-4x_1x_3+5x_2^2-8x_2x_3+5x_3^2$$

解　容易得到 $A=\begin{pmatrix}2 & 2 & -2\\ 2 & 5 & -4\\ -2 & -4 & 5\end{pmatrix}$,从而有

$$|A-\lambda E|=\begin{vmatrix}2-\lambda & 2 & -2\\ 2 & 5-\lambda & -4\\ -2 & -4 & 5-\lambda\end{vmatrix}=-(\lambda-1)^2(\lambda-10)=0$$

得特征值为 $\lambda_1=\lambda_2=1,\lambda_3=10$.

当 $\lambda_1=\lambda_2=1$ 时,对应的齐次线性方程组 $(A-E)x=0$ 的一个基础解系为

$\alpha_1=\begin{pmatrix}-2\\ 1\\ 0\end{pmatrix},\alpha_2=\begin{pmatrix}2\\ 0\\ 1\end{pmatrix}$,进行施密特正交单位化得 $\eta_1=\begin{pmatrix}-\frac{2}{5}\sqrt{5}\\ \frac{1}{5}\sqrt{5}\\ 0\end{pmatrix},\eta_2=\begin{pmatrix}\frac{2}{15}\sqrt{5}\\ \frac{4}{15}\sqrt{5}\\ \frac{1}{3}\sqrt{5}\end{pmatrix}$;

当 $\lambda_3=10$ 时,对应的齐次线性方程组 $(A-10E)x=0$ 的一个基础解系为 $\alpha_3=\begin{pmatrix}1\\ 2\\ -2\end{pmatrix}$.将 α_3 为单位化可得 $\eta_3=\begin{pmatrix}\frac{1}{3}\\ \frac{2}{3}\\ -\frac{2}{3}\end{pmatrix}$.令

$$Q=\begin{pmatrix}-\frac{2}{5}\sqrt{5} & \frac{2}{15}\sqrt{5} & \frac{1}{3}\\ \frac{1}{5}\sqrt{5} & \frac{4}{15}\sqrt{5} & \frac{2}{3}\\ 0 & \frac{1}{3}\sqrt{5} & -\frac{2}{3}\end{pmatrix}$$

有

$$Q^{T}AQ = \begin{pmatrix} 1 & & \\ & 1 & \\ & & 10 \end{pmatrix}$$

即 $x = Qy$ 将二次型化为标准型

$$f = y_1^2 + y_2^2 + 10y_3^2$$

用正交变换法将二次型化为标准型的方法,在理论上和实际应用方面都十分重要.

5.3 二次型的规范型与惯性定理

由 5.2 节的例 5.4 和例 5.7 可知,对同一个二次型,由于所作的可逆线性变换不同,所得到的标准型也不同,因此,二次型的标准型不唯一.那么同一个二次型的不同标准型之间有什么共同之处呢?从以上两个标准型看,它们都是三个非零平方项,且都是两个正项、一个负项,这是巧合还是必然?1852 年西尔维斯特提出了惯性定理,即任何 n 元二次型经过非退化线性变换总可以化成规范型

$$f = z_1^2 + z_2^2 + \cdots + z_p^2 - z_{p+1}^2 - \cdots z_r^2$$

并且 p, r 不是变量.1857 年,雅可比(Jacobi)证明了该结论.

5.3.1 二次型规范型的定义

设 $f(x_1, x_2, \cdots, x_n) = x^{T}Ax$ 是秩为 r 的实二次型,则由定理 5.2 知道,它可经过可逆的线性变换化为标准型,在标准型中再适当排列变量的次序,可得

$$f(x_1, x_2, \cdots, x_n) = b_1 y_1^2 + b_2 y_2^2 + \cdots + b_p y_p^2 - b_{p+1} y_{p+1}^2 - \cdots - b_r y_r^2$$

其中 $b_i > 0 (i = 1, 2, \cdots, r)$,$r$ 为二次型的秩.

再对标准型作一个可逆线性变换

$$\begin{cases} y_1 = \dfrac{1}{\sqrt{b_1}} z_1 \\ y_2 = \dfrac{1}{\sqrt{b_2}} z_2 \\ \cdots \\ y_r = \dfrac{1}{\sqrt{b_r}} z_r \\ y_{r+1} = z_{r+1} \\ \cdots \\ y_{n-1} = z_{n-1} \\ y_n = z_n \end{cases}$$

得

$$f(x_1, x_2, \cdots, x_n) = z_1^2 + z_2^2 + \cdots + z_p^2 - z_{p+1}^2 - \cdots - z_r^2 \tag{5.5}$$

称式(5.5)为二次型 $f(x_1, x_2, \cdots, x_n) = x^{\mathrm{T}} A x$ 的规范型，它完全由 r 和 p 确定.

5.3.2 二次型规范型的惯性定理

定理 5.5 任意一个二次型 $f(x_1, x_2, \cdots, x_n) = x^{\mathrm{T}} A x$，总可以经过一个适当的可逆的线性变换化为规范型，且规范型是唯一的，这就是惯性定理.

证明 定理的前半部分已由上面的分析证明，下面证明规范型的唯一性.

设二次型 $f(x_1, x_2, \cdots, x_n) = x^{\mathrm{T}} A x$ 经过可逆的线性变换 $x = C_1 y$ 变化得规范型

$$f = y_1^2 + y_2^2 + \cdots + y_p^2 - y_{p+1}^2 - \cdots - y_r^2 \tag{5.6}$$

而经过另一可逆线性变换 $x = C_2 z$ 变化得规范型

$$f = z_1^2 + z_2^2 + \cdots + z_q^2 - z_{q+1}^2 - \cdots - z_r^2 \tag{5.7}$$

下面要证明式(5.6)与式(5.7)相同，即证明 $p = q$.

反证法，不妨设 $p > q$.

由 $x = C_1 y$ 和 $x = C_2 z$ 可得 $z = C_2^{-1} C_1 y$，令

$$z = (z_1, z_2, \cdots, z_n)^{\mathrm{T}}, \quad y = (y_1, y_2, \cdots, y_n)^{\mathrm{T}}$$

记 $G = C_2^{-1} C_1 = (g_{ij})_{n \times n}$，于是有

$$\begin{cases} z_1 = g_{11}y_1 + g_{12}y_2 + \cdots + g_{1n}y_n \\ z_2 = g_{21}y_1 + g_{22}y_2 + \cdots + g_{2n}y_n \\ \cdots \\ z_q = g_{q1}y_1 + g_{q2}y_2 + \cdots + g_{qn}y_n \\ \cdots \\ z_n = g_{n1}y_1 + g_{n2}y_2 + \cdots + g_{nn}y_n \end{cases} \tag{5.8}$$

构造齐次线性方程组

$$\begin{cases} g_{11}y_1 + g_{12}y_2 + \cdots + g_{1n}y_n = 0 \\ g_{21}y_1 + g_{22}y_2 + \cdots + g_{2n}y_n = 0 \\ \cdots \\ g_{q1}y_1 + g_{q2}y_2 + \cdots + g_{qn}y_n = 0 \\ \cdots \\ y_{p+1} = 0 \\ \cdots \\ y_n = 0 \end{cases} \tag{5.9}$$

方程组含有 n 个未知量,而仅含 $q+(n-p)=n-(p-q)<n$ 个方程,因此必有非零解.不妨设 $y_0=(k_1,k_2,\cdots,k_p,k_{p+1},\cdots,k_n)$是方程组的一个非零解,显然 $k_{p+1}=k_{p+2}=\cdots=k_n=0$,于是 $k_1,k_2,\cdots,k_p$ 不全为 0,将 y_0 代入式(5.6)得

$$f = k_1^2 + k_2^2 + \cdots + k_p^2 > 0$$

同时,将 y_0 代入式(5.7)得 $z_0=(t_1,t_2,\cdots,t_q,t_{q+1},\cdots,t_n)^{\mathrm{T}}$,由于 y_0 是式(5.8)的解,因此有 $t_1=t_2=\cdots=t_q=0$,再将 z_0 代入式(5.7)得 $f=-t_{q+1}^2-t_{q+2}^2-\cdots-t_p^2<0$,这与式(5.6)和(5.7)相同相矛盾,所以 $p\leqslant q$.同理可证 $p\geqslant q$,因此,$p=q$.定理得证.

若用矩阵的语言来表示,惯性定理也可表示为定理 5.6.

定理 5.6　对任意一个秩为 r 的实对称矩阵 A,一定存在可逆矩阵 C,使得

$$C^{\mathrm{T}}AC = \begin{pmatrix} E_p & & \\ & -E_{r-p} & \\ & & 0 \end{pmatrix}_{n\times n}$$

其中,p 是由矩阵 A 唯一决定的.

定义 5.5　在秩为 r 的二次型的标准型或规范型中,正平方项的个数 p 称为二次型的正惯性指数,负平方项的个数 $r-p$ 称为二次型的负惯性指数,它们的差 $p-(r-p)=2p-r$ 称为符号差.

推论　任意两个 n 阶实对称矩阵合同的充要条件是它们有相同的秩和正惯性指数.

至此，本节开始时提出的两个问题已经解决.虽然同一个二次型的标准型不唯一，但是其规范型是唯一的.

5.4 二次型的有定性

5.4.1 二次型与实对称矩阵有定性的分类

定义 5.6 具有实对称矩阵 A 的二次型 $f(x)=x^{\mathrm{T}}Ax$，如果对于任意的 $x=(x_1,x_2,\cdots,x_n)^{\mathrm{T}}\neq 0$，恒有

(1) $f(x)=x^{\mathrm{T}}Ax>0$，则称 f 是正定的，A 为正定矩阵；

(2) $f(x)=x^{\mathrm{T}}Ax\geqslant 0$，且至少存在一个非零向量 x_0 使得 $f(x_0)={x_0}^{\mathrm{T}}Ax_0=0$，则称 f 是半正定的，A 为半正定矩阵；

(3) $f(x)=x^{\mathrm{T}}Ax<0$，则称 f 是负定的，A 为负定矩阵；

(4) $f(x)=x^{\mathrm{T}}Ax\leqslant 0$，且至少存在一个非零向量 x_0 使得 $f(x_0)={x_0}^{\mathrm{T}}Ax_0=0$，则称 f 是半负定的，A 为半负定矩阵.

若 $f(x)=x^{\mathrm{T}}Ax$ 的值可正可负，则称 f 是不定的.

我们根据定义，很容易对以下几个规范二次型的有定性进行判断：

(1) 二次型 $f(x_1,x_2,\cdots,x_n)=x_1^2+x_2^2+\cdots+x_n^2$，当 $x=(x_1,x_2,\cdots,x_n)^{\mathrm{T}}\neq 0$ 时，显然有 $f(x_1,x_2,\cdots,x_n)>0$，所以这个二次型是正定的，其对应的矩阵 E_n 是正定矩阵；

(2) 二次型 $f(x_1,x_2,\cdots,x_n)=-x_1^2-x_2^2-\cdots-x_n^2$，当 $x=(x_1,x_2,\cdots,x_n)^{\mathrm{T}}\neq 0$ 时，显然有 $f(x_1,x_2,\cdots,x_n)<0$，所以这个二次型是负定的，其对应的矩阵 $-E_n$ 是负定矩阵；

(3) 二次型 $f(x_1,x_2,\cdots,x_n)=x_1^2+x_2^2+\cdots+x_r^2\ (r<n)$，当 $x=(x_1,x_2,\cdots,x_n)^{\mathrm{T}}\neq 0$ 时，显然有 $f(x_1,x_2,\cdots,x_n)\geqslant 0$，所以这个二次型是半正定的，其对应的矩阵是半正定矩阵；

(4) 二次型 $f(x_1,x_2,\cdots,x_n)=-x_1^2-x_2^2-\cdots-x_r^2\ (r<n)$，当 $x=(x_1,x_2,\cdots,x_n)^{\mathrm{T}}\neq 0$ 时，显然有 $f(x_1,x_2,\cdots,x_n)\leqslant 0$，所以这个二次型是半负定的，其对应的矩阵是半负定矩阵；

(5) 二次型 $f(x_1,x_2,\cdots,x_n)=x_1^2+x_2^2+\cdots+x_p^2-x_{p+1}^2-\cdots-x_r^2\ (0<p<r)$，当 $x=(x_1,x_2,\cdots,x_n)^{\mathrm{T}}\neq 0$ 时，$f(x_1,x_2,\cdots,x_n)$ 的值可能为正，也可能为负，所以这个二次型是不定的，其对应的矩阵是不定矩阵.

5.4.2 二次型与对称矩阵有定性的判定

由于正定二次型在许多理论和实际问题中有广泛应用,以下着重讨论正定二次型和正定矩阵的判定条件.

定理 5.7 可逆的线性变换不改变二次型的定性.

证明 不妨设 $f(x_1,x_2,\cdots,x_n)=x^{\mathrm{T}}Ax$ 为正定的,对其作可逆的线性变换 $x=Cy$(C 为可逆矩阵),有

$$\begin{aligned}f(x_1,x_2,\cdots,x_n) = x^{\mathrm{T}}Ax &= (Cy)^{\mathrm{T}}A(Cy)\\ &= y^{\mathrm{T}}C^{\mathrm{T}}ACy\\ &= y^{\mathrm{T}}By\end{aligned}$$

其中 $B=C^{\mathrm{T}}AC$.下面证明二次型 $f=y^{\mathrm{T}}By$ 的正定性.

对于任意一个非零向量 y_0,都可由 $x=Cy$ 得到非零向量 x_0,使 $y_0=C^{-1}x_0$,则

$$f = y_0^{\mathrm{T}}By_0 = (C^{-1}x_0)^{\mathrm{T}}C^{\mathrm{T}}AC(C^{-1}x_0) = x_0^{\mathrm{T}}Ax_0 > 0$$

因此,二次型 $f=y^{\mathrm{T}}By$ 也是正定的.

同理可证明其他情况,所以定理 5.7 成立.

由定理 5.7 知道,实二次型与它的标准型、规范型有相同的定性,因而可由二次型的标准型或规范型讨论其定性问题.于是有下面的定理:

定理 5.8 n 元二次型 $f(x_1,x_2,\cdots,x_n)=x^{\mathrm{T}}Ax$ 为正定二次型(A 为正定矩阵)的充要条件是 A 的全部特征值大于 0.

证明 **充分性**:根据定理 5.4,必存在正交矩阵 Q,经过正交变换,二次型化为标准型

$$f = \lambda_1 y_1^2 + \lambda_2 y_2^2 + \cdots + \lambda_n y_n^2$$

其中 $\lambda_1,\lambda_2,\cdots,\lambda_n$($\lambda_i>0,i=1,2,\cdots,n$)为矩阵 A 的特征值,显然对于任意的 $y\neq 0$ 都有

$$f = \lambda_1 y_1^2 + \lambda_2 y_2^2 + \cdots + \lambda_n y_n^2 > 0$$

因此,再根据定理 5.7 得 $f(x_1,x_2,\cdots,x_n)=x^{\mathrm{T}}Ax$ 是正定的.

必要性:$f(x_1,x_2,\cdots,x_n)=x^{\mathrm{T}}Ax$ 为正定二次型,根据定理 5.7 有

$$f = \lambda_1 y_1^2 + \lambda_2 y_2^2 + \cdots + \lambda_n y_n^2 \quad (\lambda_1,\lambda_2,\cdots,\lambda_n \text{ 为矩阵} A \text{ 的特征值})$$

也是正定的.

若 $\lambda_1,\lambda_2,\cdots,\lambda_n$ 不全大于 0,不妨设 $\lambda_j\leqslant 0(1\leqslant j\leqslant n)$,显然存在

$$y_0 = (0,0,\cdots,0,a_j,0,\cdots,0) \quad (a_j \neq 0)$$

使得 $f=\lambda_1 y_1^2+\lambda_2 y_2^2+\cdots+\lambda_n y_n^2=\lambda_j a_j^2\leqslant 0$,这与 $f=\lambda_1 y_1^2+\lambda_2 y_2^2+\cdots+\lambda_n y_n^2$ 为正定相矛盾,所以矩阵 A 的所有特征值 $\lambda_1,\lambda_2,\cdots,\lambda_n$ 都大于零.

推论1 正定矩阵的行列式大于零.

推论2 n 元二次型 $f(x_1,x_2,\cdots,x_n)=x^{\mathrm{T}}Ax$ 为正定二次型的充要条件是二次型的正惯性指数为 n.

定理5.9 n 元二次型 $f(x_1,x_2,\cdots,x_n)=x^{\mathrm{T}}Ax$ 为正定二次型(A 为正定矩阵)的充要条件是 A 合同于 n 阶单位矩阵.

证明 **充分性**:若 A 合同于 n 阶单位矩阵,则存在可逆矩阵 C,使得 $C^{\mathrm{T}}AC=E$,令 $x=Cy$,则 $f=y_1^2+y_2^2+\cdots+y_n^2$,所以二次型 $f(x_1,x_2,\cdots,x_n)=x^{\mathrm{T}}Ax$ 为正定二次型(A 为正定矩阵).

必要性:根据定理5.6对任意一个秩为 r 的对称矩阵 A,一定存在可逆矩阵 C,使得

$$C^{\mathrm{T}}AC=\begin{pmatrix}E_p & & \\ & -E_{r-p} & \\ & & 0\end{pmatrix}_{n\times n}$$

二次型 $f(x_1,x_2,\cdots,x_n)=x^{\mathrm{T}}Ax$ 为正定二次型(A 为正定矩阵),则 A 的正惯性指数 $p=n$,故有 $C^{\mathrm{T}}AC=E$,即 A 合同于 n 阶单位矩阵.

推论 n 元二次型 $f(x_1,x_2,\cdots,x_n)=x^{\mathrm{T}}Ax$ 为正定二次型(A 为正定矩阵)的充要条件是 $f(x_1,x_2,\cdots,x_n)$ 的规范型为 $y_1^2+y_2^2+\cdots+y_n^2$.

【例5.9】 证明:若 A 为正定矩阵,则 A 的逆矩阵 A^{-1} 也是正定矩阵.

证明 由于 A 为正定矩阵,则 A 的全部特征值 $\lambda_i>0(i=1,2,\cdots,n)$.因此 A^{-1} 的特征值为 $\dfrac{1}{\lambda_i}(i=1,2,\cdots,n)$ 也都大于0,所以 A 的逆矩阵 A^{-1} 也是正定的.

采用类似的方法可以证明,A 是正定矩阵,则 $kA(k>0)$ 也是正定矩阵,A^m(m 为正整数)也是正定矩阵,A 的伴随矩阵 A^* 也是正定矩阵.

定义5.7 设 n 阶方阵

$$A=\begin{pmatrix}a_{11} & a_{12} & \cdots & a_{1n}\\ a_{21} & a_{22} & \cdots & a_{2n}\\ \vdots & \vdots & \ddots & \vdots\\ a_{n1} & a_{n2} & \cdots & a_{nn}\end{pmatrix}$$

称

$$|A_k|=\begin{vmatrix}a_{11} & a_{12} & \cdots & a_{1k}\\ a_{21} & a_{22} & \cdots & a_{2k}\\ \vdots & \vdots & \ddots & \vdots\\ a_{k1} & a_{k2} & \cdots & a_{kk}\end{vmatrix}\quad (k=1,2,\cdots,n)$$

为矩阵 $A=(a_{ij})_{n\times n}$ 的 k 阶顺序主子式.

定理5.10 n 元二次型 $f(x_1,x_2,\cdots,x_n)=x^{\mathrm{T}}Ax$ 为正定二次型(A 为正定

矩阵)的充要条件是 A 的所有顺序主子式都大于 0,即 $|A_k|>0(k=1,2,\cdots,n)$.

证明 **必要性**:设 $f(x_1,x_2,\cdots,x_n)=x^{\mathrm{T}}Ax$ 正定,令

$$x=(x_1,x_2,\cdots,x_k,0,0,\cdots,0)^{\mathrm{T}}\neq 0$$

则

$$\begin{aligned}f(x)&=a_{11}x_1^2+2a_{12}x_1x_2+\cdots+2a_{1k}x_1x_k\\&\quad+a_{22}x_2^2+\cdots+2a_{2k}x_2x_k+\cdots+a_{kk}x_k^2\end{aligned}$$

即

$$(x_1,x_2,\cdots,x_k)A_k\begin{pmatrix}x_1\\x_2\\\vdots\\x_k\end{pmatrix}>0$$

所以 $|A_k|>0(k=1,2,\cdots,n)$.

充分性:利用数学归纳法,设 $|A_k|>0(k=1,2,\cdots,n)$.

当 $n=1$ 时,一元二次型 $f(x_1)=a_{11}x_1^2$,$|A_1|=a_{11}>0$,显然,$f(x_1)$正定,结论成立.

假设对于 $n-1$ 元的二次型为正定二次型成立.现证明对于 n 元二次型为正定二次型,结论也成立.

设二次型为

$$\begin{aligned}f(x_1,x_2,\cdots,x_n)&=\sum_{i=1}^{n}\sum_{j=1}^{n}a_{ij}x_ix_j\\&=a_{11}\left(x_1+\frac{a_{12}}{a_{11}}x_2+\frac{a_{13}}{a_{11}}x_3+\cdots+\frac{a_{1n}}{a_{11}}x_n\right)^2\\&\quad+a'_{22}x_2^2+2a'_{23}x_2x_3+\cdots+2a'_{2n}x_2x_n\\&\quad+\cdots+a'_{nn}x_n^2\end{aligned}\tag{5.10}$$

因此,对于 $x=(x_1,x_2,\cdots,x_n)^{\mathrm{T}}\neq 0$,只要证明式(5.10)的 $n-1$ 元二次型

$$a'_{22}x_2^2+2a'_{23}x_2x_3+\cdots+2a'_{2n}x_2x_n+a'_{33}x_3^2+\cdots+2a'_{3n}x_3x_n+\cdots+a'_{nn}x_n^2$$

为正定的即可.即需证

$$|A'_k|=\begin{vmatrix}a'_{22}&a'_{23}&\cdots&a'_{2k}\\a'_{32}&a'_{33}&\cdots&a'_{3k}\\\vdots&\vdots&\ddots&\vdots\\a'_{k2}&a'_{k3}&\cdots&a'_{kk}\end{vmatrix}>0\quad(k=2,3,\cdots,n)$$

因为

$$0<|A_k|=\begin{vmatrix}a_{11}&a_{12}&\cdots&a_{1k}\\a_{21}&a_{22}&\cdots&a_{2k}\\\vdots&\vdots&\ddots&\vdots\\a_{k1}&a_{k2}&\cdots&a_{kk}\end{vmatrix}=\cdots=\begin{vmatrix}a_{11}&0&\cdots&0\\0&a'_{22}&\cdots&a'_{2k}\\\vdots&\vdots&\ddots&\vdots\\0&a'_{k2}&\cdots&a'_{kk}\end{vmatrix}$$

即

$$a_{11}\begin{vmatrix} a'_{22} & a'_{23} & \cdots & a'_{2k} \\ a'_{32} & a'_{33} & \cdots & a'_{3k} \\ \vdots & \vdots & \ddots & \vdots \\ a'_{k2} & a'_{k3} & \cdots & a'_{kk} \end{vmatrix} > 0$$

因为 $a_{11}>0$,所以

$$|A'_k| = \begin{vmatrix} a'_{22} & a'_{23} & \cdots & a'_{2k} \\ a'_{32} & a'_{33} & \cdots & a'_{3k} \\ \vdots & \vdots & \ddots & \vdots \\ a'_{k2} & a'_{k3} & \cdots & a'_{kk} \end{vmatrix} > 0 \quad (k = 2,3,\cdots,n)$$

由数学归纳法可得出,设 $|A_k|>0(k=1,2,\cdots,n)$,对于 $n-1$ 元的二次型为正定二次型成立,对于 n 元二次型为正定二次型的结论也成立,即 A 的所有顺序主子式都大于0,则 n 元二次型 $f(x_1,x_2,\cdots,x_n)=x^{\mathrm{T}}Ax$ 为正定二次型(A 为正定矩阵).

上面主要讨论了正定二次型的判定条件,对于二次型的其他有定性可以如下判断:

定理 5.11　n 元二次型 $f(x_1,x_2,\cdots,x_n)=x^{\mathrm{T}}Ax$ 为负定二次型(A 为负定矩阵)的充要条件有以下几个:

(1) A 的全部特征值小于0;

(2) 二次型的负惯性指数为 n;

(3) A 合同于 $-E_n$;

(4) A 的所有顺序主子式 $|A_k|$,满足 $(-1)^k|A_k|>0(k=1,2,\cdots,n)$.

定理 5.12　n 元二次型 $f(x_1,x_2,\cdots,x_n)=x^{\mathrm{T}}Ax$ 为半正定二次型(A 为半正定矩阵)的充要条件有以下几个:

(1) A 的全部特征值大于或等于0,但至少有一个为0;

(2) 二次型的正惯性指数为 $R(A)=r<n$.

请读者自行证明定理5.11和定理5.12.

注意　若 n 元二次型 $f(x_1,x_2,\cdots,x_n)=x^{\mathrm{T}}Ax$ 为半正定二次型,则 A 的所有顺序主子式 $|A_k|$ 满足 $|A_k|\geqslant 0(k=1,2,\cdots,n)$,但其逆命题不成立.

例如,三阶对称矩阵

$$A = \begin{pmatrix} 1 & 1 & 3 \\ 1 & 1 & 3 \\ 3 & 3 & 1 \end{pmatrix}$$

其顺序主子式

$$|A_1| = 1 > 0,\quad |A_2| = \begin{vmatrix} 1 & 1 \\ 1 & 1 \end{vmatrix} = 0,\quad |A_3| = \begin{vmatrix} 1 & 1 & 3 \\ 1 & 1 & 3 \\ 3 & 3 & 1 \end{vmatrix} = 0$$

但 A 不是半正定的.实际上,矩阵 A 对应的二次型为

$$\begin{aligned} f(x_1, x_2, x_3) &= x_1^2 + 2x_1x_2 + 6x_1x_3 + x_2^2 + 6x_2x_3 + x_3^2 \\ &= (x_1 + x_2 + 3x_3)^2 - 8x_3^2 \end{aligned}$$

由此可以看出二次型不是半正定的.

【例 5.10】 判断 $f(x_1, x_2, x_3) = 2x_1^2 + 4x_1x_2 - 4x_1x_3 + 5x_2^2 - 8x_2x_3 + 5x_3^2$ 是否是正定的.

解 二次型 $f(x_1, x_2, x_3)$的矩阵为

$$A = \begin{pmatrix} 2 & 2 & -2 \\ 2 & 5 & -4 \\ -2 & -4 & 5 \end{pmatrix}$$

A 的顺序主子式

$$|A_1| = 2 > 0,\quad |A_2| = \begin{vmatrix} 2 & 2 \\ 2 & 5 \end{vmatrix} = 6 > 0$$

$$|A_3| = \begin{vmatrix} 2 & 2 & -2 \\ 2 & 5 & -4 \\ -2 & -4 & 5 \end{vmatrix} = 10 > 0$$

故 A 是正定的.

【例 5.11】 当 a 为何值时,二次型 $f(x_1, x_2, x_3)$为正定二次型,其中

$$f(x_1, x_2, x_3) = 2x_1^2 + 4x_1x_2 - 4x_1x_3 + 4x_2^2 - 6x_2x_3 + ax_3^2$$

解 二次型 $f(x_1, x_2, x_3)$的矩阵为

$$A = \begin{pmatrix} 2 & 2 & -2 \\ 2 & 4 & -3 \\ -2 & -3 & a \end{pmatrix}$$

A 的顺序主子式

$$|A_1| = 2 > 0,\quad |A_2| = \begin{vmatrix} 2 & 2 \\ 2 & 4 \end{vmatrix} = 4 > 0$$

$$|A_3| = \begin{vmatrix} 2 & 2 & -2 \\ 2 & 4 & -3 \\ -2 & -3 & a \end{vmatrix} = 4a - 10 > 0$$

故 $a > \frac{5}{2}$时,二次型 $f(x_1, x_2, x_3)$是正定二次型.

5.5　二次型理论的两个应用

5.5.1　二次型在优化中的应用

经济学问题中，变量的取值通常被限制在一定范围内，如对一个消费者而言，他可消费商品的数量不会是无限多的，往往受其收入的限制.同样，一家企业也不可能有能力对某种产品的生产投入无限多的资源，因为受其资金的限制.如果在变量取值的范围内，目标函数恰好是二次型的形式，此类问题可以转化为在一组单位向量中的变量优化问题，一个单位向量 x 可以表示成$x^{\mathrm{T}}x=1$.

定理 5.13　设 A 是实对称矩阵，若 $M=\max\{x^{\mathrm{T}}Ax;x^{\mathrm{T}}x=1\}$，$m=\min\{x^{\mathrm{T}}Ax;x^{\mathrm{T}}x=1\}$，则 M 是矩阵A 的最大特征值，m 是矩阵A 的最小特征值.如果 x 是对应于M 的单位特征向量，那么 $x^{\mathrm{T}}Ax=M$，如果 x 是对应于m 的单位特征向量，那么 $x^{\mathrm{T}}Ax=m$.

证明　构造拉格朗日函数为

$$L(x,\lambda)=x^{\mathrm{T}}Ax-\lambda(x^{\mathrm{T}}x-1)$$

分别对向量 x 和参数λ 求偏导，得

$$\begin{cases}\dfrac{\partial L(x,\lambda)}{\partial x}=2Ax-2\lambda x=0\\[2ex]\dfrac{\partial L(x,\lambda)}{\partial \lambda}=-(x^{\mathrm{T}}x-1)=0\end{cases}$$

即有

$$\begin{cases}Ax=\lambda x\\x^{\mathrm{T}}x=1\end{cases}$$

第一个式子表明 λ 是矩阵A 的特征值.再对上述第一个式子左乘 x^{T} 并利用$x^{\mathrm{T}}x=1$ 得到

$$x^{\mathrm{T}}Ax=\lambda$$

即目标函数 $x^{\mathrm{T}}Ax$ 正好为矩阵A 的特征值.因此，$x^{\mathrm{T}}Ax$ 最大值可以取矩阵A 的最大特征值，而最小值可以取矩阵 A 的最小特征值，故定理得证.

【例 5.12】　某个企业生产过程中投入两种要素 x,y，成本函数具有如下形式：$C(x,y)=2x^2+8y^2$，企业的生产函数为 C－D 生产函数 $f(x,y)=x^{\frac{1}{2}}y^{\frac{1}{2}}$，若企业的共有生产资金为 32 万元，求企业的最大产量.

解　根据题意，企业要获得最大产量，必须在约束条件 $C(x,y)=2x^2+8y^2$

$=32$ 下进行，约束条件可以改为$\left(\frac{x}{4}\right)^2+\left(\frac{y}{2}\right)^2=1$，令 $x_1=\frac{x}{4}, x_2=\frac{y}{2}$，于是约束条件变为 $x_1^2+x_2^2=1$，即 $X=(x_1,x_2)^{\mathrm{T}}$ 为单位向量. 将 $x_1=\frac{x}{4}, x_2=\frac{y}{2}$代入生产函数可得 $f(x,y)=(8x_1x_2)^{\frac{1}{2}}$，它的最大值的条件等价于 $Q(x_1,x_2)=8x_1x_2$ 取得最大值的条件. 显然 $Q(x_1,x_2)=8x_1x_2$ 对应的矩阵 $A=\begin{pmatrix}0&4\\4&0\end{pmatrix}$，$A$ 的最大特征值为 4，此时对应的单位特征向量$(x_1,x_2)=\left(\frac{\sqrt{2}}{2},\frac{\sqrt{2}}{2}\right)^{\mathrm{T}}$，所以当$(x_1,x_2)=\left(\frac{\sqrt{2}}{2},\frac{\sqrt{2}}{2}\right)^{\mathrm{T}}$ 时，$Q(x_1,x_2)$的最大值为 4. 即 $x=2\sqrt{2}, y=\sqrt{2}$时，企业的最大产量为 2.

【例 5.13】 在下一年度，一个县政府计划修筑 x km 的公路，并且修整 y km^2 的公园，政府部门必须确定在两个项目上如何分配它的资源(资金、设备和劳动力等)，如果更划算的话，可以同时开始两个项目，而不是开始一个项目，那么 x 和 y 必须满足下面限制条件：

$$f(x,y)=4x^2+9y^2\leqslant 36$$

为选择它的公共计划，县政府需要考虑居民的意见，为度量居民分配各类工作计划的效用，经济学家利用效用函数 $U(x,y)=xy$ 来度量. 问县政府应如何安排计划，可以使得居民效用最大.

解 根据题意，居民要获得最大效用，必须在约束条件 $f(x,y)=4x^2+9y^2=36$ 下进行，约束条件可以改为$\left(\frac{x}{3}\right)^2+\left(\frac{y}{2}\right)^2=1$，令 $x_1=\frac{x}{3}, x_2=\frac{y}{2}$，于是约束条件变为 $x_1^2+x_2^2=1$，即 $X=(x_1,x_2)^{\mathrm{T}}$ 为单位向量. 将 $x_1=\frac{x}{3}, x_2=\frac{y}{2}$代入效用函数可得 $U(x,y)=6x_1x_2$.

$U(x,x)=6x_1x_2$ 对应的矩阵 $A=\begin{pmatrix}0&3\\3&0\end{pmatrix}$，$A$ 的最大特征值为 3，此时，对应的单位特征向量$(x_1,x_2)=\left(\frac{\sqrt{2}}{2},\frac{\sqrt{2}}{2}\right)^{\mathrm{T}}$，所以当$(x_1,x_2)=\left(\frac{\sqrt{2}}{2},\frac{\sqrt{2}}{2}\right)^{\mathrm{T}}$，即 $x=\frac{3}{2}\sqrt{2}$，$y=\sqrt{2}$时，$U(x,y)$的最大值为 3. 即政府应该计划修筑 $x=\frac{3}{2}\sqrt{2}$ km 的公路，修整 $y=\sqrt{2}$ km^2的公园，居民的最大效用为 3.

5.5.2 有定性在多元函数求极值中的应用

我们可以根据二次型的有定性，给出多元微积分中关于多元函数极值的判定法的一个充分条件.

设 n 元函数 $f(x_1,x_2,\cdots,x_n)$ 在 $x_0=(x_1^0,x_2^0,\cdots,x_n^0)$ 的某邻域中有一阶、二阶连续偏导数,又 $(x_1^0+h_1,x_2^0+h_2,\cdots,x_n^0+h_n)$ 为该邻域中任意一个点,由多元函数的泰勒公式知

$$f(x_0+h)=f(x_0)+\sum_{i=1}^{n}f_i(x_0)h_i+\frac{1}{2}\sum_{i=1}^{n}\sum_{j=1}^{n}f_{ij}(x_0+\theta\cdot h)h_ih_j$$

其中 $0<\theta<1$, $x_0=(x_1^0,x_2^0,\cdots,x_n^0)$, $h=(h_1,h_2,\cdots,h_n)$, $f_i(x_0)=\left.\dfrac{\partial f(x)}{\partial x_i}\right|_{x=x_0}$,且

$$\begin{aligned}f_{ij}(x_0+\theta\cdot h)&=\left.\frac{\partial^2 f(x)}{\partial x_i\partial x_j}\right|_{x=x_0+\theta\cdot h}\\&=f_{ji}(x_0+\theta\cdot h)\\&=\left.\frac{\partial^2 f(x)}{\partial x_j\partial x_i}\right|_{x=x_0+\theta\cdot h}\quad(i,j=1,2,\cdots,n)\end{aligned}$$

当 $x_0=(x_1^0,x_2^0,\cdots,x_n^0)$ 是 $f(x)$ 的驻点时,$f_i(x_0)=0(i=1,2,\cdots,n)$,于是 $f(x_0)$ 是不是 $f(x)$ 的极值,取决于 $\sum_{i=1}^{n}\sum_{j=1}^{n}f_{ij}(x_0+\theta\cdot h)h_ih_j$ 的符号.由 $f_{ij}(x)$ 在 $x_0=(x_1^0,x_2^0,\cdots,x_n^0)$ 的某邻域中的连续性知,在该邻域中,上式的符号可由 $\sum_{i=1}^{n}\sum_{j=1}^{n}f_{ij}(x_0)h_ih_j$ 的符号决定,而该式是 $h=(h_1,h_2,\cdots,h_n)$ 的一个 n 元二次型,它的符号又取决于它的二次型矩阵

$$H(x_0)=\begin{pmatrix}f_{11}(x_0)&f_{12}(x_0)&\cdots&f_{1n}(x_0)\\f_{21}(x_0)&f_{22}(x_0)&\cdots&f_{2n}(x_0)\\\vdots&\vdots&\ddots&\vdots\\f_{n1}(x_0)&f_{n2}(x_0)&\cdots&f_{nn}(x_0)\end{pmatrix}$$

是否为正定矩阵.称 $H(x_0)$ 为 $f(x)$ 在 x_0 处的 n 阶海赛矩阵.

如果 $H(x_0)$ 为正定矩阵,则 $f(x_0)$ 为 $f(x)$ 的极小值;如果 $H(x_0)$ 为负定矩阵,则 $f(x_0)$ 为 $f(x)$ 的极大值;如果 $H(x_0)$ 为不定矩阵,则 $f(x_0)$ 不是极值.

【例 5.14】 设三元函数 $f(x_1,x_2,x_3)=x_1^2+2x_2^2+3x_3^2+2x_1+4x_2-6x_3$,求它的极值.

解 由一阶导数

$$\begin{cases}2x_1+2=0\\4x_2+4=0\\6x_3-6=0\end{cases}$$

得驻点 $x_0=(-1,-1,1)$.

由二阶导数组成的海赛矩阵为

$$H = \begin{pmatrix} 2 & 0 & 0 \\ 0 & 4 & 0 \\ 0 & 0 & 6 \end{pmatrix}$$

显然 H 为正定矩阵，故 $f(x_1, x_2, x_3)$ 在驻点处有极小值 $f(-1, -1, 1) = -6$.

最后给出本章例 5.1 的求解过程如下：

解 利润函数

$$\begin{aligned} P(Q_1, Q_2) &= R(Q_1, Q_2) - C(Q_1, Q_2) \\ &= 14Q_1 + 18Q_2 - 3Q_1^2 - Q_1Q_2 - 4Q_2^2 \end{aligned}$$

一阶导数得到的条件为

$$\begin{cases} 14 - 6Q_1 - Q_2 = 0 \\ 18 - Q_1 - 8Q_2 = 0 \end{cases}$$

得驻点

$$Q^0 = (Q_1^0, Q_2^0) = (2, 2).$$

由二阶导数组成的海赛矩阵

$$H = \begin{pmatrix} -6 & -1 \\ -1 & -8 \end{pmatrix}$$

由此得

$$|H_1| = -6, |H_2| = \begin{vmatrix} -6 & -1 \\ -1 & -8 \end{vmatrix} = 47 > 0$$

故 H 为负定的，则 $P(Q_1, Q_2)$ 有极大值，即企业有最大利润. 最大利润为

$$P(2,2) = 14 \times 2 + 18 \times 2 - 3 \times 2^2 - 2 \times 2 - 4 \times 2 \times 2 = 32$$

习 题 5

A 组

一、选择题

1. 二次型 $f(x_1, x_2, \cdots, x_n) = x^{\mathrm{T}}Ax$ 正定的充要条件是（　　）.

A. $|A| > 0$

B. 存在 n 阶可逆矩阵 C，使得 $A = C^{\mathrm{T}}C$

C. 负惯性指数为零

D. 对于某个 $x=(x_1,x_2,\cdots,x_n)^{\mathrm{T}}\neq 0$,有 $x^{\mathrm{T}}Ax>0$

2. 设 A,B 均为 n 阶矩阵,且 A 与 B 合同,则(　　).

A. A 与 B 相似　　B. A 与 B 有相同的特征值

C. $R(A)=R(B)$　　D. $|A|=|B|$

3. 与 $A=\begin{pmatrix}1&0&0\\0&0&2\\0&2&0\end{pmatrix}$ 合同的矩阵是(　　).

A. $\begin{pmatrix}1&&\\&1&\\&&9\end{pmatrix}$　　B. $\begin{pmatrix}1&&\\&2&\\&&-2\end{pmatrix}$

C. $\begin{pmatrix}1&&\\&-1&\\&&-1\end{pmatrix}$　　D. $\begin{pmatrix}1&&\\&1&\\&&1\end{pmatrix}$

4. 若对称矩阵 A 与 $B=\begin{pmatrix}1&0&0\\0&0&2\\0&2&0\end{pmatrix}$ 合同,则二次型 $f(x_1,x_2,x_3)=x^{\mathrm{T}}Ax$ 的规范型是(　　).

A. $f=y_1^2+y_2^2+y_3^2$　　B. $f=y_1^2-y_2^2-y_3^2$

C. $f=y_1^2+y_2^2-y_3^2$　　D. $f=y_1^2+y_2^2$

二、计算题

1. 写出下列各二次型的矩阵,并求其秩.

(1) $f=x_1^2+4x_1x_2+4x_2^2+2x_1x_3+x_3^2+4x_2x_3$;

(2) $f=x_1^2-2x_1x_2+x_2^2-7x_3^2-4x_1x_3+4x_2x_3$;

(3) $f=x_1^2+x_2^2+x_3^2+x_4^2-2x_1x_2+4x_1x_3-2x_1x_4+6x_2x_3-4x_2x_4$.

2. 对于矩阵 A 与 B,求出非奇异矩阵 C,使得 $C^{\mathrm{T}}AC=B$.

(1) $A=\begin{pmatrix}0&-1&-2\\-1&1&2\\-2&2&1\end{pmatrix}$,　　$B=\begin{pmatrix}1&-1&2\\-1&0&-2\\2&-2&1\end{pmatrix}$;

(2) $A=\begin{pmatrix}0&1&1\\1&0&0\\1&0&1\end{pmatrix}$,　　$B=\begin{pmatrix}0&1&1\\1&2&1\\1&1&1\end{pmatrix}$.

3. 用配方法化下列二次型为标准型:

(1) $f(x_1,x_2,x_3)=x_1^2-2x_2^2+2x_3^2-4x_1x_2+4x_1x_3+8x_2x_3$;

(2) $f(x_1,x_2,x_3)=2x_1x_2+2x_1x_3-6x_2x_3$.

4. 用初等变换法把下列二次型化为标准型,并写出所作的变换.

(1) $f(x_1,x_2,x_3)=x_1^2+3x_3^2+4x_1x_2+2x_2x_3$;

(2) $f(x_1,x_2,x_3)=2x_1x_2-4x_1x_3-2x_2x_3$.

5. 用正交变换法把下列二次型化为标准型,并写出所作的变换.

(1) $f(x_1,x_2,x_3)=2x_1^2+x_2^2-4x_1x_2-4x_2x_3$;

(2) $f(x_1,x_2,x_3)=2x_1^2+5x_2^2+5x_3^2+4x_1x_2-4x_1x_3-8x_2x_3$.

6. 判别下列二次型的定性:

(1) $f=-2x_1^2-6x_2^2-4x_3^2+2x_1x_2+2x_1x_3$;

(2) $f=x_1^2+3x_2^2+9x_3^2+19x_4^2-2x_1x_2+4x_1x_3+2x_1x_4-6x_2x_4-12x_3x_4$.

7. t 取何值时,实对称矩阵

$$A=\begin{pmatrix}2 & t & 1\\ t & 1 & 0\\ 1 & 0 & 3\end{pmatrix}$$

是正定的?

8. 已知二次型 $f(x_1,x_2,x_3)=5x_1^2+5x_2^2+cx_3^2-2x_1x_2+6x_1x_3-6x_2x_3$ 的秩为2.

(1) 求参数 c 及此二次型对应矩阵的特征值;(2) 判断该二次型的定性.

9. 求函数 $f(x_1,x_2,x_3)=x_1^3+x_2^3+x_3^3+3x_1x_2+3x_1x_3+3x_2x_3$ 的极值.

三、证明题

1. 设 A 为 n 阶实对称矩阵,且满足 $A^3+A^2+A=3E$,证明:A 是正定矩阵.

2. 证明:若 A 为 n 阶正定矩阵,B 为 n 阶半正定矩阵.试证明:$A+B$ 为正定矩阵.

3. 设 A 为实对称正定矩阵,试证明:A^2 和 A^* 都是正定矩阵.

B　组

一、填空题

1. 设二次型 $f(x_1,x_2,x_3)=x_1^2-x_2^2+2ax_1x_3+4x_2x_3$ 的负惯性指数是1,则 a 的取值范围__________.

2. 设二次型 $f(x_1,x_2,x_3)=x^{\mathrm{T}}Ax$ 的秩为1,A 的各行元素之和为3,则 f 在正交变换 $x=Qy$ 下的标准型为__________.

3. 已知实二次型 $f(x_1,x_2,x_3)=a(x_1^2+x_2^2+x_3^2)+4x_1x_2+4x_1x_3+4x_2x_3$ 经正交变换可化成标准型 $f=6y_1^2$,则 $a=$__________.

4. 二次型 $f(x_1,x_2,x_3)=(x_1+x_2)^2+(x_2-x_3)^2+(x_1+x_3)^2$ 的秩为________.

二、选择题

1. 设二次型 $f(x_1,x_2,x_3)$ 在正交变换 $x=Py$ 下的标准型为 $2y_1^2+y_2^2-y_3^2$,其中 $P=(e_1,e_2,e_3)$,若 $Q=(e_1,-e_3,e_2)$,则 $f(x_1,x_2,x_3)$ 在 $x=Qy$ 下的标准型为(　　).

A. $2y_1^2-y_2^2+y_3^2$　　B. $2y_1^2+y_2^2-y_3^2$

C. $2y_1^2-y_2^2-y_3^2$　　D. $2y_1^2+y_2^2+y_3^2$

2. 设二次型 $f(x_1,x_2,x_3)=a(x_1^2+x_2^2+x_3^2)+2x_1x_2+2x_2x_3+2x_1x_3$ 的正、负惯性指数分别为1和2,则(　　).

A. $a>1$　　B. $a<-2$

C. $-2<a<1$　　D. $a=1$ 或 $a=-2$

3. 设 A 是三阶矩阵,E 是三阶单位矩阵,若 $A^2+A=2E$ 且 $|A|=4$,则 $X^{\mathrm{T}}AX$ 的规范型为(　　).

A. $y_1^2+y_2^2+y_3^2$　　B. $y_1^2+y_2^2-y_3^2$

C. $y_1^2-y_2^2-y_3^2$　　D. $-y_1^2-y_2^2-y_3^2$

4. 设 $A=\begin{pmatrix}1&2\\2&1\end{pmatrix}$,则在实数域上域与 A 合同矩阵为(　　).

A. $\begin{pmatrix}-2&1\\1&-2\end{pmatrix}$　　B. $\begin{pmatrix}2&-1\\-1&2\end{pmatrix}$.

C. $\begin{pmatrix}2&1\\1&2\end{pmatrix}$　　D. $\begin{pmatrix}-1&2\\2&-1\end{pmatrix}$

5. 设矩阵 $A=\begin{pmatrix}2&-1&-1\\-1&2&-1\\-1&-1&2\end{pmatrix}$,$B=\begin{pmatrix}1&0&0\\0&1&0\\0&0&0\end{pmatrix}$,则 A 与 B(　　).

A. 合同,且相似　　B. 合同,但不相似

C. 不合同,但相似　　D. 既不合同,也不相似

三、计算与证明题

1. 设 $f(x_1,x_2,x_3)=2x_1^2-x_2^2+ax_3^2+2x_1x_2-8x_1x_3+2x_2x_3$,在正交变换 $x=Qy$ 下的标准型为 $\lambda_1y_1^2+\lambda_2y_2^2$,求 a 的值及一个正交矩阵 Q.

2. 设实二次型 $f(x_1,x_2,x_3)=(x_1-x_2+x_3)^2+(x_2+x_3)^2+(x_1+ax_3)^2$,

其中 a 是参数.(1) 求 $f(x_1,x_2,x_3)=0$ 的解;(2) 求 $f(x_1,x_2,x_3)$的规范型.

3. 设 A 为3阶实对称矩阵,并且满足条件 $A^2+2A=0$,已知 A 的秩 $R(A)=2$.

(1) 求 A 的全部特征值;

(2) 当 k 为何值时,矩阵 $A+kE$ 为正定矩阵,其中 E 为3阶单位矩阵.

4. 设二次型 $f(x_1,x_2,x_3)=X^{\mathrm{T}}AX=ax_1^2+2x_2^2-2x_3^2+2bx_1x_3(b>0)$,二次型的矩阵 A 的特征值之和为1,特征值之积为 -12.

(1) 求 a,b 的值;

(2) 利用正交变换将二次型 f 化为标准型,并写出所用的正交变换和对应的正交矩阵.

5. 设二次型 $f(x_1,x_2,x_3)=ax_1^2+ax_2^2+(a-1)x_3^2+2x_1x_3-2x_2x_3$.

(1) 求二次型 f 的矩阵的所有特征值;

(2) 若二次型 f 的规范型为 $y_1^2+y_2^2$,求 a 的值.

6. 设有实二次型

$$f(x_1,x_2,\cdots,x_n)=(x_1+a_1x_2)^2+(x_2+a_2x_3)^2+\cdots+(x_{n-1}+a_{n-1}x_n)^2+(x_n+a_nx_1)^2$$

其中,$a_i(i=1,2,\cdots n)$为实数,问 $a_i(i=1,2,\cdots n)$满足什么条件时,$f(x_1,x_2,\cdots,x_n)$为正定二次型.

7. 设 A 为 n 阶实对称矩阵,秩 $R(A)=n$,A_{ij} 是 A 中元素 a_{ij} 的代数余子式,二次型 $f(x_1,x_2,\cdots,x_n)=\sum\limits_{i=1}^{n}\sum\limits_{j=1}^{n}\dfrac{1}{|A|}A_{ij}x_ix_j$,

(1) 记 $x=(x_1,x_2,\cdots,x_n)^{\mathrm{T}}$,把 $f(x_1,x_2,\cdots,x_n)$写成矩阵形式,并证明二次型的矩阵为 A^{-1};

(2) 二次型 $g(x)=x^{\mathrm{T}}Ax$ 与 $f(x)$的规范型是否相同,并说明理由.

8. 设 $D=\begin{pmatrix} A & C \\ C^{\mathrm{T}} & B \end{pmatrix}$为正定矩阵,其中 A,B 分别为 m 阶、n 阶对称矩阵,C 为 $m\times n$ 矩阵.要求:(1) 计算 $P^{\mathrm{T}}DP$,其中 $P=\begin{bmatrix} E_m & -A^{-1}C \\ 0 & E_n \end{bmatrix}$;

(2) 利用(1)的结果判断矩阵 $B-C^{\mathrm{T}}A^{-1}C$ 是否为正定矩阵,并证明你的结论.

9. 设 U 为可逆矩阵,$A=U^{\mathrm{T}}U$,证明 $f=x^{\mathrm{T}}Ax$ 为正定二次型.

10. A 为 $m\times n$ 实矩阵,E 为 n 阶单位矩阵.已知矩阵 $B=\lambda E+A^{\mathrm{T}}A$,证明当 $\lambda>0$ 时,矩阵 B 为正定矩阵.

11. 设二次型 $f(x_1,x_2,x_3)=2(a_1x_1+a_2x_2+a_3x_3)^2+(b_1x_1+b_2x_2+b_3x_3)^2$,记 $\alpha=(a_1,a_2,a_3)^{\mathrm{T}},\beta=(b_1,b_2,b_3)^{\mathrm{T}}$

(1) 证明二次型 f 对应的矩阵为 $2\alpha\alpha^{\mathrm{T}}+\beta\beta^{\mathrm{T}}$;

(2) 若 α,β 正交且为单位向量,证明 f 在正交变换下的标准型为 $2y_1^2+y_2^2$.

第 6 章　线性代数在其他学科中的应用

正如前面 5 章介绍的那样，线性代数在经济管理活动中有着广泛的应用，本章再介绍线性代数知识在计量经济学、运筹学、国民经济核算和多元统计分析中的应用，分别以最小二乘法估计参数、线性规划、投入产出分析和主成分分析四个模型来介绍，一方面使读者了解线性代数理论的适用性，另一方面也为读者以后学习相关课程奠定基础.

6.1　向量导数与最小二乘法参数估计

6.1.1　向量导数的定义与结论

在多元函数求极值中，我们经常要对向量求导数，这里的向量可能是行向量也可以是列向量. 设 n 元向量 x、a 及 n 阶矩阵 A 如下：

$$x=(x_1,x_2,\cdots,x_n)^{\mathrm{T}},\quad a=(a_1,a_2,\cdots,a_n)^{\mathrm{T}},\quad A=\begin{pmatrix}a_{11} & a_{12} & \cdots & a_{1n}\\ a_{21} & a_{22} & \cdots & a_{2n}\\ \vdots & \vdots & \ddots & \vdots\\ a_{n1} & a_{n2} & \cdots & a_{nn}\end{pmatrix}$$

分别构造关于向量 x 的函数如下：

$$f_1(x_1,x_2,\cdots,x_n)=a^{\mathrm{T}}x \tag{6.1}$$

$$f_2(x_1,x_2,\cdots,x_n)=Ax \tag{6.2}$$

$$f_3(x_1,x_2,\cdots,x_n)=x^{\mathrm{T}}Ax \tag{6.3}$$

式(6.1)和式(6.3)的值域都是一维的，即结果是一个数，而不是一个向量. 而式(6.2)的值域是 n 维的，即结果是一个向量，而不是一个数. 定义函数 $f(x_1,x_2,\cdots,x_n)$对向量 $x=(x_1,x_2,\cdots,x_n)^{\mathrm{T}}$ 的导数如下：

定义 6.1　设 $f(x_1,x_2,\cdots,x_n)$是 n 元向量 $x=(x_1,x_2,\cdots,x_n)^{\mathrm{T}}$ 的一维函数，定义列向量导数为

$$\frac{\partial f(x_1,x_2,\cdots,x_n)}{\partial x}=\begin{pmatrix}\dfrac{\partial f(x_1,x_2,\cdots,x_n)}{\partial x_1}\\\dfrac{\partial f(x_1,x_2,\cdots,x_n)}{\partial x_2}\\\vdots\\\dfrac{\partial f(x_1,x_2,\cdots,x_n)}{\partial x_n}\end{pmatrix}$$

显然,一维函数对列向量求导数,就是该一维函数对列向量的每个分量求导数,结果仍然为一个列向量.

定义 6.2 设 $f(x_1,x_2,\cdots,x_n)$是 n 元向量 $x=(x_1,x_2,\cdots,x_n)^{\mathrm{T}}$ 的一维函数,定义行向量导数为

$$\frac{\partial f(x_1,x_2,\cdots,x_n)}{\partial x^{\mathrm{T}}}=\left(\frac{\partial f(x_1,x_2,\cdots,x_n)}{\partial x_1},\frac{\partial f(x_1,x_2,\cdots,x_n)}{\partial x_2},\cdots,\frac{\partial f(x_1,x_2,\cdots,x_n)}{\partial x_n}\right)$$

显然,一维函数对行向量求导数,就是该一维函数对行向量的每个分量求导数,结果仍然为一个行向量.

定义 6.3 设 $f(x_1,x_2,\cdots,x_n)$是 n 元向量 $x=(x_1,x_2,\cdots,x_n)^{\mathrm{T}}$ 的 n 维函数,即

$$f(x_1,x_2,\cdots,x_n)=\begin{pmatrix}f_1(x_1,x_2,\cdots,x_n)\\f_2(x_1,x_2,\cdots,x_n)\\\vdots\\f_n(x_1,x_2,\cdots,x_n)\end{pmatrix}$$

定义列向量函数 $f(x_1,x_2,\cdots,x_n)$关于 n 元向量 $x=(x_1,x_2,\cdots,x_n)^{\mathrm{T}}$ 的行向量导数为

$$\begin{aligned}&\frac{\partial f(x_1,x_2,\cdots,x_n)}{\partial x^{\mathrm{T}}}\\&=\begin{pmatrix}\dfrac{\partial f_1(x_1,x_2,\cdots,x_n)}{\partial x^{\mathrm{T}}}\\\dfrac{\partial f_2(x_1,x_2,\cdots,x_n)}{\partial x^{\mathrm{T}}}\\\vdots\\\dfrac{\partial f_n(x_1,x_2,\cdots,x_n)}{\partial x^{\mathrm{T}}}\end{pmatrix}\\&=\begin{pmatrix}\dfrac{\partial f_1(x_1,x_2,\cdots,x_n)}{\partial x_1}&\dfrac{\partial f_1(x_1,x_2,\cdots,x_n)}{\partial x_2}&\cdots&\dfrac{\partial f_1(x_1,x_2,\cdots,x_n)}{\partial x_n}\\\dfrac{\partial f_2(x_1,x_2,\cdots,x_n)}{\partial x_1}&\dfrac{\partial f_2(x_1,x_2,\cdots,x_n)}{\partial x_2}&\cdots&\dfrac{\partial f_2(x_1,x_2,\cdots,x_n)}{\partial x_n}\\\vdots&\vdots&\ddots&\vdots\\\dfrac{\partial f_n(x_1,x_2,\cdots,x_n)}{\partial x_1}&\dfrac{\partial f_n(x_1,x_2,\cdots,x_n)}{\partial x_2}&\cdots&\dfrac{\partial f_n(x_1,x_2,\cdots,x_n)}{\partial x_n}\end{pmatrix}\end{aligned}$$

显然,列向量函数对行向量求导数,就是列向量函数的每个分量对行向量的每个分量求导数,结果表现为一个矩阵.

定义 6.4　设 $f(x_1,x_2,\cdots,x_n)$是 n 元向量 $x=(x_1,x_2,\cdots,x_n)^{\mathrm{T}}$ 的一维函数,定义关于向量 $x=(x_1,x_2,\cdots,x_n)^{\mathrm{T}}$ 的二阶导数为

$$\frac{\partial^2 f(x_1,x_2,\cdots,x_n)}{\partial x\partial x^{\mathrm{T}}}$$

$$=\begin{pmatrix}\frac{\partial^2 f(x_1,x_2,\cdots,x_n)}{\partial x_1\partial x_1} & \frac{\partial^2 f(x_1,x_2,\cdots,x_n)}{\partial x_1\partial x_2} & \cdots & \frac{\partial^2 f(x_1,x_2,\cdots,x_n)}{\partial x_1\partial x_n}\\ \frac{\partial^2 f(x_1,x_2,\cdots,x_n)}{\partial x_2\partial x_1} & \frac{\partial^2 f(x_1,x_2,\cdots,x_n)}{\partial x_2\partial x_2} & \cdots & \frac{\partial^2 f(x_1,x_2,\cdots,x_n)}{\partial x_2\partial x_n}\\ \vdots & \vdots & \ddots & \vdots\\ \frac{\partial^2 f(x_1,x_2,\cdots,x_n)}{\partial x_n\partial x_1} & \frac{\partial^2 f(x_1,x_2,\cdots,x_n)}{\partial x_n\partial x_2} & \cdots & \frac{\partial^2 f(x_1,x_2,\cdots,x_n)}{\partial x_n\partial x_n}\end{pmatrix}$$

由此可知,一维函数对向量求二阶导数,就是该一维函数首先对列向量求导,将得到的结果(列向量)再对行向量求导,结果为一个矩阵,称为海赛矩阵,该矩阵在判断极值类型中有重要的作用.

按照上述向量导数定义,当一维函数分别为式(6.1)和式(6.3),以及 n 维函数式(6.2)时,关于 n 元向量 $x=(x_1,x_2,\cdots,x_n)^{\mathrm{T}}$ 的一阶导数和二阶导数的结果可以归纳为如下定理.

定理 6.1　定义如式(6.1)和式(6.3)的一维函数和式(6.2)的 n 维函数,向量求导的结论如下:

(1) $\frac{\partial f_1(x_1,x_2,\cdots,x_n)}{\partial x}=a$;

(2) $\frac{\partial f_2(x_1,x_2,\cdots,x_n)}{\partial x^T}=A$;

(3) $\frac{\partial f_3(x_1,x_2,\cdots,x_n)}{\partial x}=(A+A^{\mathrm{T}})x$;

(4) $\frac{\partial^2 f_3(x_1,x_2,\cdots,x_n)}{\partial x\partial x^{\mathrm{T}}}=A+A^{\mathrm{T}}$.

证明　展开式(6.1)得

$$f_1(x_1,x_2,\cdots,x_n)=a^{\mathrm{T}}x=(a_1,a_2,\cdots,a_n)\begin{pmatrix}x_1\\x_2\\\vdots\\x_n\end{pmatrix}=a_1x_1+a_2x_2+\cdots+a_nx_n$$

根据定义 6.1 有

$$\frac{\partial f_1(x_1,x_2,\cdots,x_n)}{\partial x}=\begin{pmatrix}\dfrac{\partial f_1(x_1,x_2,\cdots,x_n)}{\partial x_1}\\\dfrac{\partial f_1(x_1,x_2,\cdots,x_n)}{\partial x_2}\\\vdots\\\dfrac{\partial f_1(x_1,x_2,\cdots,x_n)}{\partial x_n}\end{pmatrix}=\begin{pmatrix}a_1\\a_2\\\vdots\\a_n\end{pmatrix}=a$$

故结论(1)得证.

对于结论(2),展开式(6.2)得

$$f_2(x_1,x_2,\cdots,x_n)=Ax=\begin{pmatrix}a_{11}&a_{12}&\cdots&a_{1n}\\a_{21}&a_{22}&\cdots&a_{2n}\\\vdots&\vdots&\ddots&\vdots\\a_{n1}&a_{n2}&\cdots&a_{nn}\end{pmatrix}\begin{pmatrix}x_1\\x_2\\\vdots\\x_n\end{pmatrix}$$

$$=\begin{pmatrix}a_{11}x_1+a_{12}x_2+\cdots+a_{1n}x_n\\a_{21}x_1+a_{22}x_2+\cdots+a_{2n}x_n\\\vdots\\a_{n1}x_1+a_{n2}x_2+\cdots+a_{nn}x_n\end{pmatrix}\triangleq\begin{pmatrix}g_1(x_1,x_2,\cdots,x_n)\\g_2(x_1,x_2,\cdots,x_n)\\\vdots\\g_n(x_1,x_2,\cdots,x_n)\end{pmatrix}$$

其中

$$g_i(x_1,x_2,\cdots,x_n)=a_{i1}x_1+a_{i2}x_2+\cdots+a_{in}x_n,\quad i=1,2,\cdots,n$$

根据定义 6.2 得

$$\begin{aligned}&\frac{\partial g_i(x_1,x_2,\cdots,x_n)}{\partial x^{\mathrm{T}}}\\&=\left(\frac{\partial g_i(x_1,x_2,\cdots,x_n)}{\partial x_1},\frac{\partial g_i(x_1,x_2,\cdots,x_n)}{\partial x_2},\cdots,\frac{\partial g_i(x_1,x_2,\cdots,x_n)}{\partial x_n}\right)\\&=(a_{i1},a_{i2},a_{i3},\cdots,a_{in})(i=1,2,\cdots,n)\end{aligned}$$

从而得

$$\frac{\partial f_2(x_1,x_2,\cdots,x_n)}{\partial x^{\mathrm{T}}}=\begin{pmatrix}\dfrac{\partial g_1(x_1,x_2,\cdots,x_n)}{\partial x^{\mathrm{T}}}\\\dfrac{\partial g_2(x_1,x_2,\cdots,x_n)}{\partial x^{\mathrm{T}}}\\\vdots\\\dfrac{\partial g_n(x_1,x_2,\cdots,x_n)}{\partial x^{\mathrm{T}}}\end{pmatrix}=\begin{pmatrix}a_{11}&a_{12}&\cdots&a_{1n}\\a_{21}&a_{22}&\cdots&a_{2n}\\\vdots&\vdots&\ddots&\vdots\\a_{n1}&a_{n2}&\cdots&a_{nn}\end{pmatrix}=A$$

故结论(2)得证.

展开式(6.3)得

$$f_3(x_1,x_2,\cdots,x_n)=x^{\mathrm{T}}Ax=(x_1,x_2,\cdots,x_n)\begin{pmatrix}a_{11}&a_{12}&\cdots&a_{1n}\\a_{21}&a_{22}&\cdots&a_{2n}\\\vdots&\vdots&\ddots&\vdots\\a_{n1}&a_{n2}&\cdots&a_{nn}\end{pmatrix}\begin{pmatrix}x_1\\x_2\\\vdots\\x_n\end{pmatrix}$$

$$\begin{aligned}=&a_{11}x_1^2+a_{12}x_1x_2+a_{13}x_1x_3+\cdots+a_{1n}x_1x_n\\&+a_{21}x_2x_1+a_{22}x_2^2+a_{23}x_2x_3+\cdots+a_{2n}x_2x_n\\&+\cdots\\&+a_{n1}x_nx_1+a_{n2}x_nx_2+a_{n3}x_nx_3+\cdots+a_{nn}x_n^2\end{aligned}\tag{6.4}$$

根据定义6.1,式(6.4)首先对向量 $x=(x_1,x_2,\cdots,x_n)^{\mathrm{T}}$ 的第一个分量 x_1 求偏导数有

$$\begin{aligned}\frac{\partial f_3(x_1,x_2,\cdots,x_n)}{\partial x_1}&=2a_{11}x_1+a_{12}x_2+a_{13}x_3+\cdots+a_{1n}x_n\\&\quad+a_{21}x_2+a_{31}x_3+a_{41}x_4+\cdots+a_{n1}x_n\\&=(a_{11}+a_{11},a_{12}+a_{21},a_{13}+a_{31},\cdots,a_{1n}+a_{n1})\begin{pmatrix}x_1\\x_2\\\vdots\\x_n\end{pmatrix}\end{aligned}$$

类似可以得到

$$\frac{\partial f_3(x_1,x_2,\cdots,x_n)}{\partial x_2}=(a_{21}+a_{12},a_{22}+a_{22},a_{23}+a_{32},\cdots,a_{2n}+a_{n2})\begin{pmatrix}x_1\\x_2\\\vdots\\x_n\end{pmatrix}$$

$$\vdots$$

$$\frac{\partial f_3(x_1,x_2,\cdots,x_n)}{\partial x_n}=(a_{n1}+a_{1n},a_{n2}+a_{2n},a_{n3}+a_{3n},\cdots,a_{nn}+a_{nn})\begin{pmatrix}x_1\\x_2\\\vdots\\x_n\end{pmatrix}$$

从而有

$$\frac{\partial f_3(x_1,x_2,\cdots,x_n)}{\partial x}=\begin{pmatrix}\dfrac{\partial f_3(x_1,x_2,\cdots,x_n)}{\partial x_1}\\\dfrac{\partial f_3(x_1,x_2,\cdots,x_n)}{\partial x_2}\\\vdots\\\dfrac{\partial f_3(x_1,x_2,\cdots,x_n)}{\partial x_n}\end{pmatrix}$$

$$= \begin{pmatrix} a_{11}+a_{11} & a_{12}+a_{21} & \cdots & a_{1n}+a_{n1} \\ a_{21}+a_{12} & a_{22}+a_{22} & \cdots & a_{2n}+a_{n2} \\ \vdots & \vdots & \ddots & \vdots \\ a_{n1}+a_{1n} & a_{n2}+a_{2n} & \cdots & a_{nn}+a_{nn} \end{pmatrix} \begin{pmatrix} x_1 \\ x_2 \\ \vdots \\ x_n \end{pmatrix}$$

$$= \left[\begin{pmatrix} a_{11} & a_{12} & \cdots & a_{1n} \\ a_{21} & a_{22} & \cdots & a_{2n} \\ \vdots & \vdots & \ddots & \vdots \\ a_{n1} & a_{n2} & \cdots & a_{nn} \end{pmatrix} + \begin{pmatrix} a_{11} & a_{21} & \cdots & a_{n1} \\ a_{12} & a_{22} & \cdots & a_{n2} \\ \vdots & \vdots & \ddots & \vdots \\ a_{1n} & a_{2n} & \cdots & a_{nn} \end{pmatrix} \right] \begin{pmatrix} x_1 \\ x_2 \\ \vdots \\ x_n \end{pmatrix}$$

$$= (A + A^{\mathrm{T}})x$$

故结论(3)得证.

对于结论(4),记结论(3)的结果为

$$g(x_1,x_2,\cdots,x_n) = \frac{\partial f_3(x_1,x_2,\cdots,x_n)}{\partial x} = Bx$$

其中 $B = A + A^{\mathrm{T}}$.根据结论(2)得

$$\frac{\partial^2 f_3(x_1,x_2,\cdots,x_n)}{\partial x \partial x^{\mathrm{T}}} = \frac{\partial g(x_1,x_2,\cdots,x_n)}{\partial x^{\mathrm{T}}} = B$$

故结论(4)得证.

根据定理 6.1,我们有如下两个推论:

推论 1 当矩阵 A 为对称矩阵时,$\dfrac{\partial f_3(x_1,x_2,\cdots,x_n)}{\partial x} = 2Ax$.

推论 2 当矩阵 A 为对称矩阵时,$\dfrac{\partial^2 f_3(x_1,x_2,\cdots,x_n)}{\partial x \partial x^{\mathrm{T}}} = 2A$.

6.1.2 线性回归模型与最小二乘估计

在计量经济学中,我们经常研究某个因素与其他因素之间的关系,例如经典的 Fama 三因素模型指出,证券的收益率受到市场因素、公司规模因子与账面因子三个因素共同影响.在线性关系假设前提下,记某个上市公司在时刻 t 的收益率记为 y_t,市场因素、公司规模因子和账面因子在时刻 t 的值分别记为 x_{1t}, x_{2t}, x_{3t},则 Fama 三因素计量模型可以表示为

$$y_t = \beta_0 + \beta_1 x_{1t} + \beta_2 x_{2t} + \beta_3 x_{3t} + \varepsilon_t, \quad t = 1,2,\cdots,T \tag{6.5}$$

其中,ε_t 为满足经典假设的扰动项,β_i $(i=0,1,2,3)$为待估计的系数,T 为样本容量,这是一个典型三元线性回归模型.将式(6.5)从 1 到 T 展开得

$$\begin{pmatrix} y_1 \\ y_2 \\ \vdots \\ y_T \end{pmatrix} = \begin{pmatrix} 1 & x_{11} & x_{21} & x_{31} \\ 1 & x_{12} & x_{22} & x_{32} \\ \vdots & \vdots & \vdots & \vdots \\ 1 & x_{1T} & x_{2T} & x_{3T} \end{pmatrix} \begin{pmatrix} \beta_0 \\ \beta_1 \\ \beta_2 \\ \beta_3 \end{pmatrix} + \begin{pmatrix} \varepsilon_1 \\ \varepsilon_2 \\ \vdots \\ \varepsilon_T \end{pmatrix}$$

令

$$Y=\begin{pmatrix}y_1\\y_2\\\vdots\\y_T\end{pmatrix},X=\begin{pmatrix}1&x_{11}&x_{21}&x_{31}\\1&x_{12}&x_{22}&x_{32}\\\vdots&\vdots&\vdots&\vdots\\1&x_{1T}&x_{2T}&x_{3T}\end{pmatrix},\beta=\begin{pmatrix}\beta_0\\\beta_1\\\beta_2\\\beta_3\end{pmatrix},\varepsilon=\begin{pmatrix}\varepsilon_1\\\varepsilon_2\\\vdots\\\varepsilon_T\end{pmatrix}$$

则式(6.5)的矩阵表示为

$$Y=X\beta+\varepsilon$$

记 β 的估计量为 $\hat{\beta}$,这里使用最小二乘法估计未知向量,该方法要求以下函数达到最小值:

$$\mathrm{SSE}(\hat{\beta})=(Y-X\hat{\beta})^{\mathrm{T}}(Y-X\hat{\beta})$$

展开得

$$\mathrm{SSE}(\hat{\beta})=Y^{\mathrm{T}}Y-2\hat{\beta}^{\mathrm{T}}X^{\mathrm{T}}Y+\hat{\beta}^{\mathrm{T}}X^{\mathrm{T}}X\hat{\beta}$$

其中,$\hat{\beta}^{\mathrm{T}}X^{\mathrm{T}}Y$ 为 $\hat{\beta}$ 的线性函数,而 $\hat{\beta}^{\mathrm{T}}X^{\mathrm{T}}\hat{X\beta}$ 为 $\hat{\beta}$ 的二次型,根据定理 6.1 的结论(1)和推论 2 得

$$\frac{\partial\mathrm{SSE}(\hat{\beta})}{\partial\hat{\beta}}=-2X^{\mathrm{T}}Y+2X^{\mathrm{T}}X\hat{\beta}=0$$

由此得到参数估计量为

$$\hat{\beta}=(X^{\mathrm{T}}X)^{-1}X^{\mathrm{T}}Y \tag{6.6}$$

根据推论 2 得

$$\frac{\partial^2\mathrm{SSE}(\hat{\beta})}{\partial\hat{\beta}\partial\hat{\beta}^{\mathrm{T}}}=2X^{\mathrm{T}}X$$

由于 $X^{\mathrm{T}}X$ 为正定矩阵,因此所求函数为最小值.

该方法可以推广到一般的 k 元线性回归模型,参数估计式仍为式(6.6).

【例 6.1】 为估计某个公司三个因素对其证券收益率的影响,现收集了 254 个时期的数据,时间起始点为 1996 年 7 月至 2017 年 8 月,这里略去原始数据,根据式(6.6)估计未知参数向量 β.

解 使用 MATLAB 软件计算得

$$(X^{\mathrm{T}}X)^{-1}=\begin{pmatrix}0.0040642&-0.000129&-0.000049&-0.000115\\-0.000129&0.0002101&-0.000054&0.0000261\\-0.000049&-0.000054&0.0003816&0.0001003\\-0.000115&0.0000261&0.0001003&0.000423\end{pmatrix}$$

$$X^{\mathrm{T}} Y = \begin{pmatrix} -42.8686 \\ 16.060319 \\ -0.484423 \\ 3.7631917 \end{pmatrix}$$

由此得参数估计结果为

$$\hat{\beta} = (X^{\mathrm{T}} X)^{-1} X^{\mathrm{T}} Y = \begin{pmatrix} -0.176703 \\ 0.0090184 \\ 0.0014158 \\ 0.0068722 \end{pmatrix}$$

6.2 线性规划模型与模型求解

6.2.1 线性规划模型

优化问题是经济管理活动中经常要解决的问题，例如某制造商希望能找到一个生产计划和库存方案，使其能满足未来一个时期的生产需求，且还能同时保证生产费用和库存费用达到最小；金融分析师需要从不同的股票和债券中选出一些做投资组合，以期获得最大收益；营销经理面临着如何把一笔广告预算进行怎样的广告促销组合，以使广告效果最大.这些问题构成了优化模型研究的内容，下面举一个具体例子说明这类问题.

【例 6.2】 某生产高尔夫球袋的公司可以生产中等价格水平和昂贵价格水平两种类型的高尔夫球袋，现在面临两种不同价格水平产品产量的决策问题.经过市场调研，每生产一个中等价格水平和昂贵价格水平的高尔夫球袋利润分别为 9 美元和 10 美元.生产两种产品需要经过四道工序，每个工序的可利用工时以及每个产品在各个工序的耗时如表 6.1 所示.试根据这些信息，如何确定两种价格水平的高尔夫球袋的产量，使利润最大.

表 6.1 两种产品的耗时参数与可用工时

工序	中等价格水平	昂贵价格水平	可用工时
1	0.7	1	630
2	0.5	5/6	600
3	1	2/3	708
4	0.1	0.25	135

解　设中等价格水平和昂贵价格水平的高尔夫球袋产量用向量表示为 $x=(x_1,x_2)^{\mathrm{T}}$,则目标函数利润可以表示为

$$\max S = 9x_1 + 10x_2$$

工时约束条件为

$$\begin{cases} 0.7x_1 + x_2 \leqslant 630 \\ 0.5x_1 + \dfrac{5}{6}x_2 \leqslant 600 \\ x_1 + \dfrac{2}{3}x_2 \leqslant 708 \\ 0.1x_1 + 0.25x_2 \leqslant 135 \end{cases}$$

另外还有产量非负约束为

$$x_i \geqslant 0, \quad i = 1,2$$

通过添加松弛变量或者互补变量可以将约束条件变成等式约束,例如本例题的不等式约束条件可以通过加入松弛变量 x_3,x_4,x_5,x_6,使之变为如下的等式约束

$$\begin{cases} 0.7x_1 + x_2 + x_3 + 0\times x_4 + 0\times x_5 + 0\times x_6 = 630 \\ 0.5x_1 + \dfrac{5}{6}x_2 + 0\times x_3 + x_4 + 0\times x_5 + 0\times x_6 = 600 \\ x_1 + \dfrac{2}{3}x_2 + 0\times x_3 + 0\times x_4 + x_5 + 0\times x_6 = 708 \\ 0.1x_1 + 0.25x_2 + 0\times x_3 + 0\times x_4 + 0\times x_5 + x_6 = 135 \\ x_i \geqslant 0, \ i = 1,2,\cdots,6 \end{cases} \tag{6.7}$$

从而目标函数修订为

$$\max S = 9x_1 + 10x_2 + 0\times x_3 + 0\times x_4 + 0\times x_5 + 0\times x_6 \tag{6.8}$$

式(6.7)中每个等式和目标函数式(6.8)都是关于变量 $x_i(i=1,2,\cdots,6)$的线性函数,称这种规划为线性规划.如果令

$$A = \begin{pmatrix} 0.7 & 1 & 1 & 0 & 0 & 0 \\ 0.5 & 5/6 & 0 & 1 & 0 & 0 \\ 1 & 2/3 & 0 & 0 & 1 & 0 \\ 0.1 & 0.25 & 0 & 0 & 0 & 1 \end{pmatrix}, \quad b = \begin{pmatrix} 630 \\ 600 \\ 708 \\ 135 \end{pmatrix}, \quad c = \begin{pmatrix} 9 \\ 10 \\ 0 \\ 0 \\ 0 \\ 0 \end{pmatrix}, \quad x = \begin{pmatrix} x_1 \\ x_2 \\ x_3 \\ x_4 \\ x_5 \\ x_6 \end{pmatrix}$$

则例 6.2 的矩阵表示为

$$\max S = c^{\mathrm{T}}x$$

$$s.t. \quad \begin{cases} Ax = b \\ x \geqslant 0 \end{cases} \tag{6.9}$$

式(6.9)为一般线性规划问题引入松弛变量或互补变量后的矩阵表示,其中 x 为决策变量,c 为价值向量,b 为资源向量,A 为生产技术系数矩阵.

6.2.2 线性规划模型求解

显然,线性问题本质上是通过在满足非齐次线性方程组 $Ax=b$ 的非负解空间中寻找一个解向量,使得目标函数达到最大值.在某些场合下目标函数为最小值,例如当以总成本为研究对象时,目标函数应该为最小值.

对于式(6.9)的线性规划问题,虽然带有约束条件,但很难通过构造拉格朗日函数来求最优解,也很难通过解非齐次方程组,然后逐一求目标函数的方法来处理, Dantzig 为线性规划问题提供了单纯型解法,该方法已被许多软件采纳,其求解过程中仍然使用到矩阵求逆等知识.

对例 6.2,通过 MATLAB 的专用函数 linprog 求解得到最优解 $x=(540,252,0,120,0,18)^{\mathrm{T}}$,从而有 $x_1=540$,$x_2=252$,得目标函数最优值为 7668.另外,最优解表明 $x_3=0$,$x_4=120$,$x_5=0$,$x_6=18$,因而说明第一道工序和第三道工序的工时被使用完,而第二道工序和第四道工序还有 120 和 18 个剩余工时.

6.3 投入-产出模型与模型求解

6.3.1 投入-产出模型与平衡方程

投入-产出分析方法是应用数学方法和电子计算机,研究各部门间各种平衡关系的一种现代管理方法,该方法最早由美国经济学家里昂惕夫于 1936 年提出,在国民经济核算中有着广泛的应用,其理论基础是瓦尔拉斯的一般均衡理论.下面的表 6.2 给出了 n 个部门的投入与产出关系.

表 6.2 中行表示某个部门的产出及其使用去向,因此 x_{ij} 表示第 i 个部门为第 j 个部门提供的使用量,从而第 i 个部门为所有 n 个部门提供的使用量为 $\sum_{j=1}^{n} x_{ij}$,这些使用量都作为中间消耗而使用.第 i 个部门产出的剩余部分被用于居民和政府消费、投资以及出口,其中消费量、出口量和投资量分别记为 c_i、e_i 和 i_i,这三部分合计为 y_i.从而得到第 i 个部门产出平衡方程为

$$x_{i1}+x_{i2}+\cdots+x_{in}+y_i=x_i\quad(i=1,2,\cdots,n)\tag{6.10}$$

表 6.2 投入-产出表

流量 投入＼产出		消耗部门				最终需求				总产出
		1	2	⋯	n	消费	出口	投资	合计	
生产部门	1	x_{11}	x_{12}	⋯	x_{1n}	c_1	e_1	i_1	y_1	x_1
	2	x_{21}	x_{22}	⋯	x_{2n}	c_2	e_2	i_2	y_2	x_2
	⋮	⋮	⋮	⋱	⋮	⋮	⋮	⋮	⋮	⋮
	n	x_{n1}	x_{n2}	⋯	x_{nn}	c_n	e_n	i_n	y_n	x_n
新价值	工资	v_1	v_2	⋯	v_n					
	纯收入	m_1	m_2	⋯	m_n					
	合计	z_1	z_2	⋯	z_n					
总投入		x_1	x_2	⋯	x_n					

表6.2中列表示某个部门的投入和创造的新价值,因此 x_{ij} 表示第j个部门为了生产 x_j 个单位的产出而需要第i个部门的投入量,因此第 j 个部门生产x_j 个单位而需要中间消耗为$\sum\limits_{i=1}^{n} x_{ij}$,一般来说,这部分消耗是物耗.另一部分是人力消耗以及创造的利润,分别对应工人的工资和纯收入,分别记为 v_j 和m_j,两者合计为 z_j.从而得到第 j 部门投入平衡方程为

$$x_{1j} + x_{2j} + \cdots + x_{nj} + z_j = x_j \quad (j = 1,2,\cdots,n) \tag{6.11}$$

对式(6.10)和式(6.11)求和得

$$\sum_{i=1}^{n}\sum_{j=1}^{n} x_{ij} + \sum_{i=1}^{n} y_i = \sum_{i=1}^{n} x_i$$

$$\sum_{j=1}^{n}\sum_{i=1}^{n} x_{ij} + \sum_{j=1}^{n} z_j = \sum_{j=1}^{n} x_j$$

比较得

$$\sum_{i=1}^{n} y_i = \sum_{j=1}^{n} z_j$$

等式左边为用支出法计算的国内生产总值,而右边为用收入法计算的国内生产总值,因此两者理应相等.

6.3.2 直接消耗系数与投入-产出模型矩阵表示

表6.2是用价值形式表示各个部门之间的投入与产出关系,在实际应用中,通常使用直接消耗系数来表示各个部门之间的消耗关系,为此定义直接消耗系数如下:

$$a_{ij} = \frac{x_{ij}}{x_j} \quad (i,j = 1,2,\cdots,n)$$

从而式(6.10)可以用直接消耗系数表示为

$$a_{i1}x_1 + a_{i2}x_2 + \cdots + a_{in}x_n + y_i = x_i \quad (i = 1,2,\cdots,n)$$

展开所有 n 个部门的结果为

$$\begin{cases} a_{11}x_1 + a_{12}x_2 + \cdots + a_{1n}x_n + y_1 = x_1 \\ a_{21}x_1 + a_{22}x_2 + \cdots + a_{2n}x_n + y_2 = x_2 \\ \cdots \\ a_{n1}x_1 + a_{n2}x_2 + \cdots + a_{nn}x_n + y_n = x_n \end{cases} \tag{6.12}$$

令

$$x = (x_1,x_2,\cdots,x_n)^{\mathrm{T}}, \quad y = (y_1,y_2,\cdots,y_n)^{\mathrm{T}}, \quad A = \begin{pmatrix} a_{11} & a_{12} & \cdots & a_{1n} \\ a_{21} & a_{22} & \cdots & a_{2n} \\ \vdots & \vdots & \ddots & \vdots \\ a_{n1} & a_{n2} & \cdots & a_{nn} \end{pmatrix}$$

则式(6.12)的矩阵表示为

$$Ax + y = x$$

进一步得

$$x = (E - A)^{-1}y \tag{6.13}$$

其中,$E-A$ 为里昂惕夫矩阵.类似地,式(6.11)可以用直接消耗系数表示为

$$a_{1j}x_j + a_{2j}x_j + \cdots + a_{nj}x_j + z_j = x_j \quad (j = 1,2,\cdots,n)$$

展开所有 n 个部门的结果为

$$\begin{cases} a_{11}x_1 + a_{21}x_1 + \cdots + a_{n1}x_1 + z_1 = x_1 \\ a_{12}x_2 + a_{22}x_2 + \cdots + a_{n2}x_2 + z_2 = x_2 \\ \cdots \\ a_{1n}x_n + a_{2n}x_n + \cdots + a_{nn}x_n + z_n = x_n \end{cases} \tag{6.14}$$

令

$$z = (z_1,z_2,\cdots,z_n)^{\mathrm{T}}, \quad D = \begin{pmatrix} \sum_{i=1}^{n} a_{i1} & 0 & \cdots & 0 \\ 0 & \sum_{i=1}^{n} a_{i2} & \cdots & 0 \\ \vdots & \vdots & \ddots & \vdots \\ 0 & 0 & \cdots & \sum_{i=1}^{n} a_{in} \end{pmatrix}$$

则式(6.14)的矩阵表示为

$$Dx + z = x$$

进一步得

$$x = (E - D)^{-1} z \tag{6.15}$$

式(6.13)和式(6.15)都可以用来计算总产出向量,具体使用哪个公式可以根据具体条件来确定.

【例 6.3】 已知某经济系统在一个生产周期内投入-产出情况如表 6.3 所示,试求直接消耗系数矩阵、最终需求和新价值估计.

表 6.3　某经济系统投入与产出关系

价值消耗 部门＼部门		中间消耗			总产出
		1	2	3	
中间投入	1	100	25	30	400
	2	80	50	30	250
	3	40	25	60	300

解　根据直接消耗系数定义

$$a_{ij} = \frac{x_{ij}}{x_j} \quad (i, j = 1,2,3)$$

可以得到消耗系数矩阵为

$$A = \begin{pmatrix} 0.25 & 0.1 & 0.1 \\ 0.2 & 0.2 & 0.1 \\ 0.1 & 0.1 & 0.2 \end{pmatrix}$$

由于

$$x = \begin{pmatrix} 400 \\ 250 \\ 300 \end{pmatrix}, \quad D = \begin{pmatrix} 0.55 & 0 & 0 \\ 0 & 0.4 & 0 \\ 0 & 0 & 0.4 \end{pmatrix}$$

根据式(6.13)和式(6.15)得到

$$y = (E - A)x = \left(\begin{pmatrix} 1 & 0 & 0 \\ 0 & 1 & 0 \\ 0 & 0 & 1 \end{pmatrix} - \begin{pmatrix} 0.25 & 0.1 & 0.1 \\ 0.2 & 0.2 & 0.1 \\ 0.1 & 0.1 & 0.2 \end{pmatrix} \right) \begin{pmatrix} 400 \\ 250 \\ 300 \end{pmatrix} = \begin{pmatrix} 245 \\ 90 \\ 175 \end{pmatrix}$$

$$z = (E - D)x = \left(\begin{pmatrix} 1 & 0 & 0 \\ 0 & 1 & 0 \\ 0 & 0.1 & 1 \end{pmatrix} - \begin{pmatrix} 0.55 & 0 & 0 \\ 0 & 0.4 & 0 \\ 0 & 0 & 0.4 \end{pmatrix} \right) \begin{pmatrix} 400 \\ 250 \\ 300 \end{pmatrix} = \begin{pmatrix} 180 \\ 150 \\ 180 \end{pmatrix}$$

6.4 主成分分析模型与主成分求解

6.4.1 主成分模型

主成分分析是多元统计分析方法之一，主要用于数据降维和经济活动成果的综合评价，本节简要介绍主成分的基本原理与获取过程.

假设经济管理需要考察 p 个指标，记为 $x = (x_1, x_2, \cdots, x_p)^{\mathrm{T}}$，其协方差矩阵记为 $\sum$. 由 $\sum$ 可以构造 p 个主成分，分别记为 $F_1, F_2, \cdots, F_p$，其中，第 i 个主成分 F_i 可以表示为

$$F_i = a_{i1}x_1 + a_{i2}x_2 + \cdots + a_{ip}x_p \quad (i = 1,2,\cdots,p)$$

令 $a_i = (a_{i1}, a_{i2}, \cdots, a_{ip})^{\mathrm{T}}$，从而有

$$F_i = a_i^T x, \quad i = 1,2,\cdots,p$$

由数理统计理论可知 F_i 的方差为 $a_i^{\mathrm{T}} \sum a_i$. 主成分分析要求第一个主成分 F_1 尽可能多地提取 $x = (x_1, x_2, \cdots, x_p)^{\mathrm{T}}$ 的信息，等价于要使方差 $a_1^{\mathrm{T}} \sum a_1$ 最大. 为使问题有意义，一般施加条件 $a_1^{\mathrm{T}} a_1 = 1$，在此约束条件下，求向量 a_1 使得 $a_1^{\mathrm{T}} \sum a_1$ 达到最大值，为此建立的模型为

$$\begin{aligned} \max \quad & S_1 = a_1^{\mathrm{T}} \sum a_1 \\ \text{s.t.} \quad & a_1^{\mathrm{T}} a_1 = 1 \end{aligned} \tag{6.16}$$

6.4.2 主成分模型求解

由于 $\sum$ 为正定的实对称矩阵，根据定理 4.14 知，$\sum$ 的特征值都为实数. 再由定理 4.15 知，存在正交矩阵，使之可以化为对角矩阵. 设 $\sum$ 的特征值是按照从大到小的排列顺序形成的向量，记为 $\lambda = (\lambda_1, \lambda_2, \cdots, \lambda_p)^{\mathrm{T}}$，对应的单位正交特征向量组成矩阵记为 $U = (U_1, U_2, \cdots, U_p)$，则式(6.16) 的目标函数值 S_1 与向量 a_1 的取值归纳在如下定理中.

定理 6.2 对于式(6.16) 的优化模型，目标函数的最大值 S_1 为协方差矩阵 $\sum$ 最大特征值 λ_1，最优解向量 $a_1 = U_1$.

该定理的证明过程可以由定理 5.13 直接得到.

当第一个主成分 F_1 提取的信息量不足以满足需要时，需要继续提取第二个主成分 F_2. 对第二主成分 F_2 而言，也要求尽可能多地提取 $x = (x_1, x_2, \cdots, x_p)^{\mathrm{T}}$ 的信息，即要求 $a_2^{\mathrm{T}} \sum a_2$ 最大，但需要与第一个主成分的信息不重复.

一般地，可以提取其他主成分直到满足需要为止. 假设最后选取的主成分为 F_j，则根据主成分分析要求，该主成分与所有前面 $j-1$ 个主成分不相关，根据数理统计知识可以证明满足该要求的条件为

$$a_j^{\mathrm{T}} \sum a_l = \lambda_i a_j^{\mathrm{T}} a_l = 0 \quad (l = 1,2,\cdots,j-1; j = 2,3,\cdots,p) \tag{6.17}$$

即 $a_j^{\mathrm{T}} a_l = 0$，由此得到目标函数与约束条件为

$$\max\ S_j = a_j^{\mathrm{T}} \sum a_j$$

$$\text{s.t.} \begin{cases} a_j^{\mathrm{T}} a_j = 1 \\ a_j^{\mathrm{T}} a_1 = 0 \\ a_j^{\mathrm{T}} a_2 = 0 \\ \quad\vdots \\ a_j^{\mathrm{T}} a_{j-1} = 0 \end{cases} \tag{6.18}$$

相关结论归纳在如下定理中.

定理 6.3　对于式(6.18)的优化模型，目标函数的最大值为矩阵 $\sum$ 的第 j 大特征值 λ_j，最优解向量 $a_j = U_j$.

证明　构造拉格朗日函数为

$$L(a_j, v_1, v_2, \cdots, v_{j-1}) = a_j^{\mathrm{T}} \sum a_j - v_1(a_j^{\mathrm{T}} a_j - 1) - 2v_2 a_j^{\mathrm{T}} a_1 - 2v_3 a_j^{\mathrm{T}} a_2 - \cdots - 2v_j a_j^{\mathrm{T}} a_{j-1}$$

分别对向量 a_j 和参数 $v_1, v_2, \cdots, v_j$ 求偏导数，根据定理 6.1 的结论(1)和推论 2 得

$$\begin{cases} \dfrac{\partial L(a_j, v_1, v_2, \cdots, v_{j-1})}{\partial a_j} = 2\sum a_j - 2v_1 a_j - 2v_2 a_1 - 2v_3 a_2 - \cdots - 2v_j a_{j-1} \\ \qquad = 0 \\ \dfrac{\partial L(a_j, v_1, v_2, \cdots, v_{j-1})}{\partial v_1} = -(a_j^{\mathrm{T}} a_j - 1) = 0 \\ \dfrac{\partial L(a_j, v_1, v_2, \cdots, v_{j-1})}{\partial v_2} = -2a_j^{\mathrm{T}} a_1 = 0 \\ \dfrac{\partial L(a_j, v_1, v_2, \cdots, v_{j-1})}{\partial v_3} = -2a_j^{\mathrm{T}} a_2 = 0 \\ \quad\vdots \\ \dfrac{\partial L(a_j, v_1, v_2, \cdots, v_{j-1})}{\partial v_j} = -2a_j^{\mathrm{T}} a_{j-1} = 0 \end{cases} \tag{6.19}$$

对式(6.19)的第一个等式左乘 a_j^{T} 并利用后面j个约束条件得

$$a_j^{\mathrm{T}}\sum a_j = v_1 \tag{6.20}$$

对式(6.19)的第一个式子左乘 a_1^{T} 得

$$a_1^{\mathrm{T}}\sum a_j = v_1 a_1^{\mathrm{T}} a_j + v_2 a_1^{\mathrm{T}} a_1 + v_3 a_1^{\mathrm{T}} a_2 + \cdots + v_j a_1^{\mathrm{T}} a_{j-1} \tag{6.21}$$

由于主成分 F_1 与主成分 $F_2, F_3, \cdots, F_{j-1}$不相关,根据式(6.17)有

$$a_1^{\mathrm{T}}\sum a_i = \lambda_i a_1^{\mathrm{T}} a_i = 0 \quad (i = 2,3,\cdots,j) \tag{6.22}$$

成立,即 $a_1^{\mathrm{T}} a_i = 0$,将式(6.22)代入到式(6.21)得

$$v_2 a_1^{\mathrm{T}} a_1 = 0$$

由 $a_1^{\mathrm{T}} a_1 = 1$ 得 $v_2 = 0$.类似地,仿照以上操作,对式(6.19)的第一个式子分别左乘 $a_2^{\mathrm{T}}, a_3^{\mathrm{T}}, \cdots, a_{j-1}^{\mathrm{T}}$,利用式(6.17),可以得到 $v_3 = v_4 = \cdots = v_j = 0$.据此可以得到式(6.19)第一个等式变为

$$\sum a_j = v_1 a_j \tag{6.23}$$

式(6.23)表明 v_1 是$\sum$的特征值,而 a_j 是与 v_1 对应的特征向量.根据式(6.20)可知,v_1 应该取矩阵$\sum$的第 j 大特征值λ_j,对应的最优解向量 $a_j = U_j$.故定理6.3得证.

【例6.4】 假设市场上有肉类 x_1、鸡蛋 x_2、水果 x_3 三种产品价格的月份资料的协方差矩阵为

$$\sum = \begin{pmatrix} 2 & 2 & -2 \\ 2 & 5 & -4 \\ -2 & -4 & 5 \end{pmatrix}$$

求其三个主成分表达形式.

解 根据主成分分析原理,首先求其特征值,过程如下:

$$\left|\sum - \lambda E\right| = \begin{vmatrix} 2-\lambda & 2 & -2 \\ 2 & 5-\lambda & -4 \\ -2 & -4 & 5-\lambda \end{vmatrix} = -(\lambda - 1)^2(\lambda - 10) = 0$$

得到特征值为 $\lambda_1 = 10, \lambda_2 = \lambda_3 = 1$.当 $\lambda_2 = \lambda_3 = 1$ 时得到特征向量为

$$\sum - E = \begin{pmatrix} 1 & 2 & -2 \\ 2 & 4 & -4 \\ -2 & -4 & 4 \end{pmatrix} \to \begin{pmatrix} 1 & 2 & -2 \\ 0 & 0 & 0 \\ 0 & 0 & 0 \end{pmatrix}$$

得到两个特征向量分别为 $P_1 = \begin{pmatrix} -2 \\ 1 \\ 0 \end{pmatrix}, P_2 = \begin{pmatrix} 2 \\ 0 \\ 1 \end{pmatrix}$.

当 $\lambda_3 = 10$ 时得到特征向量为

$$\sum - 10E = \begin{pmatrix} -8 & 2 & -2 \\ 2 & -5 & -4 \\ -2 & -4 & -5 \end{pmatrix} \to \begin{pmatrix} 1 & 0 & 1/2 \\ 0 & 1 & 1 \\ 0 & 0 & 0 \end{pmatrix}$$

得到两个特征向量分别为 $P_3 = \begin{pmatrix} -1/2 \\ -1 \\ 1 \end{pmatrix}$.

对 P_1、P_2 进行施密特正交化处理如下：

$$P_2^* = P_2 - \frac{(P_2, P_1)}{(P_1, P_1)} P_1 = \begin{pmatrix} 2 \\ 0 \\ 1 \end{pmatrix} - \frac{-4}{5} \begin{pmatrix} -2 \\ 1 \\ 0 \end{pmatrix} = \begin{pmatrix} 2/5 \\ 4/5 \\ 1 \end{pmatrix}$$

再对三个向量 P_1, P_2^*, P_3 进行单位化处理，按照特征根从大到小的顺序，得

$$u_1 = \begin{pmatrix} -1/3 \\ -2/3 \\ 2/3 \end{pmatrix}, \quad u_2 = \begin{pmatrix} -2/\sqrt{5} \\ 1/\sqrt{5} \\ 0 \end{pmatrix}, \quad u_3 = \begin{pmatrix} 2/\sqrt{45} \\ 4/\sqrt{45} \\ 5/\sqrt{45} \end{pmatrix}$$

据此得到三个主成分为

$$F_1 = -\frac{1}{3}x_1 - \frac{2}{3}x_2 + \frac{2}{3}x_3$$

$$F_2 = -\frac{2}{\sqrt{5}}x_1 + \frac{1}{\sqrt{5}}x_2$$

$$F_3 = \frac{2}{\sqrt{45}}x_1 + \frac{4}{\sqrt{45}}x_2 + \frac{5}{\sqrt{45}}x_3$$

关于线性代数知识的其他应用，这里不再举例说明，相关知识点的应用会在后续课程中得到体现.

习　题　6

一、计算题

1. 某汽运公司欲测定其公司车辆运行里程数与运行时间的关系，为此选取了 300 辆汽车测定各自的运行里程数（单位：千米）和时间（单位：小时），记运行时间为 y，里程数为 x，经过计算得到如下数据

$$(X^{\mathrm{T}} X) = \begin{pmatrix} 300 & 21215 \\ 21215 & 1614625 \end{pmatrix}, \quad X^{\mathrm{T}} Y = \begin{pmatrix} 2185 \\ 162383 \end{pmatrix}$$

试建立一元回归模型分析运行里程数与运行时间的关系.

2. 某公司生产两种产品 A 和 B,要求两种产品的产量不少于 350 个单位,其中 A 产品不少于 125 个单位;每生产一个单位的 A 产品和 B 产品的单位成本分别为 2 美元和 3 美元,需要工时分别为 2 个工时和 1 个工时,可供使用工时为 600. 试根据这些信息,建立线性规划模型,并确定两种产量,使成本最小.

3. 假设某工厂有三个车间,在某个生产周期内各车间之间的直接消耗系数及最终需求如表 6.4 所示,求三个车间的总产出和创造的新价值.

表 6.4 三个车间的投入-消耗关系

车间 \ 直接消耗系数 \ 车间		1	2	3	最终需求
生产部门	1	0.25	0.1	0.1	235
	2	0.2	0.2	0.1	125
	3	0.1	0.1	0.2	210

4. 某三项经济指标的协方差矩阵为

$$\Sigma = \begin{pmatrix} 1 & -2 & 0 \\ -2 & 5 & 0 \\ 0 & 0 & 2 \end{pmatrix}$$

求三个主成分的表示形式.

第 7 章　MATLAB 在线性代数中的应用

MATLAB 是美国 MathWorks 公司出品的一个优秀的商业数学软件，MATLAB 自产生之日起，就以其强大的功能和良好的开放性而在科学计算软件中独占鳌头. MATLAB 不但可以解决数学中的数值计算问题，还可以解决符号演算问题，并且能够方便地绘出各种函数图形. 它具有简单、易学、界面友好和使用方便等特点，只要有一定的数学知识并了解计算机的基本操作方法，就能学习和使用 MATLAB. 通过利用 MATLAB 提供的各种数学工具，可以方便地解决很多的数学问题，可以避免我们做繁琐的数学推导和计算，使我们能省出更多的时间和精力做进一步的学习和探索. 在欧美一些高等院校，MATLAB 已经成为线性代数、数理统计、高等数学、自动控制理论、数字信号处理等课程的基本工具和攻读学位的大学生、硕士生和博士生必须掌握的技能. 在设计和科研部门，MATLAB 被广泛用来研究与解决各种工程问题. 因此，掌握 MATLAB 在数学中的应用具有重要意义. 本章主要结合本书介绍 MATLAB2019 在线性代数中的应用.

7.1　MATLAB 的基础知识

7.1.1　MATLAB 简介

MATLAB 是 Matrix Laboratory（矩阵实验室）的缩写，是集数值计算、符号计算和图形可视化三大基本功能于一体的应用软件，是国际公认的优秀数学应用软件之一. MATLAB 可以方便处理诸如矩阵变换及运算、多项式运算、微积分运算、线性与非线性方程求解、微分方程求解、统计分析及优化等问题.

MATLAB 的基本单位是矩阵. 它的表达式与数学、工程计算中常用的形式十分相似，极大地方便了用户学习和使用. MATLAB 软件由两部分组成，即 MATLAB 内核及辅助工具箱，两者的调用构成了 MATLAB 强大的功能. MATLAB 具有以下主要特点：

(1) 运算符和库函数极其丰富,语言简洁,编程效率高. MATLAB 除了提供和 C 语言一样的运算符号外,还提供广泛的矩阵和向量运算符. MATLAB 程序书写形式自由,利用丰富的库函数避开繁杂的子程序编程任务.

(2) 具备功能强大的工具箱. MATLAB 包含两个部分:核心部分和各种可选的工具箱. 核心部分中有数百个核心内部函数. 其工具箱又分为两类:功能性工具箱和学科性工具箱. 功能性工具箱主要用来扩充其符号计算功能、图形建模仿真功能、文字处理功能以及与硬件实时交互功能. 而学科性工具箱专业性比较强,这些工具箱都是由该领域内学术水平很高的专家编写的,所以用户不需要编写自己学科范围内的基础程序,而直接进行高、精、尖的研究,如优化工具箱、统计工具箱、控制工具箱、小波工具箱、图像处理工具箱、通信工具箱等.

(3) 图形功能强大. 它既包括对二维和三维数据可视化、图像处理、动画制作等高层次的绘图命令,又包括可以修改图形及编制完整图形界面的、低层次的绘图命令.

(4) 既具有结构化的控制语句,又具有面向对象的编程特性.

(5) 源程序的开放性. 除内部函数以外,所有 MATLAB 的核心文件和工具箱文件都是可读可改的源文件,用户可通过对源文件的修改以及加入自己的文件构成新的工具箱.

7.1.2 MATLAB 的启动与退出

利用 MATLAB 进行工作,首先必须进入到 MATLAB 中,要启动 MATLAB,找到桌面 MATLAB 图标,双击即可,或者通过单击"开始"菜单→所有程序→MATLAB.

当完成任务后,退出 MATLAB 一般有三种方法:单击右上角"☒";在命令窗口输入" quit"或"exit"命令;按组合快捷键 Alt + F4.

7.1.3 MATLAB 的界面

启动 MATLAB 进入 MATLAB 的界面,如图 7.1 所示。MATLAB 的界面主要包括标题栏(Title Bar)、功能区(Function Area) 、工具栏(Toolbar)、命令行窗口(Command Window) 、命令历史记录窗口(Command History)、工作区窗口(Workspace)、当前文件夹窗口(Current Folder)等组成. 这些窗口可以单独打开使用,也可以按照用户喜好对 MATLAB 界面进行调整.

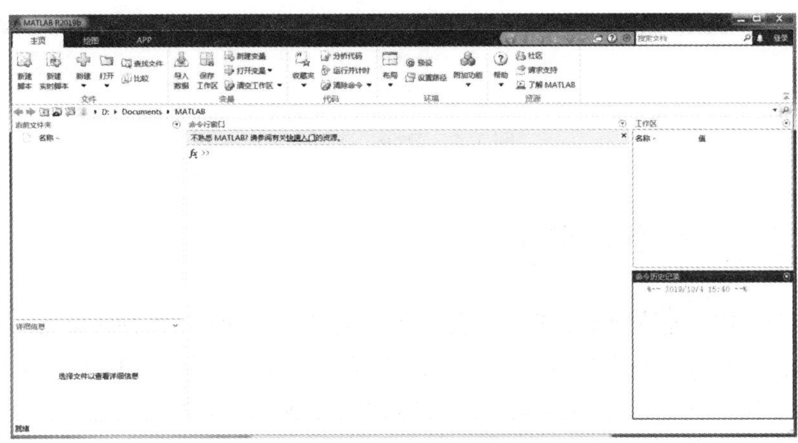

图 7.1　MATLAB 工作界面

7.1.4　标题栏

标题栏位于工作界面的顶部，如图 7.2 所示. 在标题栏中，左侧为软件图标及名称，右侧有三个按钮，用于控制工作界面的显示，分别为最小化工作页面，最大化显示工作页面，关闭工作页面.

图 7.2　标题栏

7.1.5　功能区

MATLAB 2019 有别于传统的菜单形式，以功能区的形式显示各种常用的功能命令，它将所有的功能命令分别放置在“主页”、“绘图”、“APP”3 个选项卡中.

选择标题栏下方的“主页”选项卡，显示基本的“新建”、“打开”、“查找文件”等命令，如图 7.3 所示.

图 7.3　“主页”选项卡

选择标题栏下方的“绘图”选项卡，显示关于绘制图形的编辑命令，如图 7.4 所示.

选择标题栏下方的“APP”选项卡，显示多种应用程序命令.

图 7.4 “绘图”选项卡

7.1.6 命令行窗口

命令行窗口是 MATLAB 进行操作的主要载体,一般来说,MATLAB 的所有函数和命令都可以在命令行窗口中执行.在默认情况下,启动 MATLAB 时就会打开命令窗口,如图 7.5 所示.在 MATLAB 命令窗口中,命令的实现不仅可以由菜单操作来实现,也可以由命令行操作来执行.在命令行窗口中,单击右上角的“⊙”按钮,弹出如图 7.6 所示的下拉菜单,可以对命令窗口进行设置等工作.

图 7.5 命令行窗口

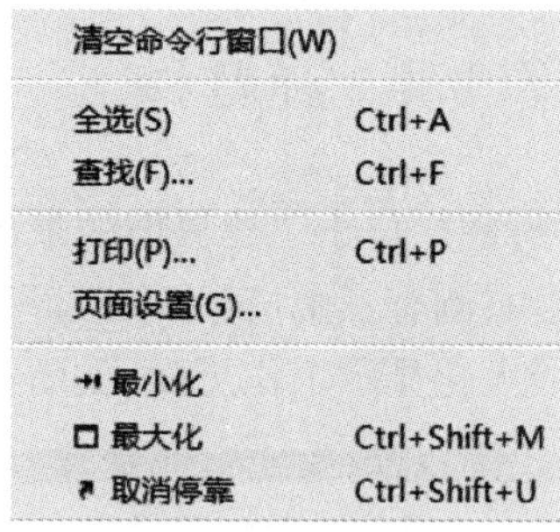

图 7.6 下拉菜单

本书主要使用命令行操作.掌握 MALAB 命令行操作是走入 MATLAB 世界的第一步.

7.1.7 命令历史记录窗口

命令历史记录窗口主要用于记录所有执行过的命令,在默认情况下,它会保存自安装以来所有运行过的命令的历史记录,以方便查阅.当工作界面隐藏了命令历史记录窗口,单击命令常用功能命令中的“布局”按钮,然后在下拉菜单中选择“命令历史记录”下的“停靠”选项.如果要关闭窗口,则选择“关闭”选项,如图 7.7 所示.

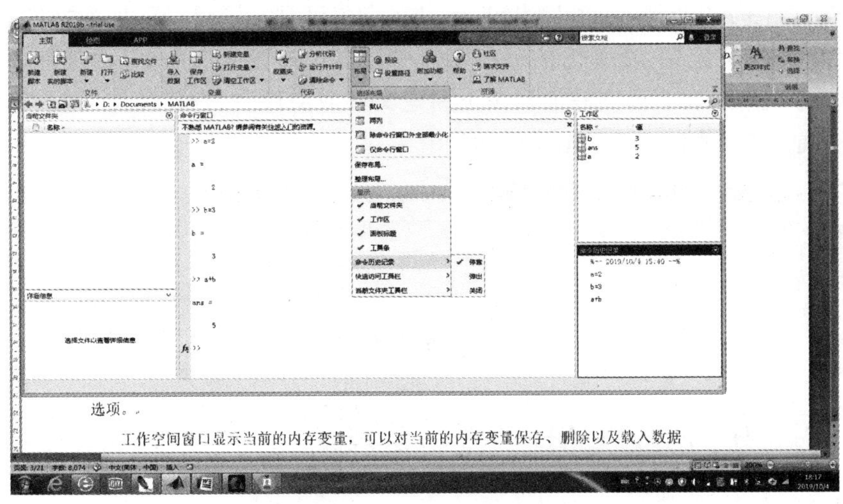

图 7.7　命令历史记录窗口

7.1.8　工作区窗口

工作空间窗口显示当前的内存变量,可以对当前的内存变量保存、删除以及载入数据文件.如图 7.8 所示.

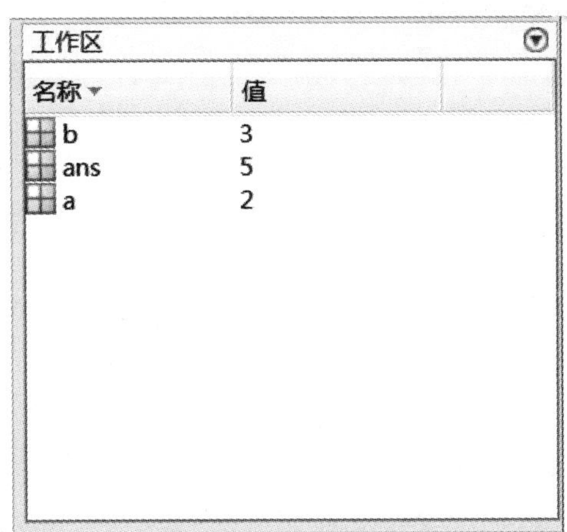

图 7.8　工作区窗口

7.1.9　当前文件夹窗口

当前文件夹窗口显示当前路径、目录以及所有文件的信息,对路径与目录进行管理.如图 7.9 所示,单击🔍按钮,可以在当前目录或子目录下搜索文件.单击当前文件夹上⊙按钮,在弹出的下拉菜单中可以选择相应的命令,可执行一些常用的操作.例如,在当前文件夹目录下新建文件或文件夹、查找文件、显示或隐藏文件信息、将当前目录按规定排序和分组等.

图 7.9 当前文件夹窗口

7.1.10 MATLAB 的帮助系统

MATLAB 的帮助系统非常完善,用户可以利用该软件自带的帮助功能进行求助.MATLAB 的帮助系统包括:帮助命令、演示(Demos)系统、帮助导航浏览器等三种方式.

初学 MATLAB 时,可以通过联机帮助系统查找关于 MATLAB 的所有帮助信息,选择如图 7.10 所示的"资源"下的"帮助"按钮的下拉菜单的任何一项,可以打开 MATLAB 的联机帮助系统窗口.

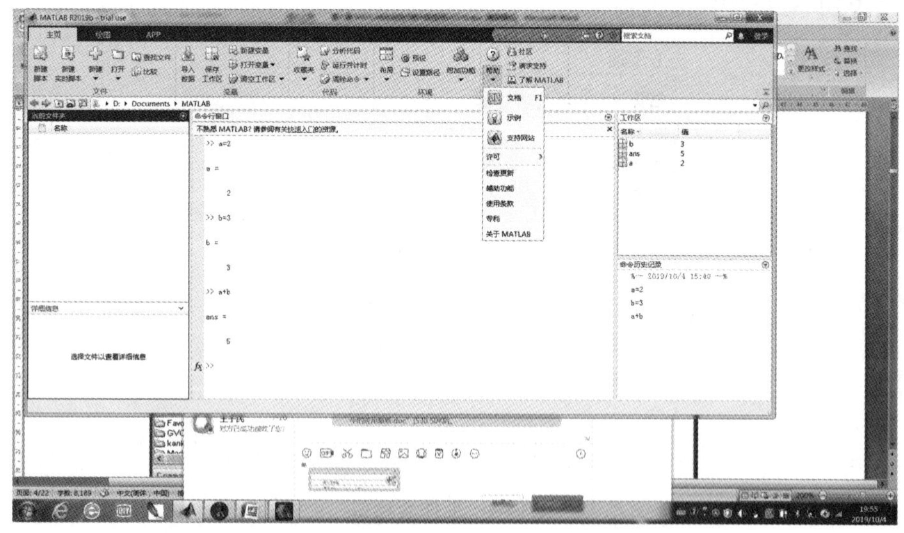

图 7.10 MATLAB 联机帮助系统下拉菜单

为了用户更快捷地获得帮助,MATLAB 提供了一些帮助命令,包括 help 系列、Lookfor 命令和其他的常用帮助命令.只需要在命令行窗口输入帮助命令即可.如果确切知道所要求的关键词或指令名称,那么使用 help 命令获得在线帮助是最简单有效的途径,其调用格式是:"help 函数(类)名".如果不知道某个函数的确切名称,这时就用 lookfor 函数来查找.

MATLAB 还有许多其他的常用查询帮助命令,如表 7.1 所示.

表 7.1　其他查询帮助命令

命令名称	功能
who	内存变量列表
whos	内存变量详细信息
which	确定文件夹位置
what	目录中的文件列表
exits	变量检验函数

对于 MATLAB 或某个工具箱的初学者,最好的学习方法是查看它的联机演示系统.初学者通过 Demos 观看演示程序,可以更加形象、直观地了解其功能与用法.直接在命令行窗口输入"demos",或单击"资源"下的"帮助"按钮的下拉菜单的"示例"选项(见图 7.10),就进入 MATLAB 的帮助系统的主演示页面.

帮助导航浏览器是 MATLAB 专门提供的一个独立的帮助子系统.该系统包含的所有帮助文件都存储在 MATLAB 安装目录下的 help 子目录下.用户可以在命令行窗口用输入"doc"或"helpbrowser"命令的方式打开帮助导航浏览器.

7.1.11　MATLAB 的变量与表达式

1. MATLAB 的变量

计算机是通过变量名找到变量位置的.MATLAB 的变量名区分大小写(一般函数和命令用小写),变量名第一个字符必须是字母,变量名可以包含下划线"_"和数字,不能是标点、空格.变量名不能与 MATLAB 中的内部函数或命令相同.在MATLAB 中变量使用前不必先定义变量类型,可以即取即用.但是,如果使用与原来定义的变量一样的名字来赋值,原变量就会被自动覆盖,系统不会显示出错信息.

MATLAB 在系统内定义了几个特殊意义和用途的变量,具体如表 7.2 所示.

表 7.2 内存变量表

特殊的变量、常量	取　值
ans	用于结果的缺省变量名
pi	圆周率 π 的近似值(3.1416)
eps	数学中无穷小(epsilon)的近似值(2.2204e-016)
inf	无穷大,如 1/0=inf(infinity)
NaN	非数,如 0/0=NaN(Not a Number),inf/inf=NaN
i,j	虚数单位 $i=j=\sqrt{-1}$

注:(1) Clear 命令清除所有定义过的变量;(2) i,j 这两个变量在没有定义的时候默认为虚数单位;(3) who,whos 命令查看工作空间变量和详细特征;(4) %后的内容不运行,一般用于注释说明,使命令、程序清晰易懂.

2. MATLAB 的运算符

MATLAB 的运算符有以下三种:

(1) 数学运算符:+(加号),-(减号),*(乘号),/(右除),\(左除),^(幂);

(2) 关系运算符:>(大于),<(小于),>=(不小于),<=(不大于),==(等于),~=(不等于);

(3) 逻辑运算符:&(逻辑与运算),|(逻辑或运算),~(逻辑非运算).

3. MATLAB 的表达式

MATLAB 采用的是表达式语言,用户输入的语句由 MATLAB 系统解释运行.MATLAB 语句由变量与表达式组成.MATLAB 语句有以下两种常见的形式:

形式 1:表达式.

形式 2:变量=表达式.

表达式由运算符、函数、变量名和数字组成.在第一种形式中,表达式运算后产生的结果如果为数值类型,系统自动赋值给内存变量 ans,并显示在屏幕上.在第二种形式中,对等式右边表达式产生的结果,系统自动将其存储在左边的变量中,并同时在屏幕上显示.但是,对于重要结果一定要用第二种形式.如果不想显示形式 1 或形式 2 的运算结果,则可以在命令中表达式后再加";"即可.

说明 本章内容的注释说明也是使用符号"%"开头.

7.1.12 MATLAB 的算术运算

MATLAB 的算术运算功能在诸多数学计算软件中是非常突出的,对于简单的算术运算,直接在命令窗口输入即可得到结果.同时,MATLAB 还提供了大量的数学中常用的函数以供直接使用.

常见的算术运算符如表 7.3 所示.

表 7.3　常见的算术运算符表

算术操作符	功　　能	算术操作符	功　　能
+	加法	*	乘法
-	减法	/	除法
^	幂	sqrt	开方

常见的数学函数如表 7.4 所示.

表 7.4　常见的数学函数表

函　数　名	功　　能	函　数　名	功　　能
sin(x)	正弦 $\sin x$	abs(x)	实数的绝对值
asin(x)	反正弦 $\arcsin x$	gcd(m,n)	求正整数 m 和 n 的最大公约数
cos(x)	余弦 $\cos x$	lcm(m,n)	求正整数 m 和 n 的最小公倍数
acos(x)	反余弦 $\arccos x$	exp(x)	指数函数 e^x
tan(x)	正切 $\tan x$	log(x)	自然对数(以 e 为底数)
atan(x)	反正切 $\arctan x$	log10(x)	常用对数(以 10 为底数)
cot(x)	余切 $\cot x$	round(x)	对 x 四舍五入到最接近的整数
acot(x)	反余切 $\mathrm{arcot}\, x$	rem(m,n)	求正整数 m 和 n 的 m/n 之余数
nchoosek(n,m)	计算组合数 C_n^m	factorial(n)	求 $n!$

【例 7.1】　计算 $2\sin\left(\frac{\pi}{6}\right)+5-2$.

解　在 MATLAB 命令窗口输入:

```
>>2 * sin(pi/6) + 5 - 2
```

然后按 Enter 键,在命令窗口显示:

```
ans =
    4
```

7.1.13　MATLAB 的矩阵运算

MATLAB 的基本单位是矩阵,可见矩阵是 MATLAB 的精髓.掌握矩阵的输入、各种数值运算以及矩阵函数的使用是以后学好 MATLAB 的关键.矩阵的输入主要有两种方式:第一种是直接输入,这是一种最方便、最直接的方法;第二种是利用矩阵函数来创建特殊矩阵.

矩阵的直接输入方法:先键入左方括号“[”,然后按行直接键入矩阵的所有元素,最后键入右方括号“]”.注意:整个矩阵以“[”和“]”作为首尾,同行的元素用“,”或空格隔开,不同行的元素用“;”或按 Enter 键来分隔;矩阵的元素可以为数字也可以为表达式,如果进行的是数值计算,表达式中不可包含未知的变量.圆括号跟在变量后,括起来的相当于元素角标.

操作符“:”的几点说明:

(1) 冒号表示增量语句,格式[初值:增量:终值](默认增量为 1).

[j:k]表示步长为 1 的等差数列构成的数组:$[j,j+1,j+2,\cdots,k]$;

[j:i:k]表示步长为 i 的等差数列构成的数组:$[j,j+i,j+2i,\cdots,k]$;

A(i:j)表示 $A(i),A(i+1),\cdots,A(j)$.

(2) 冒号还代表“到”.

(3) 冒号还代表“所有”.如 A(:,2)表示矩阵 A 的第二列所有元素构成的列矩阵.

【例 7.2】 在 MATLAB 的命令窗口输入:

```
>>A=[1,2,3;4,5,6;7,8,9]        %输入三行三列矩阵 A
A=
    1  2  3
    4  5  6
    7  8  9
>>A(1,3)                       %矩阵 A 的第一行第三列处的元素
ans=
     3
>>A(1)                         %矩阵 A 的第一个元素
ans=
     1
>>A(3)                         %一个矩阵放在计算机内存储是一维
                                时,存储方式是列优先
ans=
     7
>>A(:,2)                       %矩阵 A 的第二列所有元素构成的列
                                矩阵
ans=
```

```
    2
    5
    8
>>A(2,:)                         %矩阵 A 的第二行所有元素构成的行
                                  矩阵
ans=
    4  5  6
```

此外,MATLAB 提供了一些函数来创建一些特殊的矩阵,表 7.5 给出了 MATLAB 常用的创建特殊矩阵的函数.

表 7.5 常用的创建特殊矩阵的函数表

函 数 名	功 能
eye(n)	创建 n 阶单位矩阵
rand(m,n)	创建元素为 0 到 1 的 $m\times n$ 型随机矩阵
zeros(m,n)	创建 $m\times n$ 型零矩阵
ones(n)	创建元素都为 1 的 n 阶方阵

常见的矩阵的运算命令和函数,具体见 7.2 节.

7.1.14 MATLAB 的符号表达式和符号方程的创建

数学计算有数值计算和符号运算之分,这两者的根本区别是:数值计算表达式、矩阵运算中不允许有未定义的自由变量,而符号运算可以含有未定义的符号变量.MATLAB 除了数值计算外,还有强大的符号运算功能,即表达式中带有 x,y,a,b 等符号变量的运算.

1. 符号变量的创建

在 MATLAB 中创建符号变量的目的是在 MATLAB 中输入我们需要的表达式(或函数),由于表达式中带有 x,y,a,b 等符号变量,应先在 MATLAB 中创建符号变量.创建符号变量的命令是 sym 和 syms.sym 命令是创建单个符号变量,sym 命令执行后,被创建的符号变量将显示在屏幕上.syms 命令一次可以创建多个符号变量,syms 命令执行后,在屏幕上不显示,但符号变量已存在于 MATLAB 的工作空间管理窗口中.

2. 符号表达式的创建

创建符号表达式有两种方法:直接创建法和间接创建法.

直接创建法是直接用 sym 命令来创建,用直接创建法得到的符号表达式一般不是真正意义上的数学表达式.

格式:sym('表达式').

【例 7.3】 定义表达式 ax^2+bx+c 为符号表达式.

解 在 MATLAB 的命令窗口输入:

```
>>f=sym('a*x^2+b*x+c')
```

输出结果如下:

```
f=
  a*x^2+b*x+c
```

再在命令窗口输入:

```
>>f-c
```

结果显示?? Undefined function or variable 'c'

说明 虽然符号表达式赋给了符号变量 f,但对于表达式中的 a,b,x,c 并未创建,因此,系统并不认识符号 c.

间接创建法是在创建符号表达式之前把符号表达式中的所有变量定义为符号变量,然后直接输入表达式.用间接创建法得到的符号表达式是真正意义上的数学表达式.

【例 7.4】 定义表达式 ax^2+bx+c 为符号表达式.

解 在 MATLAB 的命令窗口输入:

```
>>syms a b c x
>>f=a*x^2+b*x+c
```

输出结果如下:

```
f=
  a*x^2+b*x+c
```

再在命令窗口输入:

```
>>f-c
```

输出结果如下:

```
ans=
      a*x^2+b*x
```

3. 符号方程的创建

符号方程与符号表达式是不同的,符号表达式是一个由数字和变量组成的代数式,而方程是由符号表达式和等号组成的等式.

创建符号方程的命令形式:equ=sym('eqution').

功能:把方程 eqution 定义为符号方程.

7.1.15 MATLAB 的 M 文件

MATLAB 的 M 文件有两种形式:一种是命令文件;另一种是 M 函数文件.

它们都是由若干MATLAB语句或命令组成的文件，扩展名均是“.m”.要注意的是M文件名最好不要与内置函数重名.

在M文件中，当表达式后面接分号时，表达式的结果不显示.对于命令文件，执行完程序之后，中间变量予以保存，若为M函数文件，执行完程序后，中间变量全部被删除.

创建M文件，需启动M文件编译器，操作方法有三种：一是在MATLAB命令行窗口直接输入指令“edit”；二是单击MATLAB主页中的新建脚本的“ ”图标；三是选择MATLAB主页中新建图标“ ”，在弹出的下拉菜单中单击脚本图标“ ”.

M文件有两种运行方式：一是在命令窗口直接输入文件名，按Enter键；二是单击MATLAB主页中打开图标“ ”，然后在弹出对话框中选择需要运行的M文件.

命令文件主要是解决运行指令较多时直接从键盘上逐行输入指令比较麻烦的问题，用户可以将一组相关指令编辑在一个命令文件中，运行时只需输入文件名字，MATLAB就会自动按命令文件中指令的顺序进行执行.

【例7.5】 已知矩阵 $A=\begin{pmatrix}1 & 2\\ 1 & 1\end{pmatrix}$，$B=\begin{pmatrix}2 & 1\\ 1 & 2\end{pmatrix}$，求：(1) $A+B$；(2) $A-B$；(3) AB.

解 在MATLAB的M文件的编辑窗口逐行写下下列语句：

```
A=[1,2;1,1];
B=[2,1;1,2];
X1=A+B;
X2=A-B;
X3=A*B;
disp('A+B=')
X1
disp('A-B=')
X2
disp('AB=')
X3
```

保存M文件在搜索路径上，文件名exam5.m.

运行exam5.m，输出结果如下：

```
A+B=
X1=
    3  3
```

```
        2   3
A-B=
X2=
      -1    1
       0   -1
AB=
X3=
        4   5
        3   3
```

注意 disp('语句')指令是显示语句指令,执行后显示该语句.

M 函数文件的第一行包含关键字 Function,通过关键字 Function 定义一个函数.M 函数文件实质上是用户根据自己的需要创建的一个函数,相当于 MATLAB 的子程序.

M 函数文件的一般表示形式:

function[因变量 1,因变量 2,…]=函数名(自变量 1,自变量 2,…)

M 函数文件保存的文件名最好要与函数名相同,执行 M 函数文件时,要在命令窗口输入文件名及代入参数.

【例 7.6】 仍以例 7.5 为例,创建 M 函数文件来完成计算.

解 在 MATLAB 的 M 文件的编辑窗口逐行写下下列语句:

```
function[Y1,Y2,Y3]=examp6(X1,X2)
Y1=X1+X2;
Y2=X1-X2;
Y3=X1*X2;
disp('A+B=')
Y1
disp('A-B=')
Y2
disp('AB=')
Y3
```

保存 M 文件在搜索路径上,文件名为 examp6.m.

在 MATLAB 的命令窗口输入:

```
>>A=[1,2;1,1];
>>B=[2,1;1,2];
>>examp6(A,B)
```

输出结果与例 7.5 相同.

7.2　行列式、矩阵的运算

7.2.1　计算行列式

计算行列式的函数为 det.

格式：det(A)　　　　　%计算方阵 A 的行列式的值

【例 7.7】 求行列式 $D=\begin{vmatrix}1&2&3&4\\2&3&4&1\\3&4&1&2\\4&1&2&3\end{vmatrix}$的值.

解　在 MATLAB 的命令窗口输入：

```
>>D=[1,2,3,4;2,3,4,1;3,4,1,2;4,1,2,3];
>>det(D)
```

输出结果如下：

```
ans=
     160
```

所以行列式 $D=160$.

【例 7.8】 求行列式 $D=\begin{vmatrix}1+x&1&1&1\\1&1-x&1&1\\1&1&1+y&1\\1&1&1&1-y\end{vmatrix}$的值.

解　在 MATLAB 的命令窗口输入：

```
>>syms x y;
>>A=[1+x,1,1,1;1,1-x,1,1;1,1,1+y,1;1,1,1,1-y];
>>D=det(A)
```

输出结果如下：

```
D=
    y^2*x^2
```

故 $D=x^2y^2$.

【例 7.9】 用克莱姆法则解方程组

$$\begin{cases}2x_1+x_2-5x_3+x_4=8\\ x_1-3x_2-6x_4=9\\ 2x_2-x_3+2x_4=-5\\ x_1+4x_2-7x_3+6x_4=0\end{cases}$$

解 在 MATLAB 的命令窗口输入：

```
>>a1=[2;1;0;1];
>>a2=[1;-3;2;4];
>>a3=[-5;0;-1;-7];
>>a4=[1;-6;2;6];
>>b=[8;9;-5;0];
>>D=[a1,a2,a3,a4];
>>D1=[b,a2,a3,a4];
>>D2=[a1,b,a3,a4];
>>D3=[a1,a2,b,a4];
>>D4=[a1,a2,a3,b];
>>X=[det(D1)/det(D),det(D2)/det(D),det(D3)/det(D),
      det(D4)/det(D)]
```

输出结果如下：

```
X=
   3   -4   -1   1
```

所以方程组的解为：$x_1=3, x_2=-4, x_3=-1, x_4=1$.

7.2.2 矩阵运算

MATLAB 关于矩阵的基本运算的命令和函数如表 7.6 所示.

表 7.6 矩阵基本运算的命令和函数表

运　　算	函数、命令	功　　能
矩阵的加法和减法	A±B	将两个同型矩阵相加(减)
数乘矩阵	k*A	将数与矩阵作乘法
矩阵的乘法	A*B	将两个矩阵进行矩阵相乘
矩阵乘幂	A^n	计算 A^n
矩阵的转置	transpose(A)或 A′	求矩阵 A 的转置
求矩阵的逆	inv(A)	求方阵 A 的逆

续表

运　算	函数、命令	功　能
矩阵的左除	A\B	计算 $A^{-1}B$
矩阵的右除	A/B	计算 AB^{-1}
矩阵求秩	rank(A)	求矩阵 A 的秩
矩阵行变换化简	rref(A)	求 A 阶梯形的行最简型

【例 7.10】 已知 $A=\begin{pmatrix}1 & 0 & -1\\1 & 1 & 0\\0 & 2 & 1\end{pmatrix}$，求：(1) $2A$；(2) A^{T}；(3) A^{10}；(4) A^{-1}；(5) A 的秩.

解　在 MATLAB 的命令窗口输入：

```
>>A=[1,0,-1;1,1,0;0,2,1];
>>2*A            %求2A
```

输出结果如下：

```
ans=
    2   0   -2
    2   2    0
    0   4    2
>>A'             %求A^T
ans=
     1   1   0
     0   1   2
    -1   0   1
>>A^10           %求A^10
ans=
     521   558   -62
      62   521   279
    -558   124   521
>>inv(A)         %求A^-1
ans=
    -1    2   -1
     1   -1    1
    -2    2   -1
>>rank(A)        %求A的秩
```

ans=

3

根据输出结果,有

(1) $2A=\begin{pmatrix}2 & 0 & -2\\ 2 & 2 & 0\\ 0 & 4 & 2\end{pmatrix}$; (2) $A^{\mathrm{T}}=\begin{pmatrix}1 & 1 & 0\\ 0 & 1 & 2\\ -1 & 0 & 1\end{pmatrix}$;

(3) $A^{10}=\begin{pmatrix}521 & 558 & -62\\ 62 & 521 & 279\\ -558 & 124 & 521\end{pmatrix}$; (4) $A^{-1}=\begin{pmatrix}-1 & 2 & -1\\ 1 & -1 & 1\\ -2 & 2 & -1\end{pmatrix}$;

(5) A 的秩为3.

【例7.11】 已知 $A=\begin{pmatrix}2 & 2 & 3\\ 1 & -1 & 0\\ -1 & 2 & 1\end{pmatrix}$, $B=\begin{pmatrix}1 & 0 & -1\\ 1 & 1 & 0\\ 0 & 2 & 3\end{pmatrix}$,求:(1) $A+B$;(2) $A-B$;(3) AB;(4) 若 $AX=B$,求 X;(5) 若 $CA=B$,求 C.

解 在MATLAB的命令窗口输入:

```
>>A=[2,2,3;1,-1,0;-1,2,1];
>>B=[1,0,-1;1,1,0;0,2,3];
>>A+B                %求 A+B
ans=
     3   2   2
     2   0   0
    -1   4   4
>>A-B                %求 A-B
ans=
     1   2   4
     0  -2   0
    -1   0  -2
>>A*B                %求 AB
ans=
    4   8   7
    0  -1  -1
    1   4   4
>>A\B                %求 X
ans=
   -3  -10  -10
```

```
    -4   -11   -10
     5    14    13
>>B/A              %求C
ans =
     2   -10    -7
     2    -9    -6
    -1     8     6
```

根据输出结果，有

(1) $A+B=\begin{pmatrix}3 & 2 & 2\\ 2 & 0 & 0\\ -1 & 4 & 4\end{pmatrix}$；　(2) $A-B=\begin{pmatrix}1 & 2 & 4\\ 0 & -2 & 0\\ -1 & 0 & -2\end{pmatrix}$；

(3) $AB=\begin{pmatrix}4 & 8 & 7\\ 0 & -1 & -1\\ 1 & 4 & 4\end{pmatrix}$；　(4) $X=\begin{pmatrix}-3 & -10 & -10\\ -4 & -11 & -10\\ 5 & 14 & 13\end{pmatrix}$；

(5) $C=\begin{pmatrix}2 & -10 & -7\\ 2 & -9 & -6\\ -1 & 8 & 6\end{pmatrix}$.

7.3　向量组的线性相关性与线性方程组

7.3.1　向量组的线性相关性

向量组的线性相关性的判定依据主要是向量组所组成的矩阵的秩，当向量组所组成的矩阵的秩等于向量的个数时，线性无关；当向量组所组成的矩阵的秩小于向量的个数时，线性相关.

MATLAB求矩阵的秩的函数是rank.

格式：rank(A)　　　　　　%A为向量组所组成的矩阵

【例7.12】　已知向量组 $\alpha_1=(1,0,1,2)^T$，$\alpha_2=(1,1,2,3)^T$，$\alpha_3=(2,1,3,-1)^T$，$\alpha_4=(3,-4,-1,-1)^T$，判断该向量组的线性相关性.

解　在MATLAB的命令窗口输入：

```
>>a1=[1;0;1;2];
>>a2=[1;1;2;3];
>>a3=[2;1;3;-1];
```

```
>>a4=[3;-4;-1;-1];
>>A=[a1,a2,a3,a4];
>>rank(A)
```

输出结果如下：

```
ans=
    3
```

所以该向量组线性相关.

7.3.2　求向量组的极大线性无关组

向量组的极大线性无关组的求法，是通过向量组所组成的矩阵的行的最简化形式来判断的.

MATLAB将矩阵化为行的最简化形式的函数是rref.

格式：[R,S]=rref(A)　　%R为矩阵A的最简化型；S是一个行向量，它的元素是由R的列向量组的极大线性无关组的行号组成

【例7.13】　已知向量组 $\alpha_1=(1,0,0,3)^T$，$\alpha_2=(1,1,-1,2)^T$，$\alpha_3=(1,2,-2,1)^T$，$\alpha_4=(0,1,-1,-1)^T$，求向量组的一个极大线性无关组，并将其余向量由极大线性无关组线性表示.

解　在MATLAB的命令窗口输入：

```
>>a1=[1;0;0;3];
>>a2=[1;1;-1;2];
>>a3=[1;2;-2;1];
>>a4=[0;1;-1;-1];
>>A=[a1,a2,a3,a4];
>>[R,S]=rref(A)
```

输出结果如下：

```
R=
    1  0  -1  -1
    0  1   2   1
    0  0   0   0
    0  0   0   0
S=
    1  2
```

由输出结果可知 α_1,α_2 是该向量组的一个极大线性无关组，$\alpha_3=-\alpha_1+2\alpha_2$，

$\alpha_4 = -\alpha_1 + \alpha_2$.

7.3.3　齐次线性方程组的求解

齐次线性方程组矩阵表示为 $Ax=0$，当 $R(A)=n$（n 为未知数的个数）时，仅有零解；当 $R(A)<n$ 时，有非零解. 当有非零解时，可按下面两种方法来求解：

方法 1：先将矩阵 A 化成行的最简形式，然后根据基础解系的方法求解；

方法 2：利用 MATLAB 的函数 null 来求解.

格式：z = null(A,′r′)　　　%z 的列向量组是 Ax=0 的一个基础解系

【例 7.14】　求下列齐次线性方程组的解：

$$\begin{cases} x_1 + 2x_2 - x_3 + 2x_4 = 0 \\ 2x_1 + 4x_2 + x_3 + x_4 = 0 \\ -x_1 - 2x_2 - 2x_3 + x_4 = 0 \end{cases}$$

解　方法 1：在 MATLAB 的命令窗口输入：

```
>>A=[1,2,-1,2;2,4,1,1;-1,-2,-2,1];
>>R=rref(A)
```

输出结果如下：

```
R=
    1  2  0   1
    0  0  1  -1
    0  0  0   0
    0  0  0   0
```

根据 R 可以得到与原方程组等价的线性方程组 $\begin{cases} x_1 = -2x_2 - x_4 \\ x_3 = x_4 \end{cases}$，令 $\begin{pmatrix} x_2 \\ x_3 \end{pmatrix} = \begin{pmatrix} 1 \\ 0 \end{pmatrix}, \begin{pmatrix} 0 \\ 1 \end{pmatrix}$，可以得到方程组的一个基础解系 $\eta_1 = (-2,1,0,0)^{\mathrm{T}}$，$\eta_2 = (-1,0,1,1)^{\mathrm{T}}$.

方程组的通解为

$$x = c_1(-2,1,0,0)^{\mathrm{T}} + c_2(-1,0,1,1)^{\mathrm{T}} \quad (c_1, c_2 \text{ 为任意常数})$$

方法 2：在 MATLAB 的命令窗口输入：

```
>>A=[1,2,-1,2;2,4,1,1;-1,-2,-2,1];
>>z=null(A,'r')
```

输出结果如下：

```
z=
    -2  -1
```

```
     1     0
     0     1
     0     1
```

根据 z 可以得到方程组的一个基础解系为

$$\eta_1 = (-2,1,0,0)^T, \quad \eta_2 = (-1,0,1,1)^T$$

方程组的通解为

$$x = c_1(-2,1,0,0)^T + c_2(-1,0,1,1)^T \quad (c_1, c_2 \text{ 为任意常数})$$

显然,方法 2 更简捷.

7.3.4 非齐次线性方程组的求解

非齐次线性方程组矩阵表示为 $Ax = b$.

当 $R(A) \neq R(A|b)$时,方程组无解.

当 $R(A) = R(A|b) = n$(n 为未知数的个数)时,方程组有唯一解;MATLAB 对于非齐次线性方程组 $Ax = b$ 的唯一解,可以用命令“A\b”来完成.

【例 7.15】 求下列非齐次线性方程组的解:

$$\begin{cases} x_1 + x_2 + x_3 + x_4 = 0 \\ x_2 + x_3 + x_4 = 1 \\ -x_2 - x_3 - 2x_4 = 2 \\ 3x_1 + 2x_2 + x + 2x_4 = -1 \\ 4x_1 + 3x_2 + 2x_3 + 3x_4 = -1 \end{cases}$$

解 在 MATLAB 的命令窗口输入:

```
>>A=[1,1,1,1;0,1,1,1;0,-1,-1,-2;3,2,1,2;4,3,2,3];
>>b=[0;1;2;-1;-1];
>>rank(A)
ans=
     4
>>rank([A,b])
ans=
     4                          %由秩的输出结果知有唯一解
>>A\b
ans=
     -1.0000
      4.0000
      0.0000
```

```
    -3.0000
```

由输出结果知方程组的解为 $x_1=-1, x_2=4, x_3=0, x_4=-3$.

当 $R(A)=R(A|b)<n$(n 为未知数的个数)时,有无穷多解.当非齐次线性方程组有无穷多解时,其求解的关键是求其一个特解和求其导出组的一个基础解系.这样用 MATLAB 来求解时,我们可以分两步来进行:

第一步:求利用函数 rref 将非齐次线性方程组的增广矩阵化成行的最简形,根据最简形写出与原方程组同解的方程,然后求其一个特解;

第二步:利用用函数 z=null(A,'r')来求其导出组的一个基础解系.

【例 7.16】 求下列非齐次线性方程组的解:

$$\begin{cases} x_1+x_2+x_3+x_4=0 \\ x_2+2x_3+2x_4=1 \\ -x_2-2x_3-2x_4=-1 \\ 3x_1+2x_2+x_3+x_4=-1 \end{cases}$$

解 在 MATLAB 的命令窗口输入:

```
>>A=[1,1,1,1;0,1,2,2;0,-1,-2,-2;3,2,1,1];
>>b=[0;1;-1;-1];
>>rref([A,b])              %由 rref([A,b])的结果可判断方程组
                             有无穷多解
ans=
      1   0   -1   -1   -1
      0   1    2    2    1
      0   0    0    0    0
      0   0    0    0    0
>>z=null(A,'r')
z=
      1    1
     -2   -2
      1    0
      0    1
```

由 rref([A,b])的输出结果,可以得到非齐次线性方程组的一个特解为

$$u_0=(-1,1,0,0)^{\mathrm{T}}$$

由 z 的结果可得到其导出组的一个基础解系为

$$\eta_1=(1,-2,1,0)^{\mathrm{T}},\quad \eta_2=(1,-2,0,1)^{\mathrm{T}}$$

所以它的通解为

$$x=(-1,1,0,0)^{\mathrm{T}}+c_1(1,-2,1,0)^{\mathrm{T}}+c_2(1,-2,0,1)^{\mathrm{T}}\quad (c_1,c_2 \text{ 为任意常数})$$

7.4 特征值、特征向量与线性代数知识应用

7.4.1 求特征值与特征向量

在 MATLAB 中，求方阵的特征值和特征向量的函数为 eig.

格式：[V,D]=eig(A)　　%D 由矩阵 A 的特征值构成的对角矩阵，V 的列向量为对应特征值的特征向量（且为单位向量）

【例 7.17】 求 $A=\begin{pmatrix}-1 & 1 & 0\\ -4 & 3 & 0\\ 1 & 0 & 2\end{pmatrix}$ 的特征值和特征向量.

解 在 MATLAB 的命令窗口输入：

```
>>A=[-1,1,0;-4,3,0;1,0,2];
>>[V,D]=eig(A)
```

输出结果如下：

```
V=
         0    0.4082    0.4082
         0    0.8165    0.8165
    1.0000   -0.4082   -0.4082
D=
    2  0  0
    0  1  0
    0  0  1
```

从输出结果可得该矩阵的特征值为 $\lambda_1=2,\lambda_2=\lambda_3=1$.

特征值 $\lambda_1=2$ 对应的所有特征向量为 $c_1(0,0,1)^{\mathrm{T}}(c_1\neq 0)$.

特征值 $\lambda_2=\lambda_3=1$ 对应的所有特征向量为 $c_2(0.4082,0.8165,-0.4082)^{\mathrm{T}}(c_2\neq 0)$.

7.4.2 矩阵的对角化

【例 7.18】 设方阵 $A=\begin{pmatrix}1 & 1 & -1\\ -2 & 4 & -2\\ -2 & 2 & 0\end{pmatrix}$，试判断 A 是否可对角化，若可以，

求可逆矩阵 P,使得 $P^{-1}AP=\Lambda$.

解　在MATLAB的命令窗口输入:

```
>>A=[1,1,-1;-2,4,-2;-2,2,0];
>>[V,D]=eig(A)
```

输出结果如下:

```
V=
    0.3333    0.7503   -0.1588
    0.6667    0.0963   -0.7730
    0.6667   -0.6540   -0.6142
D=
    1.0000         0         0
         0    2.0000         0
         0         0    2.0000
```

从 V 的结果可以看出 A 有三个线性无关的特征向量,因此可对角化.可逆矩阵

$$P=\begin{pmatrix}0.3333 & 0.7503 & -0.1588\\0.6667 & 0.0963 & -0.7730\\0.6667 & -0.6540 & -0.6142\end{pmatrix}$$

使得

$$P^{-1}AP=\begin{pmatrix}1 & & \\ & 2 & \\ & & 2\end{pmatrix}$$

7.4.3　实对称矩阵的对角化

实对称矩阵对角化函数为schur.

格式:[Q,T]=schur(A)　　%Q为正交矩阵,使得 $Q^TAQ=T$ 和 $Q^TQ=E$,T为特征值组成的对角矩阵

【例7.19】　设实对称矩阵

$$A=\begin{pmatrix}1 & -2 & 0\\-2 & 2 & -2\\0 & -2 & 3\end{pmatrix}$$

求正交矩阵 Q,使得 $Q^{-1}AQ=\Lambda$.

解　在MATLAB的命令窗口输入:

```
>>A=[1,-2,0;-2,2,-2;0,-2,3];
```

```
>>[Q,T]=schur(A)
```

输出结果如下：

```
Q=
   -0.6667   -0.6667    0.3333
   -0.6667    0.3333   -0.6667
   -0.3333    0.6667    0.6667
T=
   -1.0000         0         0
         0    2.0000         0
         0         0    5.0000
```

从输出结果可得，正交矩阵

$$Q=\begin{pmatrix}-\frac{2}{3} & -\frac{2}{3} & \frac{1}{3}\\ -\frac{2}{3} & \frac{1}{3} & -\frac{2}{3}\\ -\frac{1}{3} & \frac{2}{3} & \frac{2}{3}\end{pmatrix}$$

使得

$$Q^{-1}AQ=\begin{pmatrix}-1 & & \\ & 2 & \\ & & 5\end{pmatrix}$$

注意 对于实对称矩阵用函数 eig 和 schur 效果一样.

【例 7.20】 用正交变换法把下面的二次型化为标准型，并写出所作的正交变换.

$$f(x_1,x_2,x_3)=x_1^2+4x_1x_2+2x_2^2-4x_2x_3+3x_3^2$$

解 由已知，得

$$A=\begin{pmatrix}1 & 2 & 0\\ 2 & 2 & -2\\ 0 & -2 & 3\end{pmatrix},\quad f=x^{\mathrm{T}}Ax$$

在 MATLAB 的命令窗口输入：

```
>>A=[1,2,0;2,2,-2;0,-2,3];
>>[Q,T]=schur(A)
```

输出结果如下：

```
Q=
   -0.6667   0.6667   -0.3333
    0.6667   0.3333   -0.6667
```

```
    0.3333   0.6667    0.6667
T=
   -1.0000        0         0
         0   2.0000         0
         0        0    5.0000
```

由输出结果可得 $Q=\begin{pmatrix}-\frac{2}{3} & \frac{2}{3} & -\frac{1}{3}\\ \frac{2}{3} & \frac{1}{3} & -\frac{2}{3}\\ \frac{1}{3} & \frac{2}{3} & \frac{2}{3}\end{pmatrix}$，有 $Q^{T}AQ=\begin{pmatrix}-1 & & \\ & 2 & \\ & & 5\end{pmatrix}$，令 $x=Qy$ 可将二次型化为标准型：$f=-y_1^2+2y_2^2+5y_3^2$.

关于线性代数的应用，所涉及的例题基本上都是矩阵的各种运算，其实现过程可以参考本章相关内容介绍，这里不再说明，我们只给出线性规划问题求解过程。

【例7.21】 完成例6.2的线性规划求解.

解　在MATLAB的命令窗口输入：

```
>>Aeq=[0.7,1,1,0,0,0;0.5,5/6,0,1,0,0;1,2/3,0,0,1,0;0.1,0.25,
      0,0,0,1];
>>beq=[630;600;708;135];
>>f=-[9;10;0;0;0;0];
>>lb=zeros(6,1);
>>[x,fval,exitflag]=linprog(f,[],[],Aeq,beq,lb)
```

输出结果如下：

```
Optimization terminated.
x =
  540.0000
  252.0000
    0.0000
  120.0000
    0.0000
   18.0000
fval =
  -7.3800e+03
exitflag =
     1
```

说明：linprog 函数的输入格式为(f，A，b，Aeq，beq，lb，ub)，其中 f 是价值向量，A 为不等式约束系数对应的矩阵，b 为不等式系数约束右边的常数向量，对Aeq 为等式约束系数对应的矩阵，beq 为等式系数约束等号右边的常数向量。lb与 ub 分别为决策变量取值的下限和上限。该函数的输出结果为[x，fval，exitflag]，其中 x 是决策变量的最终取值，fval 表示最优目标函数值，需要指出的是，该函数以最小值为优化目标，对最大值目标函数而言，只需要将 f 价值向量取对应的相反数向量即可。Exitflag 取值为 1 表示目标求解成功，否则返回值为 0，表示优化失败。

本例题引入松弛变量，构造等式约束，且价值向量取负值，因此函数的输入格式为

```
[x,fval,exitflag]=linprog(f,[],[],Aeq,beq,lb)
```

如果不引入松弛变量，而采用不等号约束，则操作如下：

```
>>A=[0.7,1;0.5,5/6;1,2/3;0.1,0.25];
>>b=[630;600;708;135];
>>f=-[9;10];
>>lb=zeros(2,1);
>>[x,fval,exitflag]=linprog(f,A,b,[],[],lb)
```

输出结果如下：

```
Optimization terminated.
x =
  540.0000
  252.0000
fval =
  -7.3800e+03
exitflag =
     1
```

结果和采用松弛变量的输出结果相同，但仅给出决策变量的结果，不能反映各个工序资源的最终使用结果。需要说明的是，这样的目标函数值要取相反数，即为 7380.

习题参考答案

习　题　1

A　　组

一、选择题

1. D　2. A　3. B　4. B　5. B　6. D　7. D　8. D　9. C　10. D　11. B

二、计算题

1. (1) -5;(2) 1;(3) $ab(a-b)$.

2. (1) $3abc-a^3-b^3-c^3$;(2) 8;(3) $-3\sqrt{3}!$.

3. (1) $(-1)^{n+1}n!$;(2) $-abdf$;(3) 0.

4. (1) -55;(2) 40;(3) 48;(4) 4;(5) 0;(6) 0.

5. (1) -9;(2) -270.

6. (1) $x^n+(-1)^{n+1}y^n$;(2) $(-1)^{\frac{n(n-1)}{2}}\dfrac{n^{n-1}(n+1)}{2}$;(3) $\left(x+\sum\limits_{i=1}^{n}a_i\right)x^{n-1}$;

(4) $\left(1+\sum\limits_{i=1}^{n}\dfrac{a_i}{b_i}\right)\prod\limits_{i=1}^{n}b_i$;(5) $\left(x_0-\sum\limits_{i=1}^{n}\dfrac{y_i}{x_i}z_i\right)\prod\limits_{i=1}^{n-1}x_i$;

(6) $\left(1+a\sum\limits_{i=1}^{n}\dfrac{1}{x_i-a}\right)\prod\limits_{i=1}^{n}(x_i-a)$;

(7) $x^n+a_1x^{n-1}+a_2x^{n-2}+\cdots+a_{n-1}x+a_n$;

(8) $(-1)^{n-1}m^{n-1}\left(\sum\limits_{i=1}^{n}x_i-m\right)$.

7. (1) $x_1=x_3=x_4=0, x_2=2$;(2) $x_1=3, x_2=4, x_3=5$;

(3) $x_1=x_3=x_5=1, x_4=x_2=-1$.

8. (1) $\lambda = 2$ 或 $\lambda = 5$ 或 $\lambda = 8$；(2) $\lambda = 1$ 或 $\delta = 0$；
(3) $\lambda = 0$ 或 $\lambda = 2$ 或 $\lambda = 3$.

三、证明题

1. 略. 2. 略. 3. 略.

B 组

1. $\lambda^4 + \lambda^3 + 2\lambda^2 + 3\lambda + 4$ 2. $2^{n+1} - 2$ 3. 0 4. 6

5. $\prod\limits_{1\leqslant j<i\leqslant 4}(\cos\varphi_i - \cos\varphi_j)$ 6. $\left(1 + \sum\limits_{i=1}^{n}\frac{a_i^2}{x_i}\right)\prod\limits_{j=1}^{n}x_j$

7. 0 8. $\begin{vmatrix} f_1(x) & f_2(x) & f_3(x) \\ f_1'(x) & f_2'(x) & f_3'(x) \\ f_1''(x) & f_2''(x) & f_3''(x) \end{vmatrix}$

9. 略 10. 略 11. 略

12. $x_1 = \frac{a_{12} + a_{22}}{a_{11}a_{22}}, x_2 = -\frac{1}{a_{22}}, x_i = 0 \quad (i \geqslant 3)$

习 题 2

A 组

一、计算题

1. (1) $\begin{pmatrix} 1 & -5 \\ 0 & -3 \\ 0 & -11 \end{pmatrix}$；(2) $\begin{pmatrix} 0 & 1 \\ 2 & 0 \\ 0 & 2 \end{pmatrix}$；(3) $\begin{pmatrix} -1 & 3 & 0 \\ 2 & -7 & -1 \\ 0 & 1 & 2 \end{pmatrix}$，$\begin{pmatrix} 2 & -1 & 1 \\ 4 & -2 & 1 \\ -3/2 & 1 & -1/2 \end{pmatrix}$；

(4) $\begin{pmatrix} \frac{1}{2} & \frac{1}{2} \\ 2 & 1 \end{pmatrix}$；(5) $\begin{pmatrix} 1 & \frac{3}{2} \\ -2 & -\frac{5}{2} \end{pmatrix}$；(6) $\begin{pmatrix} 1 & -2 & -2 \\ 0 & 0 & -2 \\ 0 & 0 & -1 \end{pmatrix}$，$\begin{pmatrix} 1 & -2 & 4 \\ 0 & 0 & 2 \\ 0 & 0 & 1 \end{pmatrix}$；

(7) $\begin{pmatrix} 5 & 2 \\ 6 & 22 \end{pmatrix}$；(8) $2^{147}\begin{pmatrix} 1 & 2 & 1 \\ 2 & 4 & 2 \\ 3 & 6 & 3 \end{pmatrix}$；(9) $\begin{pmatrix} 43 & 44 \\ -11 & -12 \end{pmatrix}$.

2. (1) $\begin{pmatrix} 2 \\ -1 \end{pmatrix}$; (2) $\begin{pmatrix} -8 & 3 \\ -10 & 4 \end{pmatrix}$.

3. (1) $\begin{pmatrix} 3 & -2 & 0 \\ 1 & 4 & 0 \\ 0 & 0 & 3 \end{pmatrix}$; (2) $C = A^{-1}B^{\mathrm{T}} = \begin{pmatrix} 4 & 9 & 0 \\ -2 & -4 & 1 \\ -1 & -3 & -1 \end{pmatrix}$;

(3) $\begin{pmatrix} 3 & -8 & -6 \\ 2 & -9 & -6 \\ -2 & 12 & 9 \end{pmatrix}$.

4. (1) $\begin{pmatrix} -2 & 2 & 1 \\ -\frac{8}{3} & 5 & -\frac{2}{3} \end{pmatrix}$; (2) $\begin{pmatrix} 1 & 1 \\ \frac{1}{4} & 0 \end{pmatrix}$; (3) $\begin{pmatrix} 13/7 & 2/7 \\ 10/7 & -13/7 \\ 18/7 & -1/7 \end{pmatrix}$;

(4) $\begin{pmatrix} -2 & 1 \\ 10 & -4 \\ -10 & 4 \end{pmatrix}$; (5) $\begin{bmatrix} 11/6 & 1/2 & 3 \\ -1/6 & -1/2 & -1 \\ 2/3 & 1 & 1 \end{bmatrix}$; (6) $\begin{bmatrix} 2 & -1 & 0 \\ 1 & 3 & -4 \\ 1 & 0 & -2 \end{bmatrix}$.

5. (1) $\begin{pmatrix} 1 & 0 \\ -4 & -4 \\ 7 & 7 \end{pmatrix}$; (2) $\begin{pmatrix} 3 & -1 \\ 2 & 0 \\ 1 & -1 \end{pmatrix}$; (3) $\begin{pmatrix} 3 & 6 \\ -4 & 1 \\ 3 & -2 \end{pmatrix}$.

6. (1) $-80, 0$; (2) $-250, 0.25$.

7. (1) 不成立; (2) 不成立; (3) 不成立.

8. (1) $\begin{pmatrix} -2 & 1 & 0 \\ -\frac{13}{2} & 3 & -\frac{1}{2} \\ -16 & 7 & -1 \end{pmatrix}$; (2) $\begin{pmatrix} 1 & 0 & 0 & 0 \\ -\frac{1}{2} & \frac{1}{2} & 0 & 0 \\ -\frac{1}{2} & -\frac{1}{6} & \frac{1}{3} & 0 \\ \frac{1}{8} & -\frac{5}{24} & -\frac{1}{12} & \frac{1}{4} \end{pmatrix}$;

(3) $\begin{pmatrix} 1 & -2 & 0 & 0 \\ -2 & 5 & 0 & 0 \\ 0 & 0 & 2 & -3 \\ 0 & 0 & -5 & 8 \end{pmatrix}$; (4) $\begin{pmatrix} \frac{1}{a_1} & & & \\ & \frac{1}{a_2} & & \\ & & \ddots & \\ & & & \frac{1}{a_n} \end{pmatrix}$.

9. (1) $\begin{pmatrix} 1 & 0 & 0 & 0 \\ 0 & 0 & 1 & 0 \\ 0 & 0 & 0 & 1 \end{pmatrix}$; (2) $\begin{pmatrix} 1 & 0 & 0 & 0 \\ 0 & 1 & 0 & 0 \\ 0 & 0 & 0 & 0 \end{pmatrix}$; (3) $\begin{pmatrix} 1 & 0 & 0 & 0 & 0 \\ 0 & 1 & 0 & 0 & 0 \\ 0 & 0 & 0 & 0 & 0 \\ 0 & 0 & 0 & 0 & 0 \end{pmatrix}$;

(4) $\begin{pmatrix} 1 & 0 & 0 & 0 & 0 \\ 0 & 1 & 0 & 0 & 0 \\ 0 & 0 & 1 & 0 & 0 \\ 0 & 0 & 0 & 0 & 0 \end{pmatrix}$.

10. (1) 2;(2) 3;(3) 3.

二、证明题

1. 略. 2. 略. 3. 略. 4. 略. 5. 略. 6. 略. 7. 略.

B 组

一、选择题

1. A 2. B 3. B 4. A 5. A 6. C 7. A 8. C 9. B 10. A 11. B 12. D 13. D 14. D 15. B 16. A 17. C 18. A 19. A

二、计算与证明题

1. $\begin{pmatrix} \lambda^k & k\lambda^{k-1} & \frac{k(k-1)}{2}\lambda^{k-2} \\ 0 & \lambda^k & k\lambda^{k-1} \\ 0 & 0 & \lambda^k \end{pmatrix}$.

2. (1) $\begin{pmatrix} A & \alpha \\ 0 & |A|(b-\alpha^{\mathrm{T}}A^{-1}\alpha) \end{pmatrix}$;(2) 略.

3. 略. 4. 略. 5. 略.

习 题 3

A 组

一、选择题

1. C 2. D 3. C 4. B 5. A 6. A 7. C 8. C 9. B 10. D 11. D 12. C 13. D 14. A 15. D

二、计算题

1. $R(\alpha_1,\alpha_2,\alpha_3,\alpha_4)=3$.

2. $k=2$，α_1,α_2 为一个极大无关组.

3. $\nu_1=(2,-3,1,0)^T$，$\nu_2=(2,-3,0,1)^T$.

4. $\nu_1=(1,1,1,0)^T$，$\nu_2\ (-1,1,0,1)^T$，$X=c_1\ (1,1,1,0)^T+c_2\ (-1,1,0,1)^T$，$c_i\in\mathbf{R}$，$i=1,2$.

5. $X=(5/4,-1/4,0,0)^T+c_1(3/2,3/2,1,0)^T+c_2(-3/4,7/4,0,1)^T$，$c_i\in\mathbf{R}$，$i=1,2$

6. (1) $a=1$ 或 $a=-2$；

(2) 当 $a=1$ 时，$\nu_1=(-1,1,0)^T$，$\nu_2=(-1,0,1)^T$，$X=c_1(-1,1,0)^T+c_2(-1,0,1)^T$，$c_i\in\mathbf{R}$，$i=1,2$；当 $a=-2$ 时，$\nu=(1,1,1)^T$，$X=c(1,1,1)^T$，$c\in\mathbf{R}$.

7. (1) 当 $a\neq1$ 且 $a\neq2$ 时，方程组只有唯一解；

(2) 当 $a=1$ 时，非齐次方程组的通解为

$$X=(1,0,1)^T+c\,(-1,1,0)^T\quad(c\in\mathbf{R})$$

(3) 当 $a=2$ 时，方程组无解.

8. (1) 当 $\lambda\neq-2$ 且 $\lambda\neq1$ 时，方程组只有唯一解；

(2) $\lambda=-2$ 时，方程组无解；

(3) $\lambda=1$ 时，非齐次方程组的通解为

$$X=(-2,0,0)^T+c_1(-1,1,0)^T+c_2(-1,0,1)^T\quad(c_i\in\mathbf{R},i=1,2)$$

三、证明题

1. 略. 2. 略. 3. 略. 4. 略. 5. 略.

B　　组

一、选择题

1. A 2. A 3. C 4. D 5. B 6. B 7. B 8. D 9. D 10. C 11. C 12. A 13. B 14. A 15. B 16. C 17. D 18. A

二、计算题

1. (1) 当 $a\neq-4$ 时，表示为唯一的；

(2) 当 $a=-4$ 时，β 不可以由 $\alpha_1,\alpha_2,\alpha_3$ 线性表示；

(3) 当 $a=-4$ 且 $3b-c=1$ 时,此时 β 可以由 $\alpha_1,\alpha_2,\alpha_3$ 线性表示,但表示不唯一,例如其中的一种表示为

$$\beta = c\alpha_1-(2c+b+1)\alpha_2+(2b+1)\alpha_3 \quad (c\in\mathbf{R})$$

2. (1) 当 $a=0$ 时,β 不能由 $\alpha_1,\alpha_2,\alpha_3$ 线性表示;

(2) 当 $a\neq0$ 且 $a\neq b$ 时,有唯一的表达式

$$\beta=\left(1-\frac{1}{a}\right)\alpha_1+\frac{1}{a}\alpha_2$$

(3) 当 $a=b$ 时,表达不唯一,可以表示为

$$\beta=\left(1-\frac{1}{a}\right)\alpha_1+\left(\frac{1}{a}+c\right)\alpha_2+c\alpha_3 \quad (c\in\mathbf{R})$$

3. 当 $a=0$ 或 $a=-10$ 时,$\alpha_1,\alpha_2,\alpha_3,\alpha_4$ 线性相关;

当 $a=0$ 时,α_1 是一个极大线性无关组,且 $\alpha_2=2\alpha_1,\alpha_3=3\alpha_1,\alpha_4=4\alpha_1$;

当 $a=-10$ 时,$\alpha_1,\alpha_2,\alpha_3$ 为一个极大线性无关组,且 $\alpha_4=-\alpha_1-\alpha_2-\alpha_3$.

4. (1) $\zeta_2=k_1\begin{pmatrix}1\\-1\\2\end{pmatrix}+\begin{pmatrix}0\\0\\1\end{pmatrix}$,$\zeta_3=k_2\begin{pmatrix}1\\-1\\0\end{pmatrix}+k_3\begin{pmatrix}0\\0\\1\end{pmatrix}+\begin{pmatrix}-1/2\\0\\0\end{pmatrix}$,其中 k_1,k_2,k_3 为任意常数;

(2) 由于 $|\zeta_1\quad\zeta_2\quad\zeta_3|=-\dfrac{1}{2}\neq0$,故 ζ_1,ζ_2,ζ_3 线性无关.

5. 当 $a\neq b$ 且 $a\neq-(n-1)b$ 时,线性方程组只有零解;

当 $a=b$ 时,可以得到线性方程组的通解为

$$\begin{aligned}X&=c_1(-1,1,0,\cdots,0)^{\mathrm{T}}+c_2(-1,0,1,\cdots,0)^{\mathrm{T}}+\cdots\\&\quad+c_{n-1}(-1,0,0,\cdots,1)^{\mathrm{T}}\quad(c_i\in\mathbf{R},i=1,2,\cdots,n-1)\end{aligned}$$

当 $a=-(n-1)b$ 时,此时有一组解为 $X=c(1,1,1,\cdots,1)^{\mathrm{T}},c\in\mathbf{R}$.

6. (1) 当 $b\neq0$ 且 $b+\sum\limits_{i=1}^{n}a_i\neq0$ 时,$R(A)=n$,方程组仅有零解;

(2) 当 $b=0$ 时,原方程组的一个基础解系为

$$\alpha_1=\left(-\frac{a_2}{a_1},1,0,\cdots,0\right)^{\mathrm{T}}$$

$$\alpha_2=\left(-\frac{a_3}{a_1},0,1,\cdots,0\right)^{\mathrm{T}}$$

$$\cdots$$

$$\alpha_n=\left(-\frac{a_n}{a_1},0,0,\cdots,1\right)^{\mathrm{T}}$$

当 $b=-\sum\limits_{i=1}^{n}a_i$ 时,原方程组一个基础解系为 $\nu=(1,1,\cdots,1)^{\mathrm{T}}$.

7. $a=2,b=1,c=2$.

8. $a=1$ 或 2;

当 $a=1$ 时,此时的公共解为 $X=c\nu_1, c\in\mathbf{R}, \nu_1=(1,0,-1)^{\mathrm{T}}$,当 $a=2$ 时,公共解为 $X=c\nu_2, c\in\mathbf{R}, \nu_2=(0,1,-1)^{\mathrm{T}}$.

9. (1) $\lambda=-1, a=-2$;

(2) 当 $\lambda=-1$ 且 $a=-2$ 时,通解为

$$X=(3/2,-1/2,0)^{\mathrm{T}}+c(1,1,0)^{\mathrm{T}} \quad (c\in\mathbf{R})$$

10. (1) $|A|=(n+1)a^n$;

(2) $a\neq 0$ 时,方程组有唯一解,当 $a=0$ 时,通解为

$$X=(0,1,0,\cdots,0)^{\mathrm{T}}+c(1,0,0,\cdots,0)^{\mathrm{T}} \quad (c\in\mathbf{R})$$

11. $C=\begin{pmatrix}1+c_1+c_2 & -c_1\\ c_1 & c_2\end{pmatrix}$,其中 c_1,c_2 为任意常数.

12. 当 $a=1$ 时,$\beta_3=(3-2k)\alpha_1+(k-2)\alpha_2+k\alpha_3$;当 $a\neq\pm 1$ 时,$\beta_3=\alpha_1-\alpha_2+\alpha_3$.

13. $a=0, X=k(0,-1,1)^{\mathrm{T}}+(1,-2,0)^{\mathrm{T}}(k\in\mathbf{R})$

14. $\xi=(-1,2,3,1)^{\mathrm{T}}, B=\begin{pmatrix}2-k_1 & 6-k_2 & -1-k_3\\ -1+2k_1 & -3+2k_2 & 1+2k_3\\ -1+3k_1 & -4+3k_2 & 1+3k_3\\ k_1 & k_2 & k_3\end{pmatrix}(k_i\in\mathbf{R}, i=1,2,3)$

15. (1) 略;(2) $k(1,2,-1)^{\mathrm{T}}+(1,1,1)\ (k\in\mathbf{R})$

16. (1) $a=2$;(2) $P=\begin{pmatrix}3-6k_1 & 4-6k_2 & 4-6k_3\\ -1+2k_1 & -1+2k_2 & -1+2k_3\\ k_1 & k_2 & k_3\end{pmatrix}\ (k_2\neq k_3)$

习 题 4

A 组

一、选择题

1. B 2. A 3. D 4. D 5. D 6. D 7. B 8. B 9. A 10. B 11. A 12. C 13. A 14. D 15. D

二、填空题

1. $\frac{1}{\lambda}$　$\lambda^{-1}|A|$　λ^m　　2. $|A-\lambda E|=0$　　3. A^{T}

4. 0　　5. P^{-1}　　6. B　　7. 3

8. 任意 n 维非零列向量　　9. $\left(-\frac{4}{\sqrt{26}},0,-\frac{1}{\sqrt{26}},\frac{3}{\sqrt{26}}\right)$　　10. 1 或 -1

三、计算题

1. (1) $\begin{pmatrix} 1 & -1 & \frac{1}{3} \\ 1 & 0 & -\frac{2}{3} \\ 1 & 1 & \frac{1}{3} \end{pmatrix}$;

(2) $\begin{pmatrix} 1 & \frac{1}{3} & -\frac{1}{5} \\ 0 & -1 & \frac{3}{5} \\ -1 & \frac{2}{3} & \frac{3}{5} \\ 1 & \frac{1}{3} & \frac{4}{5} \end{pmatrix}$.

2. (1) 不是正交矩阵;(2) 是正交矩阵.

3. (1) A 的特征值为 $\lambda_1=2,\lambda_2=3$, $k_1\begin{pmatrix}-1\\1\end{pmatrix}(k_1\neq0)$ 是对应于 $\lambda_1=2$ 的全部特征向量, $k_2\begin{pmatrix}-\frac{1}{2}\\1\end{pmatrix}(k_2\neq0)$ 是对应于 $\lambda_2=3$ 的全部特征向量;

(2) A 的特征值为 $\lambda_1=0,\lambda_2=-1,\lambda_3=9$. 当 $\lambda_1=0$ 时,全部特征向量是 $k_1\begin{pmatrix}-1\\-1\\1\end{pmatrix}(k_1\neq0)$,当 $\lambda_2=-1$ 时,全部特征向量是 $k_2\begin{pmatrix}-1\\1\\0\end{pmatrix}(k_2\neq0)$;当 $\lambda_3=9$ 时,全部特征向量是 $k_3\begin{pmatrix}\frac{1}{2}\\\frac{1}{2}\\1\end{pmatrix}(k_3\neq0)$;

(3) A 的特征值为$\lambda_1=\lambda_2=1,\lambda_3=3$. 特征值 $\lambda_1=\lambda_2=1$ 的特征向量为

$$\xi_1 = k_1(2,1,0)^{\mathrm T}+k_2(-1,0,1)^{\mathrm T}$$

(k_1,k_2 为不同时为零的任意数)

$\lambda_3=3$ 的特征向量为

$$\xi_2 = k_3(0,1,1)^{\mathrm T}\quad (k_3\neq 0)$$

(4) A 的特征值为$\lambda_1=1,\lambda_2=\lambda_3=0$. 当 $\lambda_1=1$ 时,特征向量为

$$\xi_1 = k_1(1,1,1)^{\mathrm T}\quad (k_1\neq 0)$$

当 $\lambda_2=\lambda_3=0$ 时,特征向量为

$$\xi_2 = k_2(1,2,3)^{\mathrm T}\quad (k_2\neq 0)$$

(5) A 的特征值为$\lambda_1=1,\lambda_2=\lambda_3=\lambda_4=2$. 当 $\lambda_1=1$ 时,特征向量为

$$\xi_1 = k_1(7,-9,1,-2)^{\mathrm T}\quad (k_1\neq 0)$$

当 $\lambda_2=\lambda_3=\lambda_4=2$ 时,特征向量为

$$\xi_2 = k_2(-1,0,0,3)^{\mathrm T}+k_3(-1,1,0,0)^{\mathrm T}$$

(k_2,k_3 为不全为零的任意数)

(6) A 的特征值为$\lambda_1=\lambda_2=-1,\lambda_3=\lambda_4=1$. 当 $\lambda_3=\lambda_4=1$ 时,特征向量为

$$\xi_1 = k_1(1,0,0,1)^{\mathrm T}+k_2(0,1,1,0)^{\mathrm T}$$

(k_1,k_2 为不全为零的任意数)

当 $\lambda_1=\lambda_2=-1$ 时,特征值 $\lambda_1=\lambda_2=-1$ 的特征向量为

$$\xi_2 = k_3(0,-1,1,0)^{\mathrm T}+k_4(-1,0,0,1)^{\mathrm T}$$

(k_3,k_4 为不全为零的任意数)

4. (1) 能对角化. 可逆矩阵可取 $P=\begin{pmatrix}-1 & -\frac{1}{2}\\ 1 & 1\end{pmatrix}$,相应对角矩阵为 $P^{-1}AP=\begin{pmatrix}2 & \\ & 3\end{pmatrix}$;

(2) 能对角化. 可逆矩阵可取 $P=\begin{pmatrix}-1 & -1 & \frac{1}{2}\\ -1 & 1 & \frac{1}{2}\\ 1 & 0 & 1\end{pmatrix}$,相应对角矩阵为 $P^{-1}AP=\begin{pmatrix}0 & & \\ & -1 & \\ & & 9\end{pmatrix}$;

(3) 能对角化. 可逆矩阵可取 $P=\begin{pmatrix}2 & -1 & 0\\ 1 & 0 & 1\\ 0 & 1 & 1\end{pmatrix}$,相应对角矩阵为 $P^{-1}AP$

$$=\begin{pmatrix}1&&\\&1&\\&&3\end{pmatrix};$$

(4) 不能对角化;

(5) 不能对角化;

(6) 四阶矩阵有四个线性无关的特征向量,所以能对角化.可逆矩阵可取

$$P=\begin{pmatrix}1&0&0&-1\\0&1&-1&0\\0&1&1&0\\1&0&0&1\end{pmatrix},\text{相应对角矩阵为 } P^{-1}AP=\begin{pmatrix}1&&&\\&1&&\\&&-1&\\&&&-1\end{pmatrix}.$$

5. (1) $U=\begin{pmatrix}-\frac{1}{\sqrt{6}}&\frac{1}{\sqrt{2}}&\frac{1}{\sqrt{3}}\\\frac{1}{\sqrt{6}}&\frac{1}{\sqrt{2}}&-\frac{1}{\sqrt{3}}\\\frac{2}{\sqrt{6}}&0&\frac{1}{\sqrt{3}}\end{pmatrix}$,对角矩阵为$\begin{pmatrix}0&&\\&4&\\&&9\end{pmatrix}$;

(2) $U=\frac{1}{2}\begin{pmatrix}\sqrt{2}&0&1&1\\0&\sqrt{2}&1&-1\\\sqrt{2}&0&-1&-1\\0&\sqrt{2}&-1&1\end{pmatrix}$,对角矩阵为$\begin{pmatrix}3&&&\\&3&&\\&&5&\\&&&1\end{pmatrix}$;

(3) $U=\begin{pmatrix}\frac{\sqrt{2}}{2}&\frac{1}{\sqrt{6}}&\frac{\sqrt{3}}{6}&\frac{1}{2}\\\frac{\sqrt{2}}{2}&-\frac{1}{\sqrt{6}}&-\frac{\sqrt{3}}{6}&-\frac{1}{2}\\0&\frac{2}{\sqrt{6}}&-\frac{\sqrt{3}}{6}&-\frac{1}{2}\\0&0&-\frac{\sqrt{3}}{2}&\frac{1}{2}\end{pmatrix}$,对角矩阵为$\begin{pmatrix}1&&&\\&1&&\\&&1&\\&&&5\end{pmatrix}$.

6. (1) 属于6的全部特征向量为$(k,-k,k)^{\mathrm{T}}(k\neq0)$;

(2) $A=\begin{pmatrix}4&-1&1\\-1&4&-1\\1&-1&4\end{pmatrix}$.

7. $\lambda=0$ 是 A 的二重特征值,而

$$R(A-0E)=R(A)=R\begin{pmatrix}3 & 2 & -2\\ -1 & 1 & 1\\ 4 & 1 & -3\end{pmatrix}=2\neq n-n_i=3-2=1$$

所以 A 不能对角化.

8．0　　9．-57　　10．0　　11．$x+y=0$

12．$x=3,y=-2,P=\begin{pmatrix}-2 & -1 & -1\\ 1 & 2 & 2\\ 0 & 4 & 0\end{pmatrix}$

13．$x=2,y=-2,P=\begin{pmatrix}1 & 1 & 1\\ -1 & 0 & -2\\ 0 & 1 & 3\end{pmatrix}$

14．$\dfrac{1}{9}\begin{pmatrix}1+2^{n+2}+4\cdot 3^n & 2-2^{n+2}+2\cdot 3^n & 2+2^{n+1}-4\cdot 3^n\\ 2-2^{n+2}+2\cdot 3^n & 4+2^{n+2}+3^n & 4-2^{n+1}-2\cdot 3^n\\ 2+2^{n+2}-4\cdot 3^n & 4-2^{n+2}-2\cdot 3^n & 4+2^n+4\cdot 3^n\end{pmatrix}$

四、证明题

1．略．　2．略．　3．略．　4．略．　5．略．　6．略．　7．略．　8．略．

B　　组

一、选择题

1．D　2．C　3．B　4．D　5．D

二、填空题

1．24　　2．3　　3．2

三、计算题

1．(1) 属于特征值 3 的特征向量为 $\alpha_3=k\,(1,0,1)^T$(k 是任意非零常数)；

(2) $A=\dfrac{1}{6}\begin{pmatrix}13 & -2 & 5\\ -2 & 10 & 2\\ 5 & 2 & 13\end{pmatrix}$.

2. (1) $A^2=0$;

(2) 矩阵 A 的特征值全为零,特征值 $\lambda=0$ 的全部特征向量为

$c_1\alpha_1+c_2\alpha_2+\cdots+c_{n-1}\alpha_{n-1}$ ($c_1,c_2,\cdots,c_{n-1}$ 是不全为零的任意常数)

其中

$$\alpha_1=\left(-\frac{b_2}{b_1},1,0,\cdots,0\right)^{\mathrm{T}}$$

$$\alpha_2=\left(-\frac{b_3}{b_1},0,1,\cdots,0\right)^{\mathrm{T}}$$

$$\cdots$$

$$\alpha_{n-1}=\left(-\frac{b_n}{b_1},0,0,\cdots,1\right)^{\mathrm{T}}$$

3. $a=2,b=-3,c=2,\lambda_0=1$.

4. (1) $a=-2$;(2) $Q=\begin{pmatrix}\frac{1}{\sqrt{2}} & \frac{1}{\sqrt{6}} & \frac{1}{\sqrt{3}}\\ 0 & -\frac{2}{\sqrt{6}} & \frac{1}{\sqrt{3}}\\ -\frac{1}{\sqrt{2}} & \frac{1}{\sqrt{6}} & \frac{1}{\sqrt{3}}\end{pmatrix}$.

5. $\lambda_1=\lambda_2=-2,\lambda_3=0$.

6. (1) 当 $b\neq 0$ 时,A 的特征值为

$$\lambda_1=1+(n-1)b,\quad \lambda_2=\cdots=\lambda_n=1-b$$

属于 λ_1 的全部特征向量为

$$k_1\xi_1=k_1(1,1,1,\cdots,1)^{\mathrm{T}}\quad (k_1\text{ 是任意不为零的常数})$$

属于 λ_2 的全部特征向量为

$$k_2\xi_2+k_3\xi_3+\cdots+k_n\xi_n\quad (k_2,k_3,\cdots,k_n\text{ 是不全为零的常数})$$

其中

$$\xi_2=(1,-1,0,\cdots,0)^{\mathrm{T}}$$

$$\xi_3=(1,0,-1,\cdots,0)^{\mathrm{T}}$$

$$\cdots$$

$$\xi_n=(1,0,0,\cdots,-1)^{\mathrm{T}}$$

当 $b=0$ 时,得 A 的特征值为$\lambda_1=\lambda_2=\cdots=\lambda_n=1$,任意 n 维非零列向量均为特征向量;

(2) 当 $b\neq 0$ 时，A 有 n 个线性无关的特征向量，令 $P=(\xi_1,\xi_2,\cdots,\xi_n)$，则

$$P^{-1}AP=\begin{pmatrix}1+(n-1)b & & & \\ & 1-b & & \\ & & \ddots & \\ & & & 1-b\end{pmatrix}$$

当 $b=0$ 时，$A=E$，对任意可逆矩阵 P，均有 $P^{-1}AP=E$.

7. (1) $\lambda=3$ 是矩阵 A 的特征值，$x_1=k(1,1,1)^{\mathrm T}$ 是对应的特征向量，其中 k 为非零的常数. $\lambda=0$ 是矩阵 A 的二重特征值，对应 $\lambda=0$ 的全部特征向量为 $k_1\alpha_1+k_2\alpha_2$，其中 k_1,k_2 为不全为零的常数；

(2) $Q=\begin{bmatrix}\frac{1}{\sqrt3} & -\frac{1}{\sqrt6} & -\frac{1}{\sqrt2}\\ \frac{1}{\sqrt3} & \frac{2}{\sqrt6} & 0\\ \frac{1}{\sqrt3} & \frac{1}{\sqrt6} & \frac{1}{\sqrt2}\end{bmatrix}$，$\Lambda=Q^{\mathrm T}AQ=\begin{bmatrix}3 & & \\ & 0 & \\ & & 0\end{bmatrix}$；

(3) $A=\begin{pmatrix}1&1&1\\1&1&1\\1&1&1\end{pmatrix}$，$\left(A-\frac{3}{2}E\right)^6=\left(\frac{3}{2}\right)^6E$.

8. (1) 验证略，B 的全部特征值为 $-2,1,1$，对应 $\lambda_1=-2$ 的特征向量为 $k_1(1,-1,1)^{\mathrm T}$，其中 k_1 是非零的实数，对应 $\lambda_2=\lambda_3=1$ 的特征向量为 $k_2(1,1,0)^{\mathrm T}+k_3(-1,0,1)^{\mathrm T}$，其中 k_2,k_3 是不同时为零的实数；(2) $B=\begin{pmatrix}0&3&-3\\3&0&3\\-3&3&0\end{pmatrix}$.

9. (1) 略；(2) $P^{-1}AP=\begin{pmatrix}-1&0&0\\0&1&1\\0&0&1\end{pmatrix}$.

10. $a=-1$，$Q=\begin{pmatrix}\frac{1}{\sqrt6} & -\frac{1}{\sqrt2} & \frac{1}{\sqrt3}\\ \frac{2}{\sqrt6} & 0 & -\frac{1}{\sqrt3}\\ \frac{1}{\sqrt6} & \frac{1}{\sqrt2} & \frac{1}{\sqrt3}\end{pmatrix}$.

习 题 5

A 组

一、选择题

1. B 2. C 3. B 4. C

二、计算题

1. (1) $A=\begin{pmatrix}1&2&1\\2&4&2\\1&2&1\end{pmatrix}$, $R(A)=1$; (2) $A=\begin{pmatrix}1&-1&-2\\-1&1&2\\-2&2&-7\end{pmatrix}$, $R(A)=2$;

(3) $A=\begin{pmatrix}1&-1&2&-1\\-1&1&3&-2\\2&3&1&0\\-1&-2&0&1\end{pmatrix}$, $R(A)=4$

2. (1) $C=\begin{pmatrix}0&1&0\\1&0&0\\0&0&1\end{pmatrix}$; (2) $C=\begin{pmatrix}1&1&0\\0&1&0\\0&0&1\end{pmatrix}$

3. (1) $f=y_1^2-6y_2^2+\dfrac{26}{3}y_3^2$; (2) $f=2z_1^2-2z_2^2+6z_3^2$

4. (1) $f=y_1^2-4y_2^2+\dfrac{13}{4}y_3^2$, $x=\begin{pmatrix}1&-2&-\dfrac{1}{2}\\0&1&\dfrac{1}{4}\\0&0&1\end{pmatrix}y$;

(2) $f=2y_1^2-\dfrac{1}{2}y_2^2-4y_3^2$, $x=\begin{pmatrix}1&-\dfrac{1}{2}&1\\1&\dfrac{1}{2}&2\\0&0&1\end{pmatrix}y$

5. (1) $f=-2y_1^2+y_2^2+4y_3^2, x=\begin{pmatrix}1/3 & 2/3 & 2/3\\ 2/3 & 1/3 & -2/3\\ 2/3 & -2/3 & 1/3\end{pmatrix}y$;

(2) $f=y_1^2+y_2^2+10y_3^2, x=\begin{pmatrix}-\frac{2}{\sqrt{5}} & \frac{2\sqrt{5}}{15} & -\frac{1}{3}\\ \frac{1}{\sqrt{5}} & \frac{4\sqrt{5}}{15} & -\frac{2}{3}\\ 0 & \frac{\sqrt{5}}{3} & \frac{2}{3}\end{pmatrix}y$

6. (1) 负定;(2) 正定

7. $-\sqrt{\frac{5}{3}}<t<\sqrt{\frac{5}{3}}$

8. (1) $c=3,\lambda_1=0,\lambda_2=4,\lambda_3=9$;(2) 半正定

9. 在驻点(0,0,0)处无极值,在驻点(−2,−2,−2)处有极大值12

三、证明题

1. 略. 2. 略. 3. 略

B 组

一、填空题

1. $-2\leqslant a\leqslant 2$. 2. $f=3y_1^2$. 3. $a=2$. 4. 2

二、选择题

1. A 2. C 3. C 4. D 5. B

三、计算题与证明题

1. $a=2, Q=\begin{pmatrix}\sqrt{3}/3 & -\sqrt{2}/2 & \sqrt{6}/6\\ -\sqrt{3}/3 & 0 & \sqrt{6}/3\\ \sqrt{3}/3 & \sqrt{2}/2 & \sqrt{6}/6\end{pmatrix}$

2. (1) $a\neq 2,(x_1,x_2,x_3)=(0,0,0)$;$a=2,(x_1,x_2,x_3)=k(-2,-1,1)$, $k\in\mathbf{R}$ (2) $z_1^2+z_2^2$

3. (1) 特征值为0,−2,−2;(2) $k>2$

4. (1) $a=1,b=-2$;

(2) 正交矩阵$\begin{pmatrix} 2/\sqrt{5} & 0 & 1/\sqrt{5} \\ 0 & 1 & 0 \\ 1/\sqrt{5} & 0 & -2/\sqrt{5} \end{pmatrix}$,二次型的标准型为 $f=2y_1^2+2y_2^2-3y_3^2$

5. (1) $\lambda_1=a,\lambda_2=a-2,\lambda_3=a+1$;(2) $a=2$

6. $\prod_{i=1}^{n} a_i \neq (-1)^{n+1}$

7. (1) 略;(2) 相同

8. (1) $P^{\mathrm{T}}DP=\begin{pmatrix} A & 0 \\ 0 & B-C^{\mathrm{T}}A^{-1}C \end{pmatrix}$;

(2) 由(1)的结果可知,矩阵 D 合同于矩阵 $M=\begin{pmatrix} A & 0 \\ 0 & B-C^{\mathrm{T}}A^{-1}C \end{pmatrix}$,又 D 为正定矩阵,可知矩阵 M 为正定矩阵.因矩阵 M 为对称矩阵,故 $B-C^{\mathrm{T}}A^{-1}C$ 为对称矩阵

对 $x=(0,0,\cdots,0)^{\mathrm{T}}$ 及任意的 $y=(y_1,y_2,\cdots,y_n)^{\mathrm{T}}\neq 0$,有

$$(x^{\mathrm{T}},y^{\mathrm{T}})\begin{pmatrix} A & 0 \\ 0 & B-C^{\mathrm{T}}A^{-1}C \end{pmatrix}\begin{pmatrix} x \\ y \end{pmatrix} = y^{\mathrm{T}}(B-C^{\mathrm{T}}A^{-1}C)y > 0$$

故 $B-C^{\mathrm{T}}A^{-1}C$ 为正定矩阵.

9. 略 10. 略 11. 略

习 题 6

一、计算题

1. $(2.428,0.068)^{\mathrm{T}}$ 2. $(250,100)^{\mathrm{T}}$

3. $(400,300,350)^{\mathrm{T}},(180,180,210)^{\mathrm{T}}$

4. $F_1=0.383x_1-0.924x_2,F_2=x_3,F_3=0.924x_1+0.383x_2$

参考文献

[1] 胡显佑.线性代数[M].2版.北京:高等教育出版社,2008.

[2] 赵树嫄.线性代数[M].5版.北京:中国人民大学出版社,2017.

[3] 丘维声.简明线性代数[M].北京:北京大学出版社,2002.

[4] 杨茂信,陈璞华,庚镜波.线性代数[M].3版.广州:华南理工大学出版社,2003

[5] 天工在线.MATLAB2018从入门到精通 MATLAB视频教程实战案例版[M].北京:中国水利水电出版社,2018.

[6] Lay D C.线性代数及其应用[M].张海燕,译.北京:机械工业出版社,2005.

[7] 董可荣.矩阵理论的历史研究[D].济南:山东大学,2007.